有機ELのデバイス物理・材料化学・デバイス応用
Device Physics, Material Chemistry, and Device Application of Organic Light Emitting Diodes

《普及版／Popular Edition》

監修 安達千波矢

シーエムシー出版

はじめに

　今から遡ること丁度20年前の1987年10月16～19日，日本化学会第55回秋季年会が九州大学（福岡市東区箱崎）で開催されました。その会場で，修士課程2年生だった私は，フタロシアニンとペリレン誘導体からなるpn薄膜積層型の有機EL素子の発表を行いました。微弱ながらも赤色の発光に成功し，心を躍らせながらpn積層型が有望であることを報告しました。しかしながら，発表が終わって，ほっとするのも束の間，午後の特別セッションにて，NECの方から，*Appl. Phys. Lett.* に有機ELに関する画期的なデバイスが報告されたとの衝撃的な紹介がありました。階段教室の一番後ろの席で聞いていたのですが，今でも，そのときのOHPが目に焼きついています。それがC. W. TangとS. A. VanSlykeによるDiamine/Alq_3の2層型有機EL素子でした。ほぼ同じコンセプトのデバイス構成に驚くと同時に，その素子性能の高さに驚かされました。数週間ですぐに追試を終え，ほぼ論文のトレースが出来たことと，次の新規デバイスへの構想が沸き上がってきました。その思いが新規オキサジアゾール電子輸送材料の発見とダブルヘテロ構造の実現へと繋がって行きました。

　20年前の有機ELの研究者人口は世界中でも10人以下であったと思います。それが今では世界中に研究の輪が広がり，研究者人口は数千人規模に拡大しています。無限の分子構造の可能性がある有機半導体は有機合成化学者の心を捕らえ，そして，有機物が電気を流すメカニズムの特異性に固体物性研究者や電子工学の専門家が心を躍らせて来ました。そして，企業研究者は，厳しいLCD，PDPとの競争と正面からぶつかり，有機ELディスプレーや新しい面状光源の商品化に取り組んでいます。有機ELが生み出す新しい現象は，今なお新しい進歩があり，研究者の心を捕らえて離さない状況です。有機ELは広がりのある無限の可能性を秘めた次世代の光エレクトロニクスと捕らえることもできます。本書では，過去20年間で，有機ELがどこまで進んだのか，どこまで理解できたのかの一端を見ることができます。本書を一つの基点として，次世代の有機ELデバイスの開発，さらには，有機ELを超えた新しい有機光デバイスへの展開に繋がれば幸いです。

　最後にご多忙中にもかかわらず，執筆を快く引き受けて頂いた皆様に心よりお礼申し上げます。また，今回，執筆者の先生方には，有機ELに対する思いや期待を書いて頂きました。これらの思いが次の有機ELのBreakthroughの推進力になれば幸いです。

2007年9月16日　米国San Joseにて

安達千波矢

普及版の刊行にあたって

本書は2007年に『有機ELのデバイス物理・材料化学・デバイス応用』として刊行されました。普及版の刊行にあたり，内容は当時のままであり加筆・訂正などの手は加えておりませんので，ご了承ください。

2012年10月

シーエムシー出版　編集部

著者からの一言

　物質が電気の作用の下で光り，しかもその効率が実用レベルにまで発展したことは，実に素晴らしいことです。我が国から基礎と技術の両面で一層の力強い発信を期待しています。

筑波大学　徳丸克己

　ここ10年来の有機EL素子の盛り上がりは，魅力的なディスプレイを市場に提供するだけでなく，有機エレクトロニクス研究分野全体に大きなモチベーションをあたえるとともに，関連する学問領域での基礎的理解の進展ももたらしています。この書籍が，基礎，応用両面での一層の進展への一助になることを願っています。

千葉大学　石井久夫

　有機ELの本格的な製品が発売されるに至った。今後は，新規材料の合成のみならず，デバイスの劣化現象のさらなる理解が不可欠になってきた。これからが電子・物理系の研究者の出番かもしれない。

大阪府立大学　内藤裕義

　有機EL研究に身を投じて10年，幾度と処を移しながらも本分野に携わってこられたことは僥倖と言うべきかもしれない。本稿が今後の研究開発進展の一助になれば幸いと思う。

出光興産㈱　河村祐一郎

　有機ELの研究は，やればやるほど興味深い。そして奥深い。まだまだ多くの未解決問題があり，その解決が基礎，実用両面でのブレークスルーとなろう。今後も多くの研究者の参入を期待している。

京都大学　梶　弘典

　壁にかけても家が壊れない，有機EL大型壁貼りTVのホームシアターで，お酒をちびちび飲みながら迫力満点の映像を見るのが私の夢である。

パイオニア㈱　宮口　敏

著者からの一言

　まだまだ見出されていない有機化合物の潜在能力を引き出し，それを磨き上げていく，この作業を通じて，有機ELの価値向上に貢献していきたいと考えています。

保土谷化学工業㈱　横山紀昌

　「光った！！」−開発した材料を用いた素子が，暗室の中初めて光を放った瞬間の感動を忘れずに，今後も有機ELディスプレイの発展に貢献できる材料群を開発していきたい。

東レ㈱　富永　剛

　有機ELディスプレイが様々なアプリケーションに展開され，本格的な立ち上がりを向けています。我々も有機EL材料の面から貢献させていただきたいと考えます。

出光興産㈱　舟橋正和

　産学官ならびに異業種間での連携をサポートしながら，有機ELを含む次世代エレクトロニクスの発展に向けて，昨日より今日，今日より明日へと，日々の努力を続けていきたい。

㈱三菱化学科学技術研究センター　秋山誠治

　有機ELの製品開発の進展が，高分子有機EL（PLED）のデバイス物理の研究を促進し，ポリアセチレンに続く共役系高分子で二つ目のノーベル賞に繋がることを期待しています。

東京理科大学　坂本正典

　TV用途での量産化が始まり有機ELは新しいスタートを切ろうとしている。これから大きく加速していくためにも，本書が多くの研究者のために役立つことを願っています。

東京工業大学　熊木大介

　有機EL市場を更に拡大基調にのせるには，新規材料開発と合わせ有機材料自身への理解が益々重要と考えている（有機／有機界面，有機／無機界面現象等）。材料メーカーとしてその一翼を担いたいと考えている。

東ソー㈱　西山正一

　有機エレクトロニクスが今後発展していくためには，有機ELの事業的な成功が不可欠と考えます。この夢のある素材を大きく育てるために力を尽くしたいと思っています。

パナソニックコミュニケーションズ㈱　坂上　恵

有機 EL のデバイス物理・材料化学・デバイス応用

金属半導体エレクトロニクスから有機エレクトロニクスへと拡がる為には，有機 EL 技術は，欠かせない技術革新アイテムであり，大きな可能性を秘めている。

ナガセケムテックス㈱　飯田隆文

有機 EL 関連技術の発展は，フレキシブル・ペーパーライクディスプレイの発展をさらに促進し，ディスプレイのイメージを革新させるであろうと期待している。

SABIC イノベーティブプラスチック　江澤道広

有機 EL 素子がはじめて光った瞬間の感動は未だ忘れない！有機 EL の光が世の中に広がることを願い，今後も製造装置の開発に努めていきたい。

トッキ㈱　松本栄一

真空機器メーカー技術部門に在籍していたころ，あるお客様が有機材料の蒸着装置を超特急で作成して欲しいという聞いた事がない依頼があった。タンさんの論文が発表された直後の出来事だった。その後予想通り大きな展開をした。

㈱エイエルエステクノロジー　青島正一

It is said that the current issue of OLED displays is their sustainability. Research is being conducted on increasing the longevity of the materials and luminous efficiency. Once this is achieved, OLEDs will begin taking over the display market with a brighter picture that uses less energy and is much thinner. SAES would provide our best efforts to support innovation which would realize OLED displays commercialization and to the growth of OLED industries.

Saes Getters S. p. A.　Stefano Tominetti, Antonio Bonucci

安達先生と出会い，また近年における有機 EL 技術の進展を目の当たりにして，日本の将来を担う大きな技術の一つであると実感しています。

㈱コベルコ科研　安野　聡

心臓部である発光層に有機材料を用いる有機 EL の材料研究が，生物分野に偏ってきた有機材料化学の研究手法を根本から見直すきっかけと出来ればと考え，日々精進しています。

新日鐵化学㈱　宮﨑　浩

弊社の製品がこの有機EL分野の発展に貢献できれば幸いです．次世代発光デバイスに向けた，この分野の益々の成長を期待しております．

浜松ホトニクス㈱　鈴木健吾

　大型もしくは高精細な有機ELディスプレイを作る上で，インクジェット成膜は塗り分け技術として必要になっていきます．今後もたゆみない技術開発を進めて参ります．

セイコーエプソン㈱　武井周一

　ディスプレイ業界では基本的に棲み分けなどなく，OLEDにとってLCDとの共存は望めない．生き残るためにはLCDに勝つ覚悟と意気込み，そして技術が必要である．

九州大学　服部励治

　急速に拡大しつつある有機ELの更なる飛躍に向けて，他のディスプレイを凌駕した新しい有機デバイスを創製し，"有機の光"を大きく市場で開花させたい．

ローム㈱　下地規之

　次世代の照明に求められるのは，環境にやさしい，エネルギー効率が高く，さまざまな照明方式に対応できるデバイスであり，その最有力候補が有機ELだと信じております．

松下電工㈱　菰田卓哉

　量産出荷された有機ELパネルを見たときの達成感は非常に大きかった．まだまだこれから，有機ELの市場拡大を狙いながらさらなる可能性に挑んでいきたい．

日本精機㈱　皆川正寛

　有機ELディスプレーの鮮やかで暖かな色彩に感動を抱いたように，この本が有機ELの研究員に満足できるすばらしいものになると信じています．この大事なものに参加できるよう，Samsung SDIにも機会をくださった安達先生に心から感謝のお言葉を申しあげます．

Samsung SDI　Soojin Park

　柔らかい有機エレクトロニクスで，世の中を明るくしたいと思います．

ソニー㈱　野本和正

執筆者一覧（執筆順）

安達 千波矢	九州大学　未来化学創造センター　教授
徳丸 克己	筑波大学　名誉教授
石井 久夫	千葉大学　先進科学研究教育センター　教授
内藤 裕義	大阪府立大学大学院　工学研究科　電子・数物系専攻　教授
河村 祐一郎	出光興産㈱　電子材料部　電子材料開発センター
梶 弘典	京都大学　化学研究所　分子材料化学研究領域　准教授
村田 英幸	北陸先端科学技術大学院大学　マテリアルサイエンス研究科　准教授
宮口 敏	パイオニア㈱　技術開発本部　総合研究所　デバイス研究センター　表示デバイス研究部　第二研究室　主任研究員
大畑 浩	パイオニア㈱　技術開発本部　総合研究所　デバイス研究センター　表示デバイス研究部　第一研究室　主事
平沢 明	パイオニア㈱　技術開発本部　総合研究所　デバイス研究センター　表示デバイス研究部　第一研究室　副主事
宮本 隆志	㈱東レリサーチセンター　表面科学研究部　イオンビーム解析研究室
横山 紀昌	保土谷化学工業㈱　研究開発部　有機EL研究開発　主担当
富永 剛	東レ㈱　電子情報材料研究所　主任研究員
舟橋 正和	出光興産㈱　電子材料部　電子材料開発センター　シニアリサーチャー
秋山 誠治	㈱三菱化学科学技術研究センター　機能商品研究所
坂本 正典	東京理科大学大学院　総合科学技術経営研究科　教授
熊木 大介	東京工業大学　物質電子化学専攻
時任 静士	NHK放送技術研究所　材料・デバイス　グループリーダー（主任研究員）
松本 直樹	東ソー㈱　南陽研究所　ファインケミカルグループ
西山 正一	東ソー㈱　南陽研究所　ファインケミカルグループ　主任研究員
坂上 恵	パナソニックコミュニケーションズ㈱　R&D統括グループ　材料プロセス研究所

飯田 隆文	ナガセケムテックス㈱ 電子構造材料本部 課長	
江澤 道広	SABIC イノベーティブプラスチック グローバルマーケティング プロジェクトマネージャー	
松本 栄一	トッキ㈱ R&Dセンター 課長	
青島 正一	㈱エイエルエステクノロジー 代表取締役	
八尋 正幸	九州大学 未来化学創造センター 光機能材料部門 安達研究室 助教	
Stefano Tominetti	Saes Getters S. p. A., Lainate (MI), Italy Business Area Manager	
Antonio Bonucci	Saes Getters S. p. A., Lainate (MI), Italy	
安野 聡	㈱コベルコ科研 エレクトロニクス事業部 物理解析部 表面・構造解析室	
藤川 和久	㈱コベルコ科研 エレクトロニクス事業部 物理解析部 表面・構造解析室	
宮﨑 浩	新日鐵化学㈱ 有機デバイス材料研究所 統括マネージャー	
鈴木 健吾	浜松ホトニクス㈱ システム事業部 第4設計部 第8部門	
武井 周一	セイコーエプソン㈱ OLED開発センター 主任	
服部 励治	九州大学 大学院システム情報科学研究院 電子デバイス工学部門 准教授	
下地 規之	ローム㈱ 研究開発本部 ディスプレイ研究開発センター センター長	
菰田 卓哉	松下電工㈱ 先行技術開発研究所 技監	
皆川 正寛	日本精機㈱ ディスプレイ事業部 第2技術部 アシスタントマネージャー	
Soojin Park	Samsung SDI 中央研究所 責任研究員	
松枝 洋二郎	Samsung SDI 中央研究所 主席研究員	
Dongwon Han	Samsung SDI 中央研究所 責任研究員	
野本 和正	ソニー㈱ マテリアル研究所 統括課長	

執筆者の所属表記は,2007年当時のものを使用しております.

目　　次

基礎物理編

第1章　有機半導体への期待　　徳丸克己

1　はじめに……………………………3
2　有機半導体の概念の誕生……………3
3　有機EL研究のブレークスルー………4
4　有機ELと有機固体太陽電池…………5
5　発光性金属錯体の基礎としてのルテニウム錯体……………………………6
6　色素増感太陽電池研究のブレークスルーと有機ELとの接点………………6
7　EL発光と有機レーザー………………8
8　有機レーザーと二光子吸収…………8
9　各種の有機光機能材料で用いる物質の横断的俯瞰……………………………8
10　励起状態の特徴………………………9
11　おわりに………………………………10

第2章　電荷注入機構と界面電子構造　　石井久夫

1　はじめに………………………………13
2　有機半導体のバルクと界面の電子構造…13
3　電荷注入機構…………………………18
　3.1　Thermoionic Emission……………20
　3.2　トンネル注入………………………21
4　実際の注入特性とオーミックコンタクト………………………………………22
5　まとめ…………………………………22

第3章　電荷輸送機構　　内藤裕義

1　はじめに………………………………24
2　電荷移動度測定法……………………24
　2.1　空間電荷制限電流法………………25
　2.2　暗注入法……………………………26
　2.3　三角波による暗注入法……………27
　2.4　インピーダンス分光法……………28
3　電荷輸送モデル………………………30
　3.1　マルチプルトラッピングモデル……30
　3.2　Gaussian Disorder Model（GDM）…31
4　局在準位分布測定法…………………32
　4.1　SCLC…………………………………33
　4.2　過渡電流法…………………………33
5　おわりに………………………………33

第4章　有機発光材料の光物理過程　　河村祐一郎

1　はじめに……………………………36
2　有機分子の発光機構………………36
　2.1　分子軌道と電子遷移……………36
　2.2　蛍光………………………………37
　2.3　燐光………………………………39
3　分子間エネルギー移動……………40
4　光励起と電気励起…………………42
5　まとめ………………………………43

第5章　劣化機構

1　クライオプローブを用いたNMR測定による有機EL素子中の有機材料の検出および劣化解析
　　　　　梶　弘典，村田英幸……45
　1.1　はじめに…………………………45
　1.2　クライオプローブによるNMR測定…………………………………45
　1.3　実験………………………………46
　1.4　結果………………………………49
　1.5　考察………………………………50
　1.6　まとめと展望……………………51
2　有機EL素子の高温保存劣化分析
　　　　宮口敏，大畑浩，平沢明，宮本隆志……53
　2.1　まえがき…………………………53
　2.2　SIMS（二次イオン質量分析）…53
　2.3　実験・結果・考察………………55
　　2.3.1　正孔輸送材料とAlq$_3$の混合……55
　　2.3.2　電子注入材料の有機層への拡散…………………………………58
　2.4　まとめ……………………………61

材料化学編

第6章　正孔輸送材料　　横山紀昌

1　はじめに……………………………65
2　低分子系正孔輸送材料……………65
3　おわりに……………………………70

第7章　電子輸送材料　　富永　剛

1　はじめに……………………………72
2　電子輸送材料開発…………………73
3　開発例—ホスフィンオキサイド系電子輸送材料…………………………74
4　実用化に向けて……………………76
5　電子注入・輸送特性の定量的把握…77
6　おわりに……………………………79

第8章　蛍光発光材料　　舟橋正和

1　はじめに…………………………80
2　有機ELの開発経緯……………80
3　低分子型有機EL素子の構成…81
4　青色発光材料……………………81
  4.1　スチリル系青色材料………81
  4.2　正孔材料の改良……………81
  4.3　青色ホスト材料の改良……82
  4.4　フルカラー用純青色材料…………83
  4.5　新規青色発光材料の開発…………83
5　緑色発光材料の開発……………84
6　赤色発光材料の開発……………84
7　蛍光型3波長白色素子の開発………86
8　おわりに……………………………87

第9章　りん光発光材料　　秋山誠治

1　はじめに…………………………89
2　青色りん光材料の構造と光学特性………89
  2.1　レニウム Re（I）錯体……89
  2.2　オスミウム Os（II）錯体…90
  2.3　イリジウム Ir（III）錯体…91
  2.4　白金 Pt（II）錯体…………91
  2.5　銅 Cu（I）錯体……………91
  2.6　銀 Ag（I）錯体……………96
  2.7　金 Au（I），Au（III）錯体…97
  2.8　亜鉛 Zn（II）金属錯体……98
  2.9　ツリウム Tm（III）金属錯体………98
3　まとめ……………………………99

第10章　高分子材料—デバイスプロセス技術と関連して—　　坂本正典

1　はじめに…………………………102
2　共役系発光材料…………………104
  2.1　PPV系材料…………………104
  2.2　PF系材料……………………105
  2.3　Poly Spiro 系材料……………105
  2.4　フルカラー用材料……………105
3　非共役高分子有機EL材料……106
4　高分子有機EL素子の課題……106
  4.1　カラー………………………106
  4.2　発光効率……………………107
  4.3　寿命（ライフ）……………107
5　高分子有機ELのインクジェット技術…………108
  5.1　インクジェット方式の利点………108
  5.2　インクジェット法の課題…………108
  5.3　インクフォーミュレーション技術…109
  5.4　インクジェットヘッド技術………109
6　新材料の開発動向………………109
  6.1　高効率化……………………109
  6.2　蛍光材料の改善……………109
  6.3　リン光材料の導入…………110
7　おわりに…………………………110

第11章　光硬化型正孔輸送材料を利用した高分子有機EL素子の高効率化
熊木大介，時任静士

1　はじめに …………………………112
2　光硬化型正孔輸送材料 …………112
3　薄膜のキャリア輸送性 …………114
　3.1　TOF法による正孔移動度の評価 …114
　3.2　反応開始剤のドーピング効果 ………116
4　高分子有機EL素子の試作・評価 ……117
　4.1　正孔注入層としての性能 …………117
　4.2　積層構造による高効率化 …………119
5　まとめ ……………………………120

第12章　有機／有機界面の相互作用
松本直樹，西山正一，安達千波矢

1　はじめに …………………………121
2　Alq$_3$と正孔輸送材料のExciplex形成 …122
　2.1　Alq$_3$：HTM共蒸着膜のPL特性 ……122
　2.2　Alq$_3$：HTM共蒸着膜の電界下でのPL特性 ……………………………124
3　HTM／Alq$_3$素子の特性 …………126
4　おわりに …………………………127

第13章　電極／有機界面制御
坂上　恵

1　電極／有機界面の重要性 …………129
2　陽極における界面制御 ……………129
　2.1　ITOの表面処理 ……………………130
　2.2　ホール注入層 ………………………130
3　陰極との界面制御 …………………133
4　おわりに ……………………………137

第14章　デバイス封止材料
飯田隆文

1　はじめに …………………………140
2　有機ELディスプレイの構造 ……141
3　現行の封止材料の概要 ……………142
　3.1　実用化されている封止材料 ………142
　3.2　封止材料に求められる重要特性 …142
　3.3　標準的な環境試験条件 ……………143
　3.4　現行の封止構造の問題点 …………143
4　新規封止構造とその工法の基本概念 …143
　4.1　封止材料の検討課題 ………………146
　4.2　封止材料の周辺技術の検討課題 …146
5　おわりに …………………………147

第15章　有機EL向けバリアフィルム　　江澤道広

1 バリアフィルム開発の目的 …………148
　1.1 市場ニーズ ……………………148
　1.2 開発のターゲット ……………149
2 バリアフィルムの構造・技術 …………150
　2.1 UHB（Ultra High Barrier）技術 ……150
　2.2 高耐熱プラスチックフィルム ………152
3 次世代に向けて ………………………154

デバイス作製・応用技術編

第16章　生産用真空成膜装置　　松本栄一

1 はじめに ………………………………157
2 有機ELデバイスの構造 ………………157
3 有機EL生産装置 ………………………158
　3.1 製造工程 ………………………158
　3.2 装置構成 ………………………159
　3.3 基板サイズの推移 ……………160
　3.4 量産装置の課題 ………………161
　3.5 量産装置の方向性 ……………161
4 有機ELの量産製造技術 ………………162
　4.1 真空成膜装置 …………………162
　4.2 有機材料用蒸発源 ……………162
　　4.2.1 有機材料の蒸発特性 ………162
　　4.2.2 有機材料用蒸発源 …………163
　　4.2.3 レート安定化 ………………163
　　4.2.4 膜厚均一化 …………………164
　　4.2.5 量産用蒸発源 ………………165
　4.3 金属材料用蒸発源 ……………166
　　4.3.1 アルミニウムの蒸発特性 …166
　　4.3.2 量産用蒸発源 ………………166
　　4.3.3 アルカリ金属用の量産蒸発源 …167
　4.4 パターニング技術 ……………167
　　4.4.1 アライメント機構 …………167
　　4.4.2 マスク蒸着 …………………167
5 おわりに ………………………………169

第17章　研究用真空製膜装置　　青鳥正一，八尋正幸

1 はじめに ………………………………171
2 製膜に必要な真空度 …………………171
3 研究用真空製膜装置の基本的構成 ……173
4 研究用真空製膜装置の内部構成 ………175
5 Cylindrical型スパッタターゲット ……178
6 昇華精製装置 …………………………182
7 おわりに ………………………………184

第18章　Alkali Dispenser Technology　　S. Tominetti, A. Bonucci

- Abstract ……………………………186
1. Introduction ………………………186
2. Reference Alkali Metal dispenser technology and materials ………………187
3. SAES'AlkaMax® material and technology concept ……………………188
4. Critical factors of Alkali Metal Evaporation detection and control …………190
5. Improving OLED performances using AlkaMax® ……………………………192
   - 5.1 EIL layer ……………………196
   - 5.2 Doping ………………………196
   - 5.3 Cathode alloy ………………197
6. Optimization of device architecture and deposition condition …………198
7. Summary …………………………200

第19章　有機ELデバイス分析技術　　安野　聡, 藤川和久

1. はじめに ……………………………203
2. 各種表面分析手法 …………………203
3. 深さ方向分析 ………………………204
4. 高分解能RBSによる有機ELの分析 …205
5. おわりに ……………………………207

第20章　有機EL材料の精製と分析技術　　宮﨑　浩

1. はじめに ……………………………209
2. 有機EL材料の精製 …………………209
3. 不純物制御と純度分析 ……………212
4. X線回折（X-ray diffraction：XRD）分析の応用 …………………………213
5. おわりに ……………………………215

第21章　分光計測装置を用いた発光材料の光物理過程の解明　　鈴木健吾

1. はじめに ……………………………216
2. 分子の励起状態緩和過程と光物理的パラメータ …………………………217
3. 光物理的パラメータの測定法 ……217
   - 3.1 発光量子収率 ………………218
   - 3.2 発光寿命 ……………………218
   - 3.3 $S_1 \rightarrow T_1$ 項間交差量子収率 ………218
   - 3.4 過渡吸収 ……………………219
4. 積分球法を用いた絶対発光量子収率測定装置 ………………………………219
5. 標準蛍光溶液の評価 ………………220
6. 有機LED用りん光材料の発光効率と励起状態緩和過程 …………………221

第22章　インクジェット成膜技術　　武井周一

1　まえがき …………………225
2　インクジェット成膜技術について ……225
　2.1　インクジェット成膜技術のメリット …………………225
　2.2　インクジェット成膜技術のポイント …………………226
3　インクジェットの要素技術 …………226
　3.1　インクジェットヘッド …………226
　3.2　インクジェットヘッドでの吐出制御 …………………227
　3.3　EL材料のインク化 …………229
4　インクジェット技術のフルカラーパネルへの適用 …………………230
　4.1　基板プロセス …………………230
　4.2　インクジェット装置 …………231
　4.3　溶媒の乾燥による固体膜の形成 ……231
5　むすび …………………233

第23章　パッシブマトリックス駆動有機ELディスプレイにおける低消費電力化技術　　服部励治

1　はじめに …………………235
2　パッシブマトリックス駆動 …………235
3　消費電力 …………………237
　3.1　DC消費電力 …………………237
　3.2　AC消費電力 …………………238
　3.3　全消費電力 …………………238
4　低消費電力化技術 …………239
　4.1　リセット電圧 …………………239
　4.2　ハイブリッド駆動 …………240
5　マルチライン選択駆動 …………241
　5.1　マルチライン選択駆動の原理 ……241
　5.2　行列分解の手法 …………242
　5.3　特異値分解 …………………243
　5.4　非負行列分解 …………………245
　5.5　マルチライン選択法の問題点 ……246
6　まとめ …………………248

第24章　有機ELマイクロディスプレイ　　下地規之

1　はじめに …………………249
2　エレクトロリックビューファインダーにおける有機マイクロディスプレイ …249
3　有機ELマイクロディスプレイ構造 …250
4　有機ELマイクロディスプレイの製造工程 …………………251
5　有機EL素子の特性 …………253
6　マイクロディスプレイ回路技術 ………254
7　おわりに …………………255

第25章　照明応用としての有機EL　　菰田卓哉

1　はじめに ……………………………257
2　白色化 ………………………………258
3　高効率化・高輝度化・長寿命化 ………259
4　大面積化 ……………………………261
5　高演色性化 …………………………262
6　照明用有機ELの開発動向 …………264
7　今後の動向 …………………………265

第26章　車載製品に向けた高信頼有機EL素子の開発　　皆川正寛

1　はじめに ……………………………268
2　有機ELの車載ディスプレイとしての優位性 …………………………269
3　車載向け有機ELディスプレイに求められる性能 ………………………270
4　車載向け有機EL素子の長寿命化 ……271
5　車載純正向け白色有機EL素子の開発 …………………………………274
6　車載製品向け有機ELの課題 …………275

第27章　SAMSUNG SDIにおけるAMOLED技術開発の歴史と現況　　Soojin Park, 松枝洋二郎, Dongwon Han

1　はじめに ……………………………277
2　Active Matrix OLEDの利点と課題 ……277
3　Samsung SDIディスプレー開発現況 …278
4　OLEDパターニング技術 ……………279
5　駆動技術 ……………………………280
6　薄型化技術現況と今後の動向 ………282

第28章　有機TFT駆動フレキシブル有機ELディスプレイ　　野本和正

1　序 ……………………………………286
2　有機TFTの高性能化技術 ……………287
　2.1　有機ゲート絶縁膜を用いたゲート絶縁膜／有機半導体界面制御 …288
　2.2　電極／半導体界面制御技術 ………289
3　有機TFTの集積化技術 ………………291
　3.1　有機半導体の微細パタニング技術 …291
　3.2　トップエミッション構造 …………292
4　有機TFT駆動フレキシブル・フルカラー有機ELディスプレイ …………292
5　まとめ・今後の展望 …………………294

基礎物理編

基础物理学

第1章　有機半導体への期待

徳丸克己[*]

1　はじめに

　一般に，ある機能の有機材料，たとえば有機EL材料[1～4]の研究開発を行うときは，その分野の各種の情報を収集する。しかし，その目的で利用されている物質と同種あるいは非常に近い構造の物質が他の目的の材料で利用されることが少なくない。したがって，ある機能の材料の分子設計に際しては，使用する分子の構造の観点から，他の材料の知見を活用することが有意義と考えられる。

　有機ELや関連分野の発展において顕著な新概念の提出やブレークスルーがあり，わが国で行われたものも少なくない。本稿では，まずこれらの事例のいくつかを述べたい。若い研究者の方々には，わが国で1970～80年代に行われた多くの先駆的研究をぜひ見直して，必要に応じて適切に引用されるよう期待している。つぎに，各種の有機材料で利用される分子の構造について，横断的に俯瞰したい。これらが，わが国からの今後の力強い発信に役立てて頂ければ幸いである。なお，引用すべき文献の多くは，著者の最近の解説[5]に引用されているので，ここではそれらの詳細な引用を紙数の関係で省略したが，詳しくはそれらを参照して頂ければ幸いである。

2　有機半導体の概念の誕生

　有機ELをはじめ，ゼログラフィーのための有機伝導体，有機固体太陽電池，色素増感太陽電池，有機レーザー等は，いずれも固体の有機物が電気を通すという性質を利用している。有機物は長い間絶縁体であると思われていた。しかし，第二次大戦後間もない頃，幸いに戦災を免れた東京大学理学部化学教室で当時助教授の赤松秀雄と助手の井口洋夫は，有機物もわずかではあるが，たしかに電気を通し，しかも，それは金属のような導体としてではなく半導体としての性質によることを，1950年に最初に報告した[6]。これは赤松の無定形炭素の導電性の研究を，構造のより明確なビオラントロン，イソビオラントロン，ピラントロンなどの芳香族縮合化合物を試料とした導電性の研究に展開して見出されたもので，"organic semiconductor" という語は井口の

　＊　Katsumi Tokumaru　筑波大学　名誉教授

1954年の報告ではじめて登場した。その後，彼等は芳香族炭化水素のペリレンにヨウ素をドープすると，電気伝導度が顕著に増加することを明らかにし[7]，このような一連の研究により，有機半導体の概念が確立していった。

著者はそのしばらく後からこの教室で学んだので，当時の装置を見ているが，全くの手づくりの装置で，試料の蒸着もガラス鐘の中で，真空用のグリースで空気の洩れを防ぎながら真空に排気して行っていたと記憶している。ともかく，工夫をしながら進めた手づくりの実験で，しかも当初は有機物がほんとうに電気を導くのかという疑問や反論のある中で，きわめて新しい概念が提出されたのであった。

3 有機EL研究のブレークスルー

有機エレクトロルミネッセンス（EL），すなわち有機物質に電圧を印加して，生成した電子とホールあるいはラジカルアニオンとラジカルカチオンを電場にそって移動させ，それらの再結合により生成する励起子あるいは励起状態が基底状態へ失活する際に放出する発光を観測する試みは1960年頃に始まった。すなわち，米国のM. Pope（有機結晶中の電子プロセスに関する有名な教科書[8]の著者）らはアントラセンの10～20 μm の厚さの結晶を銀ペーストの電極で挟み，これに電圧を印加すると，電圧400 V程度で，アントラセンの蛍光に相当する発光がおこり，電流密度は100 μA cm^{-2} に達した[9]。また，当時彼等は，アントラセンにホールを注入するために，結晶をヨウ素の溶液と接触させる等の試みをしている。その後，カナダでは，このように有機物の結晶を二枚の電極で挟み，さらに化学的に積極的にホールや電子を注入して発光させることが試みられたが，効率は概して必ずしも高くはなかった[10]。

そのような折に，当時 Kodak の C. W. Tang らはきわめて薄い薄膜の2層積層型のデバイスを1987年（特許は1981年）に報告した[11]。これが有機ELの展開の第一のブレークスルーとなったことは，よく知られている通りである。彼等がきわめて薄い薄膜を利用したのは，すでに有機固体太陽電池の作成[12]に際して用いた手法であった。また2層の一つの層に発光材および電子輸送材として，トリス（8-キノリラト）アルミニウム（III），通称 Alq$_3$ を用いたのは，化学に詳しいTangの慧眼によると言えよう。当時わが国で有機ELの研究を進めていた九州大学の齋藤省吾グループで，安達千波矢らは3層積層型のデバイスを報告し[13]，これがその後の3層型デバイスの基本の形となった。

その後，1990年に高分子を用いるELが英国[14]，わが国[15,16]，米国[17]で登場した。

有機ELの第二のブレークスルーは，常温燐光を用いるELデバイスの創出であろう。

九州大学の齋藤研究室では，1980年代末から燐光を用いる有機ELの研究に着手し，4-フェニ

ルベンゾフェノンやケトクマリン類を発光材とする EL を試みていたが，常温では燐光発光の効率が高くないので，低温で作動させることが必要であった[18]。

通常の有機化合物は常温の燐光発光の効率が低いが，重金属を含む化合物は常温である程度の燐光を放射するので，そのような常温燐光を用いる EL が，白金ポルフィリンを発光材として，米国の Forrest と Thompson ら，また英国の Friend らにより 1990 年代末に試みられていたが，発光効率が十分に高くはないうらみがあった。物性物理が専門の Forrest と有機金属錯体に詳しい Thompson らは，すでに 1985 年に米国の Watts のグループからの fac-トリス（2-フェニルピリジン）イリジウム（III），fac-$Ir(ppy)_3$ が常温で高い量子収率で燐光発光するとの King らの報告[19]に着目し，1999 年にこれを発光材とするデバイスを作製し，外量子収率 $\eta_{ext}=8$ % を達成した[20]。ここで，留意すべきことは，fac-$Ir(ppy)_3$ は，すでに 1985 年に誰もが見やすい雑誌に報告された公知のことであり，わが国を含めて世界中の誰でもがこれを利用できる状態にあった中で，Thompson らがこれに着目したことである。

その後数多くのイリジウム錯体，白金錯体等が合成され，それらの発光の特性やそれらを発光材とする EL の特性が研究されてきた。発光の特性，すなわち励起状態からの発光速度定数をできるだけ大きくし，また発光量子収率を大きくするには，中心金属の d 軌道から配位子に電子が移動する金属―配位子電荷移動（MLCT：metal to ligand charge transfer）型の励起状態をとることが必要である。すぐれた発光特性をもつ fac-$Ir(ppy)_3$ の励起状態は，通常の有機化合物とはかなり異なる特徴ある性質をもつことも，最近の計算から明らかにされている[21]。たとえば，420 nm から長い波長領域に現れる吸収は，いずれも主として三重項 MLCT 状態への励起に一重項 MLCT 状態への励起が加わったものであることが示されている。

さらに，EL において利用される電荷輸送材，とくにホール輸送材については，ゼログラフィーにおいて開発された有機伝導体の知見が参考にされたことはよく知られている通りである。

4　有機 EL と有機固体太陽電池

物質に光を照射して起電力を発生させる試みは，金属に関しては古くから試みられ，また有機物質についても 20 世紀後半から試みられ，とくにゼログラフィーの実用化とともに，多くの研究が行われた。しかし，当時の研究は専ら有機物を電極で挟んだ単層系であったため，観測される起電力は必ずしも大きくはなかった。そのような折に登場したのが，C. W. Tang の 25 nm あるいは 45 nm という当時としてはきわめて薄い p 型あるいは n 型の薄膜を p–n 接合させた 2 層型電池であった[12]。このような薄膜を作製する手法が有機 EL においても利用されたわけであった。

しかし，有機固体太陽電池で用いるp型（一般に電子供与性であるので，下式でDと記す）あるいはn型（一般に電子受容性であるので，下式でAと記す）材料は，有機ELのホール輸送材あるいは電子輸送材と共通点はあるものの，本質的な違いが存在する。それは，電池では，p型あるいはn型のいずれかの物質中で生成した光励起状態あるいは励起子が他方の物質との間で電子の移動を起こす必要があるが，ELではむしろその逆であるからである。

固体電池

$$D^* + A \rightarrow D^{+\cdot} + A^{-\cdot}$$
$$D + A^* \rightarrow D^{+\cdot} + A^{-\cdot}$$

EL

$$D^{+\cdot} + A^{-\cdot} \rightarrow D^* + A \text{ または } D + A^*$$

5 発光性金属錯体の基礎としてのルテニウム錯体

上に述べたように，fac-Ir(ppy)$_3$ がELの常温燐光材料として最初に用いられたが，有機金属錯体の光化学の研究でしばしば用いられてきたトリス（2,2′-ビピリジン）ルテニウム（II）塩，[Ru(bpy)$_3$]$^{2+}$X$_2$ も効率はやや低いものの常温で赤い燐光を放出し，これに関しては厖大な基礎的データが利用できる[22]。たとえば，この錯体では単結晶が得られているので，その吸収や発光の偏光による解析により，励起状態の詳細な帰属が行われている。また，fac-Ir(ppy)$_3$ の発光は，100 K以下の温度では，その発光寿命が著しく長くなることが知られているが，同様の現象はすでに [Ru(bpy)$_3$]$^{2+}$X$_2$ について，程度の差はあれ，観測されていたものである。この塩の溶液が電気分解の条件下で示す電気化学発光，エレクトロケミルミネッセンスについても1970年代に研究が進められた[23]。さらに，この物質は適当な電子受容剤とともに光照射をすると，この励起状態から後者に電子を移動させ，さらに水に電子を移動させることにより，可視光照射下で水から水素を発生させる増感剤としても多くの研究が行われてきた。

6 色素増感太陽電池研究のブレークスルーと有機ELとの接点

さて，色素増感太陽電池の研究が1990年代以来盛んであるが，その第一のブレークスルーは，大阪大学の坪村宏，松村道雄らによる1976年の報告[24]であった。すなわち，増感剤のローズベンガル等の有機色素の水溶液に電子伝達のメディエーターとして，ヨウ素—ヨウ化物イオン I_2/I_3^- を加えた溶液に，出来るだけ多孔性にしてより多くの色素を吸着させるようにした半導体電極と対極の白金電極を浸し，これらを回路でつなぎ，溶液を疑似太陽光で照射して，当時とし

第1章　有機半導体への期待

ては格段に高い1％の変換効率で電流を得た。これは，半導体表面に吸着した色素（下式のDye）の励起状態が半導体（SC）の伝導帯（CB）に電子を注入して色素の一電子酸化体（$Dye^{+\cdot}$）を形成し，注入された電子は回路を経て電流として対極に移動し，そこから溶液内のI_2に電子を与えてこれをI_3^-に還元し，これは色素の一電子酸化体を元の色素に還元して，物質のサイクルを完成する。

$Dye^* + SC(CB) \rightarrow Dye^{+\cdot} + e(CB)$

$e(CB) \rightarrow e(Pt)$ （回路経由）

$e(Pt) + I_2 \rightarrow I^- + 1/2\ I_2$

$I^- + I_2 \rightarrow I_3^-$

$I_3^- + Dye^{+\cdot} \rightarrow Dye + 3/2\ I_2$

その15年後の1991年，スイスのGraetzelらは，坪村らのメディエーター系を用い，また半導体の表面をさらに多孔性にするために，酸化チタンのナノ粒子を用いて電極を作製した[25]。増感剤としては，在来の有機色素よりもさらに広い波長領域の光を吸収できる化合物として，ルテニウム錯体による水の光分解の経験を生かし，$[Ru(bpy)_3]^{2+}X_2$の2,2′-ビピリジン（bpy）の一つを2個のSCN^-で置き換え，また残りのビピリジン環の各ピリジン環の4位にカルボキシル基を置換して4,4′-ジカルボキシビピリジン（dcbpy）として，酸化チタンなどの半導体表面に吸着しやすくした錯体$[Ru(dcbpy)_2(SCN)_2]$を用いて，変換効率を約10％に向上させた。この成果は，先人の工夫を活用しつつ，さらにより有効な色素を新たに合成し，また半導体をナノ粒子化したことにより達成されたといえる。現在国内外でさらに高効率で，また受光面積の大きい大型の色素増感太陽電池の研究開発が進められているが，この形式の電池を参考にしているものが多いと思われる。

さて，この形の色素増感太陽電池では，増感剤のルテニウム錯体の励起状態が半導体に電子を注入する。その励起状態としては，中心のルテニウムイオンから配位子のジカルボキシビピリジン環に電子を移動するMLCT型の状態（下に示す式の$Dye^*(MLCT^*)$）が電子注入の効率が高い。この励起状態がカルボキシル基により吸着している半導体表面に電子を注入する。この系では，先の式のDye，Dye^*，$Dye^{+\cdot}$はそれぞれ次の式に相当する。

Dye：$[Ru(II)(dcbpy)_2(SCN)_2]$；Dye^*：$[Ru(III)(dcbpy)^{-\cdot}(dcbpy)(SCN)_2](MLCT^*)$；$Dye^{+\cdot}$：$[Ru(III)(dcbpy)_2(SCN)_2]^+$

ここで，錯体のルテニウム上のSCN基は吸収波長領域を拡げ，またルテニウムのd軌道からビピリジン配位子への電子の供与性を増加させるのに役立っている。これらはELに用いられるイリジウムや白金錯体のMLCT型励起状態をもつ分子の設計にも参照できる。また，色素増感太陽電池の研究開発に際して非常に多くのルテニウム錯体が合成され，MLCT型錯体のデータが利用できる。

7 EL発光と有機レーザー

レーザーは，ある物質（A）を電流により，エネルギーの高い励起状態（A**）に励起し，それから緩和して生じるある励起状態（A*）から基底状態の中でやや高いエネルギーの状態（A^v；一般にある振動状態）に失活するときに放出する発光を利用することが多い。このようにして生成した状態は基底状態のより安定な状態（A）に熱的に失活する。

$A^{**} \rightarrow A^*$；$A^* \rightarrow A^v + h\nu$；$A^v \rightarrow A$

電流密度がある閾値を超えると，発光性の励起状態の密度が大きくなり，発光を増幅的に起こす結果，特定の波長で放出する時間あたりの光子の数が増加し，レーザー発振を起こす。

ELの発光材のような系に高い濃度のホールと電子を注入し，それが効率よく再結合すれば，高い濃度の励起子を生成し，レーザー発振を起こし得る。その前段階の研究としては，系に電流を注入せずに，光で励起し，増幅された発光，ASE（amplified spontaneous emission）の起こりやすさを調べ，できるだけ低い閾値の励起光強度でASE発光する材料を探索する[26]。

このような低い閾値でASEを示す物質には，D-π-D型の分子構造をもつものが多い。ここで，Dはアミノ基等が置換した電子供与性のパイ電子系，πはパイ電子系である。窒素置換基をもつ対称的な構造のビス（スチリル）ベンゼンやビス（スチリル）ビフェニルである。最近の顕著な物質としては，4,4′-ビス［(N-カルバゾイル) スチリル］ビフェニル（BSB-Cz）がある[27]。また，この場合大きな密度の電流を流すことになるので，電荷輸送性が高く，また高い電流密度に対して堅牢な有機材料が必要にある。

8 有機レーザーと二光子吸収

このようなD-π-D型の分子には二光子吸収を効率よく起こすものが多い[28,29]。レーザー発振をする分子は，ある励起状態と基底状態との間の遷移モーメントあるいは振動子強度が大きく，さらに発光の量子収率が大きいことが必要であり，二光子吸収では，それをおこす条件の一つが，これらの状態間の遷移モーメントが大きいことによるからであろう。

9 各種の有機光機能材料で用いる物質の横断的俯瞰

ここで，上に述べたことも含めて，いくつかの代表的な有機光機能材料でしばしば用いられる分子の構造を横断的に俯瞰する試みを表1に示す。

第1章 有機半導体への期待

表1 有機光機能材料における励起状態の役割

材料等	励起状態の役割			分子の典型的構造		
有機EL	電荷再結合発光，エネルギー移動	π	D-A	D-A-D		M-π (M：Al, Ir, Pt, Eu)
色素増感太陽電池	半導体への電子注入	π	D-A			M-π (M：Ru, Os)
化学発光，電気化学発光	化学反応，電気分解に伴う発光	π				M-π (M：Ru, Ir)
銀塩写真増感剤	銀塩への電子注入	π	D-A			
有機光伝導体	電場下における電荷の移動	π				
有機固体太陽電池	界面における電荷発生	π			D+A	
非線形光学	(入射レーザーと媒体の作用)*		D-A		D+A	
電気光学効果	(レーザーと媒体の作用)*		D-A		D+A	
二光子吸収	二光子吸収による生成	π	D-A	D-A-D		D-π-D
有機レーザー	発光の増幅	π				D-π-D
PR材料**	電子移動等に伴う屈折率の変化		D-A		D+A	
光開始剤	ラジカル種の発生					In→Radicals
光レジスト	活性種の発生					In→Radicals
光開始増感剤	開始剤への増感作用	π	D-A			
フォトクロミック材料	可逆的光反応に伴う色の可逆的変化					X ⇔ Y
表面レリーフ形成	可逆的光反応に伴う媒体物質の移動					X ⇔ Y
PHB (SHB)***	光化学反応に伴うスペクトル変化	π			D+A	X ⇔ Y

＊ 励起状態は必ずしも関与しない；＊＊フォトリフラクティブ材料；＊＊＊フォトケミカル・ホール・バーニング
π：パイ共役系；D：電子供与基，電子供与体；A：電子受容基，電子受容体；M：金属原子；In：開始剤；X,Y：相互に異性体

10 励起状態の特徴

ここで，光化学[30~35)]の観点から，EL等で出現する励起状態あるいは励起子について，その基本的な性質を次の三つに要約し[32)]，これを図1に示す。

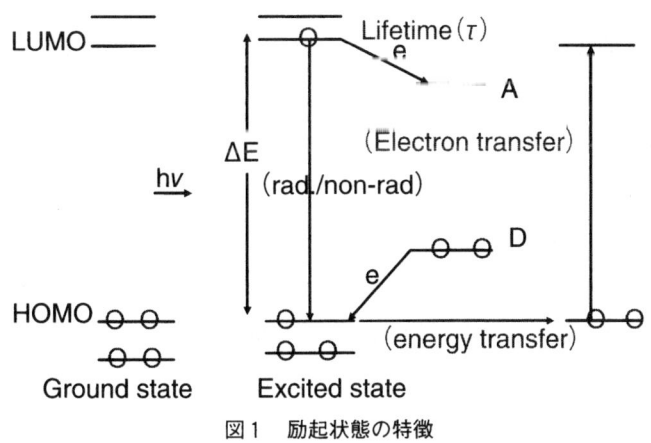

図1 励起状態の特徴

第一に，ある分子（S）の励起状態は基底状態よりもΔEだけエネルギーが高い。このため，分子の結合のR_1，R_2への解裂（$S^* \to R_1^{\cdot} + R_2^{\cdot}$），異性体S'への異性化（$S^* \to S'$）や別の分子（Q）へのエネルギー移動（$S^* + Q \to S + Q^*$）を起こし得る。

　第二に，電子供与体（D）あるいは電子受容体（A）と電子の授受をし得る。最低励起状態では，HOMOには，電子が1個しか存在しないため，もう1個分の空席に適当な電子供与体（D）から電子を受け入れることができる（$S^* + D \to S^{-\cdot} + D^{+\cdot}$）。したがって，この軌道は電子受容性あるいは酸化力に富む。他方，LUMOには励起された電子があるので，これを適当な電子受容体（A）に与えることができる（$S^* + A \to S^{+\cdot} + A^{-\cdot}$）。したがって，この軌道は電子供与性あるいは還元力に富む。

　しかし，第三の特徴として，励起状態は限られた寿命（τ）で発光（図1のrad）あるいは無放射的に（図1のnon-rad）基底状態に失活する（$S^* \to S$）ので，別の化学種との作用はその寿命の間しか進行しない。

　励起状態の平均寿命とは，ある時点で励起状態の集団が一斉に生成したとすると，それらが$1/e$（約37％）までに減衰する時間のことである。したがって，励起状態が生成後，平均寿命経過した時点では，その密度は最初の約37％であり，さらに平均寿命だけ経過したときには，そのさらに37％，すなわち約14％がまだ存在しており，最初から平均寿命の3倍を経過した時点でも，尚約5％は存在している。したがって，平均寿命10μsの励起状態は，生成したときから30μs経過しても，なお5％程度は存在している。このように，励起状態の平均寿命という概念は，人間の平均寿命の定義とは異なる。

11　おわりに

　有機物質の半導体的性質については，小型の有機分子の結晶等の集合体では，隣接する分子の間の電子雲の重なり合いは，無機半導体に比べて，きわめて小さく，個々の分子が孤立して集合している状況に近い場合もある。しかし，銀塩写真の増感色素として多用されるシアニン色素のように，その集合体では，個々の分子間の相互作用が強く，特異的な吸収や発光を示す場合もあり，これらに関しては，約70年間の間に写真科学の膨大な知見が蓄積されている。また，共役高分子では，高分子鎖の一方の端から他方の端まで完全に共役あるいはコヒーレントな状態にあるわけではないが，分子鎖に沿っていくつかの単量体単位にわたって実質的に共役した状態にあると考えられる。今後このような集合系や共役系も含めて有機半導体の研究がさらに進展し，わが国の研究者や産業から国際的に力強い発信が行われることを期待している。そのためには，今までにも増して，研究者が広い視野をもつことが重要であろう。

第1章　有機半導体への期待

文　　献

1) 時任静士，安達千波矢，村田英幸，「有機 EL ディスプレー」，オーム社（2004）
2) 吉野和美，「有機 EL のはなし」，日刊工業新聞社（2003）
3) 城戸淳二，「有機 EL のすべて」，日本実業出版社（2003）
4) 大西敏博，小山珠実「分子 EL 材料—光る分子の開発—」（高分子先端材料 One Point），共立出版（2004）
5) 徳丸克己，現代化学，2006 年 4 月号以降の連載「光エレクトロニクスのための光化学の基礎」，東京化学同人
6) H. Akamatu, H. Inokuchi, *J. Chem. Phys.*, **18**, 810（1950）; H. Inokuchi, *Bull. chem. Soc. Jpn.*, **27**, 22（1954）; 井口洋夫, "有機半導体", 槇書房（1964）; 井口洋夫, TRC News, No.84, 東レリサーチセンター（2003.7）
7) H. Akamatu et al., Nature, **173**, 168（1954）
8) M. Pope, C. E. Swenberg, "Electronic Processes in Organic Crystals", Oxford Science Publishers（1982）; なお改訂版は（1999）
9) M. Pope et al., *J. Chem. Phys.*, **38**, 2042（1963）; H. Kallmann et al., *Rev. Sci. Instr.*, **30**, 44（1959）
10) 小谷正博，金属表面技術，**30**，143（1979）
11) C. W. Tang et al., *Appl. Phys. Lett.*, **51**, 913（1987）; C. W. Tang, USP 4,281,053（Jul. 28, 1981）
12) C. W. Tang, *Appl. Phys. Lett.*, **48**, 183（1986）; C. W. Tang, USP 4,164,431（Aug. 14, 1979）
13) C. Adachi et al., *Jpn. J. Appl. Phys.*, **27**, L 269（1988）
14) R. H. Friend et al., GB Appl. 89/9,011（20 Apr. 1989）; J. H. Burroughes et al., *Nature*, **347**, 539（1990）
15) T. Nakano et al., JP Appl. 90/43,930（23 Feb. 1990）
16) Y. Ohmori et al., *Jpn. J. Appl. Phys.*, **30**, L 1938（1991）
17) D. Braun et al., *Appl. Phys. Lett.*, **58**, 1982（1991）
18) 森川通孝ら，第 51 回応用物理学会学術講演会，講演要旨集，p.1041（1990）; T. Tsutsui, C. Adachi, S. Saito, "Photochemical Processes in Organized Molecular Systems", ed. K. Honda, North-Holland, p. 437（1991）
19) K. A. King et al., *J. Am. Chem. Soc.*, **107**, 1431（1985）
20) M. A. Baldo et al., *Appl. Phys. Lett.*, **75**, 4（1999）
21) K. Nozaki, *J. Chin. Chem. Soc.*, **53**, 101（2006）
22) F. Kalyanasundaram, *Coord. Chem. Rev.*, **46**, 159（1982）; R. J. Watts, *J. Chem. Ed.*, **60**, 834（1983）; A. Julis, *Coord. Chem. Rev.*, **84**, 85（1988）; T. J. Meyer, *Pure Appl. Chem.*, **62**, 1003（1990）
23) N. E. Tokel et al., *J. Am. Chem. Soc.*, **95**, 6582（1973）; K. Itoh et al., *Chem. Lett.*, 99（1979）
24) H. Tsubomura et al., *Nature*, **261**, 402（1976）
25) A. O'Regan et al., *Nature*, **353**, 737（1991）
26) 市川結，応用物理学会 M&BE，**15**，71（2004）; 堀田收，応用物理学会 M&BE，**15**，93（2004）; 安達千波矢，応用物理学会 M&BE，**15**，99（2004）; 松島敏則，安達千波矢，

応用物理学会 M&BE, **17**, 1 (2006); 安達千波矢ら, 光学, **35**, 556 (2006); 安達千波矢ら, 応用物理, **75**, 1465 (2006)
27) T. Aimono *et al., Appl. Phys. Lett.*, **86**, 071110 (2003); H. Nakanotani *et al., Appl. Phys. Lett.*, **90**, 231109 (2007)
28) M. Rumi *et al., J. Am. Chem. Soc.*, **122**, 9500 (2000)
29) K. Tokumaru, "Electronic and Optical Properties of Conjugated Molecular Systems in Condensed Phases," ed. by S. Hotta, Research Signpost, Trivandrum, p. 439–457(2003); 稲垣由夫, 秋葉雅温, レーザー研究, **31**, 392 (2003)
30) 徳丸克己, 応用物理学会 M&BE 分科会誌, **16**, 3 (2005)
31) 徳丸克己,「有機光化学反応論」東京化学同人 (1973)
32) 徳丸克己,「光化学の世界」, 日本化学会編, 新化学ライブラリー, 大日本図書 (1993)
33) 井上晴夫, 高木克彦, 佐々木政子, 朴鐘震,「基礎化学コース 光化学 I」, 丸善 (1999)
34) 「光と化学の事典」, 丸善 (2002)
35) 堀江一之, 牛木秀治, 渡辺敏行,「新版 光機能分子の科学 分子フォトニクス」, 講談社サイエンティフィク (2004)

第2章　電荷注入機構と界面電子構造

石井久夫*

1　はじめに

電極界面からの電荷注入は，有機EL素子の効率や寿命を左右する重要なプロセスである。本章では，注入を理解するために必要な，①電荷注入障壁を左右する電極界面電子構造，②電極から有機半導体への電荷注入の代表的なモデルに関して紹介する。

2　有機半導体のバルクと界面の電子構造

有機EL素子の議論においては，図1に示すような簡略なエネルギー準位図がしばしば利用される。有機半導体層のキャリアを担うエネルギー準位は直線で表されており，このエネルギー準位と電極のフェルミ準位の差がキャリアを注入するための障壁高さとなっている。ここは，もっと詳しく電子構造を見てゆこう。

まず，金属電極と有機半導体のそれぞれのバルクの電子構造を図2に示す。金属では，図2(a)のように伝導バンドが半分満たされており，電子で占められている準位のうち最も浅い準位が

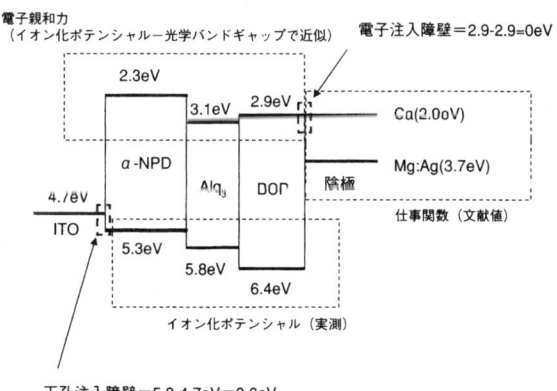

図1　有機EL素子の電子構造の議論に用いられるエネルギー図の例：ITO/α-NPD/Alq₃/BCP/陰極（Ca，Mg：Ag）のエネルギー準位図とエネルギー推定法。

---

*　Hisao Ishii　千葉大学　先進科学研究教育センター　教授

有機ELのデバイス物理・材料化学・デバイス応用

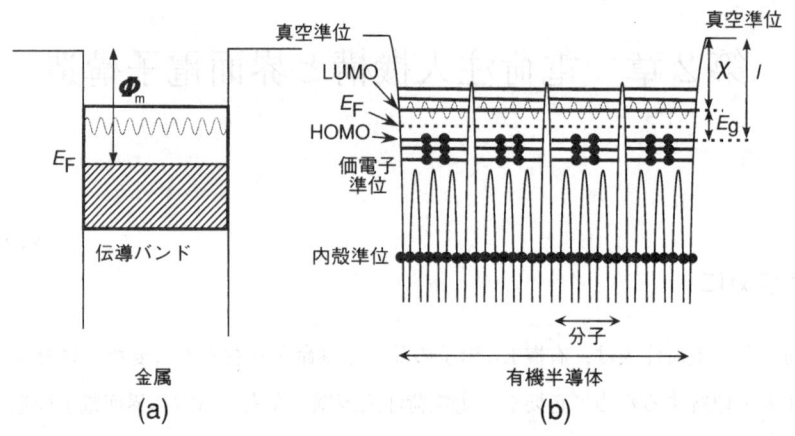

図2　金属の電子構造(a)と有機半導体のバルクのエネルギー準位図(b)
Φ_m：金属の仕事関数，E_F：フェルミ準位，HOMO：最高被占分子軌道，LUMO：最低空分子軌道，
E_g：バンドギャップ，χ：電子親和力，I：イオン化ポテンシャル

フェルミ準位（E_F）となっている。真空準位（固体の直ぐ外で静止した電子のエネルギー[1]）とフェルミ準位のエネルギー差は，1個の電子を金属内から外部に取り出すために必要な最低のエネルギーに相当し，仕事関数（Φ_m）と呼ばれる。電子の波動関数はブロッホ波となっており，固体中に広がって非局在化している。

一方，有機半導体に関しては，図2(b)のように大きく事情が異なる。これは，有機半導体分子が多くの場合ファンデルワールス力で凝集して，分子性固体を形成していることによる。このため，分子と分子の間にエネルギー障壁がある（図の障壁の高さは模式的なものであることに注意）。このため価電子準位の波動関数は固体中で広がってはおらず，個々の分子中に局在化している。このため，電荷輸送を担うキャリアとして通常「電子」「正孔」という用語が用いられるが，その実態は分子の「陰イオン」「陽イオン」である。占有準位の最も浅い軌道を最高被占分子軌道（HOMO），空軌道のうち最も深いものを最低空分子軌道（LUMO）とよび，この2つのフロンティア軌道がそれぞれ正孔と電子の移動に関与する。種々の有機半導体材料における両軌道のエネルギー位置を決める重要なパラメータとして，イオン化ポテンシャル（I）と電子親和力（χ）がある。HOMOと真空準位とのエネルギー差がIであり，LUMOと真空準位のエネルギー差がχとなる。前者は光電子分光や光電子収量分光などにより実験値が多く報告されている[2]。χに関しては，逆光電子分光で測定するのが好ましいが，測定時の試料ダメージのため測定に耐える物質が限られているのが現状である。気相のデータに関しては，NIST Chemistry WebBook[3]に参考データがある場合がある。固相と気相では分極エネルギー[4]分だけ差があるが，材料の性質を荒く判断する目安としては利用できる。また，HOMOとLUMOのエネルギー差がバンドギャップE_gに対応する。χの実測データが限られているので，一般にE_gの正しいデータ

第2章　電荷注入機構と界面電子構造

も少ない。通常は，材料の光学吸収の吸収端エネルギーをもって代用している。その場合は，励起子のエネルギー分過小評価していることになるので注意が必要である。

有機半導体においても，電子はフェルミ－ディラック統計に従って分布する。その際，電子の出し入れに要するエネルギーに相当する電気化学ポテンシャルがフェルミ準位である。しかし，有機半導体はバンドギャップが大きいため，フェルミ準位が意味を持って実質的に定義できるかどうかは定まっていないようである。比較的バンドギャップが狭くドーピングが施されている場合はフェルミ準位があるとして説明がつく場合が多く，バンドギャップが大きくドープしていない場合はフェルミ準位を実験的に観測できていない。また，p型，n型といった伝導型に関しては無機半導体の概念をそのまま持ち込むことはできないようである。有機ELでもp型，n型材料と呼ぶことが多いが，これは正孔を注入しやすい，電子を注入しやすいという意味であり，無機半導体のように熱励起の多数キャリアとして正孔，ないしは電子を有しているという意味とは限らないので注意が必要である。これらの有機半導体と無機半導体の違いに関しては文献5などを参照されたい。

以上のようなバルク電子構造を有する電極と有機半導体が接合したときの界面電子構造を明らかにすることが，電極からのキャリア注入を議論するために重要である。最も広く用いられてきた接合モデルは，図3(a)のMott-Schottkyモデルである。このモデルでは，金属と半導体の真空準位（VL）が界面で一致し，半導体中の不純物がイオン化して分極することで両固体のフェルミ準位が一致するようにバンドが曲がるとするものである。つまり，図3(c)のように半導体の界面側の比較的広い領域に空間電荷層が形成している。このモデルでは，電子（正孔）が電極側から半導体側へ注入されるには，界面でのエネルギー障壁を乗り越えなければならない。電子（正孔）に対する注入障壁高さをΦ_B^n（Φ_B^p）と呼び，MSモデルによれば，$\Phi_m-\chi$（$I-\Phi_m$）として近似される。このやり方に基づいて，一般には，図1にあげたようなエネルギー図が良く用いられているが，以下に述べるような問題点が多い。一つには，仕事関数の値として文献値がしばしば用いられているが，仕事関数は電極表面の清浄度や構造に敏感であるため，主に超高真空下で清浄な表面に対して測定された文献値を，大気の影響をうける実際の素子の電極の仕事関数の値として代用するのはエラーが大きい。さらに，以下に詳述するように真空準位を界面で揃えること自体にも大きなエラーが含まれている。

紫外光電子分光を中心とした近年の研究の結果，MSモデルでは実際の界面電子構造を説明でき無いことが分かってきた[5,6]。問題は，界面で真空準位が一致するという仮定にあり，現実の界面ではあたかも両者の真空準位がずれて接続したようになっている（図3(b)）。この真空準位のシフト（Δ）のため，電子（正孔）注入のエネルギー障壁高さΦ_B^n（Φ_B^p）は$\Phi_m-\chi+\Delta$（$I-\Phi_m-\Delta$）となる。また，これに応じてバンドの曲がり量も変化する。これは，MSモデ

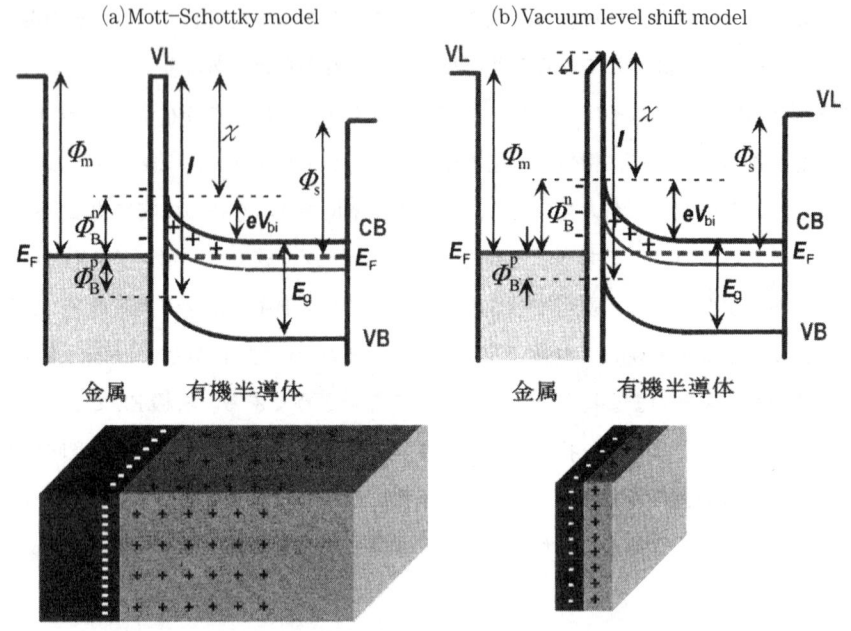

図3 金属と有機半導体の接合界面の電子準位の接続モデル
(a)Mott–Schottky(MS)モデル,(b)界面における真空準位のシフト(Δ)を考慮したモデル。MSモデルでは,(c)のような電荷分布の分極を考慮しており,真空準位モデルでは,さらに(d)のような界面極近傍での電気二重層の効果も考慮している。なお,両モデルとも界面に空隙があるように描いているが,それは仮想的なものであり,実際には両者は密着しており,また,界面には真空準位は存在しない。

ルからみると,接合形成により電極の仕事関数があたかもΦ_mから$\Phi_m+\Delta$に変化したかのようになっている。このような真空準位のズレは,接合により極界面に分極が生じ,図3(d)のような電気二重層が発生しているためと考えられる(図の電荷の符号や場所は模式的に示したものである)。結局,真空準位のシフト量の制御が注入障壁高さを左右するので,それを考慮して注入障壁高さを制御することが電極コンタクトを改善するために不可欠である。ここでは,基本となる電極仕事関数依存性について簡単に触れておこう(なお,コンタクトを改善するための具体的な方策は様々あるが,詳細は本書の他章を参照されたい)。

MSモデルが成り立つとした場合,先に述べたように$\Phi_B^n=\Phi_m-\chi$となるので,電極の仕事関数を$\delta\Phi_m$だけ小さくすれば,注入障壁も$\delta\Phi_B^n$減少することになる。しかし,実際の系では,生じる真空準位のシフトの影響がでてくる。これまでの光電子分光の結果から,真空準位のシフトΔを電極の仕事関数の関数として解析することが行われている。図4に種々のタイプの界面における真空準位シフトと電極仕事関数との関係をまとめたものを示す[6,7]。この図からは幾つかの傾向が見て取れる。一つには,多くの界面でΔが負の値を示すことがわかる。これは,MSモデルによる注入障壁高さの見積もりは,正孔注入に関しては過小評価する傾向にあることを意味す

第2章 電荷注入機構と界面電子構造

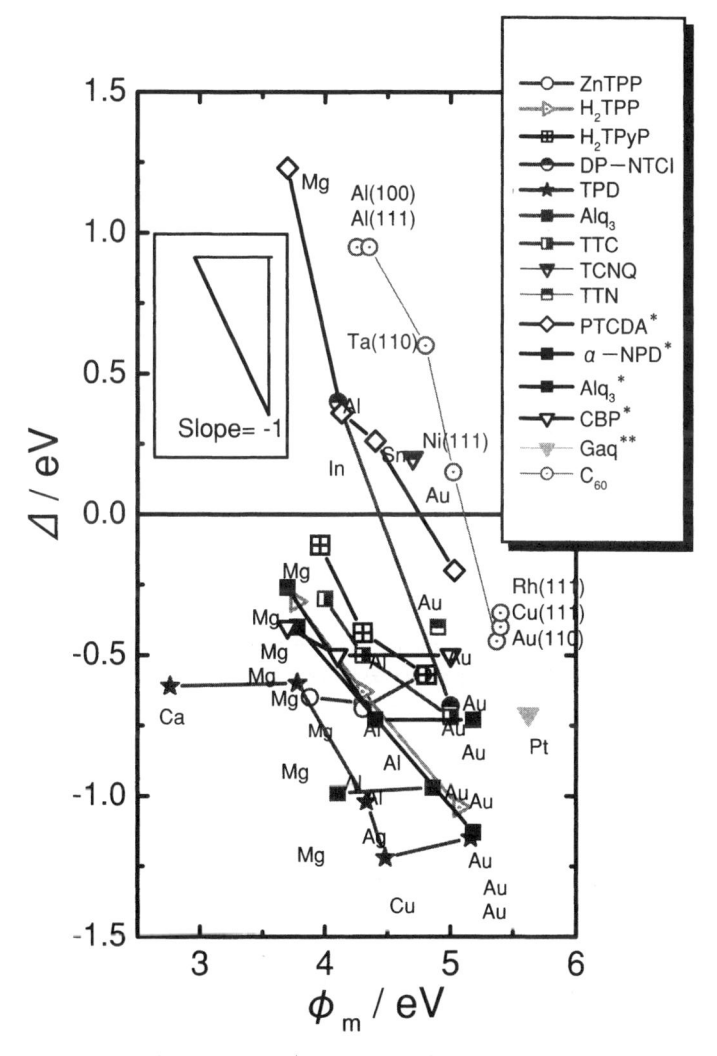

図4 種々の有機物と金属電極の界面で測定された真空準位シフト Δ と電極の仕事関数 ϕ_m の関係
（物質名などは文献7を参照されたい）

る。Δ と Φ_m の間の定量的な関係としては，明確な関数形を示さない例も少なからずあるものの，しばしば Δ が仕事関数に比例して直線的に変化しているものも見受けられる。その場合，注入障壁高さの仕事関数依存性を示すパラメータである $S = \dfrac{d\Phi_B^n}{d\Phi_M}$ が一定値になる。（障壁高さが仕事関数に比例する。）このような関係は無機半導体素子においてはよく知られている。$S=1$ のときショットキー極限と呼び，仕事関数を変化させるとその分だけ障壁高さを変えることができる。一方，$S=0$ の場合は，バーディーン極限と呼び，仕事関数を変えても障壁高さは変わらないことになる。実際の有機半導体界面では，電極と有機試料の組み合わせにより0から1までの

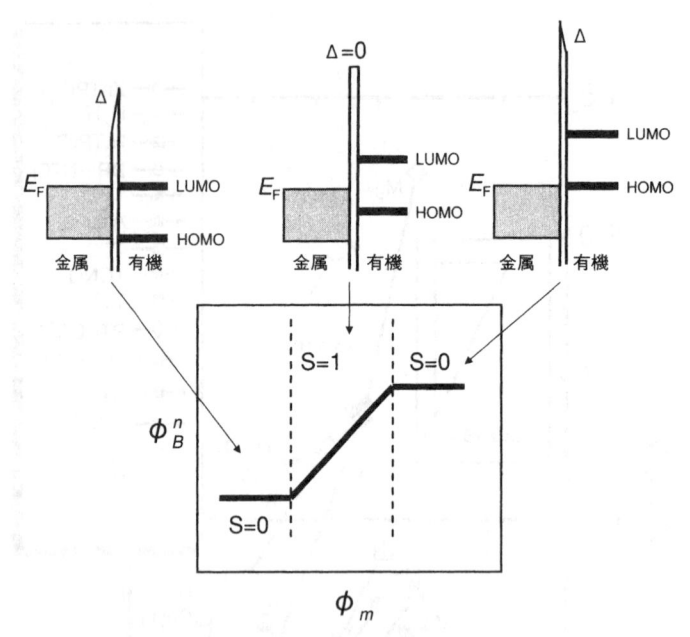

図5 ショットキー極限を示す有機／金属界面における，注入障壁の仕事関数依存性に関する模式図
仕事関数が大きすぎたり，小さすぎたりすると HOMO や LUMO でピン止現象が生じて，$S=0$ を示すことがある（文献8を参照）。

S が報告されている。また，$S=1$ をみたす幾つかの有機—電極界面では，図5に示すように仕事関数が極端に大きかったり小さかったりすると，$S=0$ のようになる場合があることも最近報告されている[8]。これは，電極の仕事関数を大きく振ると，真空準位のシフトを無視した際に電極のフェルミ準位が有機側の HOMO よりも深くなったり，または，LUMO よりもあさくなったりするような配置となる場合は，電荷移動が生じて電極のフェルミ準位と HOMO が一致したり LUMO と一致した状態で固定され，$S=0$ を示すというものである。真空準位シフトの詳細な傾向，その成因などは紙面の都合で触れることができないが，興味ある読者は文献 5，6，7，9 などの総説を参照されたい。

3 電荷注入機構

以上に述べた界面電子構造は，おもに"電極金属上に有機薄膜が堆積した界面"に関して，無電界状態で測定された結果に基づくものである。このため，たぶんに理想化されたモデル界面を取り扱ったものとなっている。実際の素子では，より複雑な構造を持つ"有機膜上に金属が堆積

第2章 電荷注入機構と界面電子構造

(a) バイアス電位が無い場合

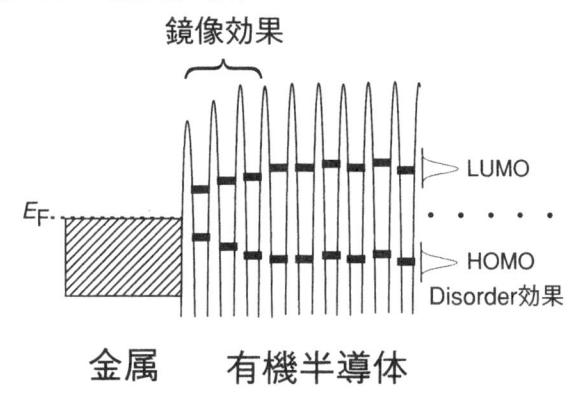

(b) バイアス電位がある場合

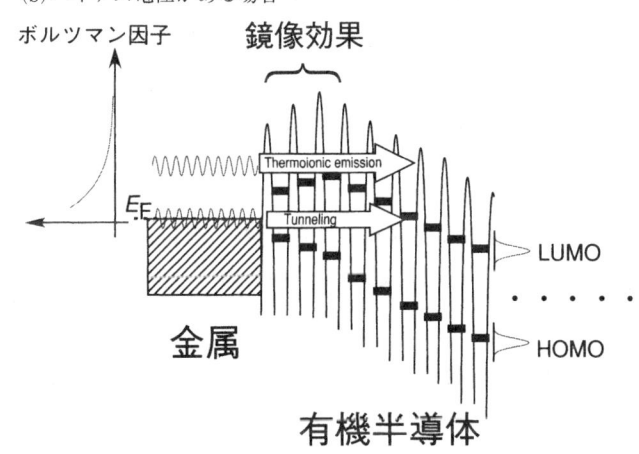

図6 素子へのバイアス電位や鏡像効果などを考慮した有機半導体—電極界面の電子構造

した界面"が重要であったり，外部電位が印加されていたり，大気成分などの不純物の混入，構造欠陥などの存在など，さらに考慮すべき点が残っている。ここでは，注入を考えるためにもう少しだけ現実的な界面電子構造を検討しよう。

無バイアス状態の有機—金属界面の近傍では，バンドの曲がりが無視できるとすると図6(a)のような電子構造となる。ここでは，隣り合う分子間にエネルギー障壁があることを意識した図とした。また，先の節では触れなかったが鏡像効果も考える必要がある。正孔（電子）注入が生じると電極近傍では正（負）イオンとその鏡像との間に引力ポテンシャルが働くので，結果として，イオン化ポテンシャルは減少し，電子親和力は増加する。このため，図中でHOMOやLUMOの位置が界面近傍で変化している。さらに実際の系では，分子の配列の乱れなどのdisorderが存在するため，HOMOやLUMOのエネルギー位置は一定の分布を持つと考えられている[10]。

このような界面電子構造の状態に対して電子注入のためのバイアス電位が印加されたときのエネルギー図を図6(b)に示す。バイアス電位のため，図中の右側へ進むに従ってエネルギー準位が下がっていくが，界面近傍では鏡像効果のためLUMO準位の位置に極大値をとる場所ができる（正孔注入の場合は逆向きの電位がかかり，HOMO準位の位置に極小値をとる場所ができる）。電極からの注入プロセスとしては多くのモデルがあるが大別して，LUMOの極大値より上に熱励起した電子が有機半導体に流れ込むプロセス，熱電子放出（Thermoionic emission）と，金属のフェルミ準位近傍の電子がトンネル効果で有機半導体側に移動するトンネルモデルに大別される。以下に，代表的なモデルに関して解説する。

3.1 Thermoionic Emission

このモデルの出発点は，Richardson[11]やDushman[12]らによる金属電極から真空への熱電子放出を説明するためのものである。電極から電子が放出される際の電流密度 J は次式で表される。

$$J = AT^2 \exp(-\Phi/k_B T)$$

$$A = \frac{4\pi e m k_B^2}{h^3}$$

ここで，Φ は金属電極の仕事関数，e は電子の素電荷，m は電子の質量，h はプランク定数，k_B はボルツマン定数である。A はRichardson定数と呼ばれ，自由電子に対しては $120\,\mathrm{A/cm^2/K^2}$ となる。

Bethe[13]がこのモデルを電極―半導体界面にあてはめた。そのモデルでは，真空への熱電子放出における電極のフェルミ準位と真空準位の差である仕事関数の部分が，電極のフェルミ準位と半導体側の伝導体の底との差である電子の注入障壁（Φ_B^n）になっている。印加電圧 V の下での半導体から金属，金属から半導体への電流の収支をもとめることで，次式を求めている。

$$J = A^* T^2 \exp(-\Phi_B^n / k_B T) \exp(\sqrt{f}) \left| \exp\left(\frac{eV}{k_B T}\right) - 1 \right| = A^* T^2 \exp\left(-\frac{\Phi_B^n - \sqrt{\frac{e^3 E}{4\pi\varepsilon\varepsilon_0}}}{k_B T}\right)$$

$$\left| \exp\left(\frac{eV}{k_B T}\right) - 1 \right|$$

$$A^* = \frac{4\pi e m^* k_B^2}{h^3}, \quad f = \frac{e^3 E}{4\pi\varepsilon\varepsilon_0 k_B^2 T^2}$$

ここで電子の質量を有効質量 m^* で置き換えた実効的なRichardson定数 A^* を用いている。$\exp(\sqrt{f})$ の項は，電界 E が加わったときに鏡像効果で障壁高さが低くなる現象（ショットキー効果[14]）による項である。

第2章 電荷注入機構と界面電子構造

このような熱電子放出モデルは様々なバリエーションのモデルがこれまで提案されてきている。ここでは Emtage と O'Dwyer のモデル[15]を紹介するにとどめる。このモデルでは，空乏層でのドリフト拡散方程式を解いて以下の式を提案している。電界が弱いとき ($E \ll \dfrac{4\pi\varepsilon\varepsilon_0 k_B^2 T^2}{e^3}$) には

$$J = N_0 e\mu E \exp(-e\Phi_B^n / k_B T)$$

高電界のときには，

$$J = N_0 \mu \left(\dfrac{k_B T}{e}\right)^{1/2} (16\pi\varepsilon\varepsilon_0 eE^3)^{1/4} \exp\left(-\dfrac{\Phi_B^n}{k_B T}\right) \exp(\sqrt{f})$$

であたえられる。ただし，N_0 は電子注入の場合 LUMO の状態密度である。この式から，LUMOの状態密度が高いこと，有機半導体側でのキャリア移動度が高いことが注入効率を高めるのに必要であることがわかる。温度依存性は，注入障壁が活性化エネルギーとなっているとしてよいが，注入障壁はショットキー効果で低くなることがわかる。

このような熱電子放出モデルは，電子が弾道電子的に放出されることを前提にしている。このため，有機半導体では局在化した電子状態間を hopping で伝導することが考慮されておらず，そのままでは有機系にあてはめるには限界がある。その他のモデルなどに関しては，文献 16, 17 などの総説を参照されたい。

3.2 トンネル注入

もうひとつのタイプのモデルがトンネル注入モデルである。これは Flower と Nordheim[18] による，きわめて高い電界強度におけるトンネル注入のモデルであり，次式で表される。

$$J = \dfrac{e^3 E^2}{8\pi h \Phi_B^n} \exp -\left(\dfrac{8\pi\sqrt{2m^*}(\Phi_B^n)^{3/2}}{3ehE}\right)$$

これは三角形のトンネル障壁に対して求められる式である。このようなトンネル効果は，トンネル障壁幅が狭いことが必要であり，界面近傍の電界が強い場合にしばしば生じる。このモデルの場合も，電子が自由に伝播していくことが仮定されているので，有機半導体のように局在した状態へのトンネル移動を説明するには十分とはいえない。

上に述べたモデルを含めて，電極から有機半導体へのキャリア注入に関しては多くのモデルが提案されてきた。それぞれのモデルは，実際の素子の注入特性をある程度定性的に説明できるが，詳細で定量的な一致を得るには至っていない。熱励起型の注入機構が最も実験結果を説明するようであるが，温度依存性，電界強度依存性などを完全に説明することはできていない。これは実験側にも問題があって，素子の界面をきちんと制御できていないこと，素子のタイプや研究

グループによって特性が異なることにもよる。厳密な注入モデルを解明するには，よく規定された界面を有する素子に対する実験研究の進展が重要となろう。

4　実際の注入特性とオーミックコンタクト

有機EL素子において注入特性を改善することは，界面の接触抵抗を下げること，つまりオーミックコンタクトをとることが重要となる。ここで，簡単にオーミックコンタクトについて触れておきたい。有機EL素子において流れる電流は，界面特性に依存した界面制限電流（J_{Inj}）と有機材料層の特性できまるバルク制限電流（J_{Bulk}）で規定される。電極コンタクトがわるければ，素子の電流はJ_{Inj}で制限される。電極コンタクトがよければ，J_{Bulk}できまり，通常，次式であらわされる有機層での空間電荷制限電流（J_{SCLC}）となる[19]。

$$J_{SCLC} = \frac{9}{8} \varepsilon \varepsilon_0 \mu \frac{V^2}{L^3}$$

Vは有機層にかかる電圧，Lは有機層の厚みである。実際，有機EL素子に流れる電流はこのような空間電流制限電流になることが報告されている。界面のコンタクト性能の違いの指標としては，$\eta = \frac{J_{Inj}}{J_{Bulk}}$を注入効率として定義できる。結局，オーミックコンタクトとは$\eta = 1$となることとなる。有機半導体へのオーミックコンタクトに関してはMalliarasらの総説[20]に詳しくまとめられているので参考にされたい。

5　まとめ

以上のように，電極からのキャリア注入を支配する界面電子構造，ならびに電荷注入機構について簡単に解説した。電子構造に関しては，近年の研究により，電極—有機半導体接合界面に生じる電気二重層が接合の注入障壁高さを左右していることがわかってきた。電気二重層，障壁高さがどのように決まるか，電極仕事関数などを変えてどのように制御できるかが今後の課題である。現在，理論研究のアプローチも含めて研究が進められているところである。

注入機構に関しては，熱励起注入プロセスで概ね説明できているが定量的に実験結果を完全に説明できてはいない。今後は，電子構造も含めてよく規定された界面を有する素子の注入特性を研究することで，解明が進むものと思われる。

文　　献

1) 厳密には，固体の直ぐ外に電子が静止しているとき真空準位にあるという。但し，直ぐ外というのは，表面の原子間距離に比べれば十分遠く，試料固体のサイズに比べれば十分近い距離の場所を指している。真空準位は試料から十分遠い無限遠で定義することがしばしば見受けられるが，固体の場合は正しくない。
2) 種々の物質の情報をまとめたものには，K. Seki, *Mol. Cryst. Liq. Cryst.*, **171**, 255 (1989)；安達千波矢，小山田崇人，中島嘉之，"有機電子デバイス研究者のための有機薄膜仕事関数データ集"，シーエムシー出版 (2004) などがある。
3) http://webbook.nist.gov/chemistry/
4) 固体中で分子がイオン化すると，形成されたイオンは，まわりの分子が分極することで気相のときよりも安定化する。その安定化エネルギーを分極エネルギーと呼ぶ。通常，固相のイオン化ポテンシャルは気相の値よりも 1〜2 eV 程度小さくなる。
5) 石井久夫，固体物理，**40** (6), 375 (2005)
6) H. Ishii *et al.*, *Adv. Mat.*, **11**, 605 (1999) などを参照されたい。
7) H. Ishii and K. Seki, Chapter 10 in "Conjugated Polymers and Molecular Interfaces" (Ed. By W. R. Salaneck, K. Seki, A. Kahn, J-J. Pireaux), Mercel Dekker (2001)
8) A. Crispin *et al.*, *Appl. Phys. Lett.*, **89**, 213503 (2006)
9) N. Koch, *Chem. Phys. Chem.*, **8**, 138 (2007)
10) V. I. Arkhipov *et al.*, *J. Appl. Phys.*, **84**, 848 (1998)
11) O. W. Richardson, *Philos. Mag.*, **28**, 633 (1914)
12) S. Dushman, *Phys. Rev.*, **21**, 623 (1923)
13) H. Bethe, *MIT Radiat. Lab. Rep.*, **43**, 12 (1942)
14) W. Schottky, *Z. Phys.*, **118**, 539 (1942)
15) P. R. Emtage and J. J. O'Dwyer, *Phys. Rev. Lett.*, **16**, 356 (1966)
16) J. C. Scott, *J. Vac. Sci. Tachnol.*, **A 21**, 521 (2003)
17) D. Braun, *J. Polymer Science, part B*, **41**, 2622 (2003). この文献には様々なモデルの式がまとめられている。
18) R. H. Fowler and L. Nordheim, *Proc. R. Soc. London, Ser. A*, **119**, 173 (1928)
19) M. A. Lambert and P. Mark, "Current injection in solids", Academic Press, New York (1970)
20) Y. Shen *et al.*, *ChemPhysChem*, **5**, 16 (2004)

第3章　電荷輸送機構

内藤裕義[*]

1　はじめに

　有機EL素子では，電荷注入，電荷再結合，発光過程と並んで，電荷輸送機構は重要な過程である。電荷輸送過程を特徴付ける物理量には電荷移動度，バンドギャップ内に存在する局在準位がある。電荷移動度は，電荷が半導体中でどれほどの速度で走行できるかを示す量であるため，素子の動作速度を知る目安となると同時に，EL発光効率向上のためのキャリアバランスを取る際にも重要な物理量である[1]。局在状態は，素子の短期的劣化，長期的劣化と密接に関連する物理量で局在状態をスペクトロスコピックに決定する方法は不可欠である。本稿では，有機発光層に適当と思われる電荷移動度測定法を述べた後，有機半導体に特有な電荷輸送モデルについて，また，局在準位分布測定法についても概説する。

2　電荷移動度測定法

　有機EL素子の電荷輸送層あるいは発光層は膜厚が100 nm程度であるため，従来の有機半導体の測定法では評価が困難になる。有機半導体のように移動度が極めて低い（$0.1 \text{ cm}^2/\text{Vs}$以下）半導体ではHall効果を用いることができず，time-of-flight（TOF）法と呼ばれる過渡光電流法が用いられている。

　TOF測定では電荷注入を阻止するブロッキング電極を設けた試料に電圧を印加しておき，誘電緩和時間内に片方の電極から試料で強く吸収される光を短時間照射し，シート状の電荷分布を照射電極直下に生成する。注入された電荷は電界によりドリフトし対向電極に到達する。この間に外部回路に流れる電流を時間分解して計測する。もし，電荷シートの速度vが一定で移動する場合，外部回路に流れる電流は$I=Q_0/t_t$で，対向電極に到達したときゼロになる。電荷シートが対向電極に到達する時間を走行時間，t_t，と言い，$t_t=L/\mu E$で与えられる。ここで，Q_0は注入電荷，Lは試料膜厚である。Lが既知であれば，μが測定できる。印加電界の極性を変えれば電子，あるいは正孔のμを独立に評価できる。加えて，TOF法では，μのみならず，キャリ

---

[*]　Hiroyoshi Naito　大阪府立大学大学院　工学研究科　電子・数物系専攻　教授

アの光生成効率，飛程，寿命，拡散係数，および試料内部の電界分布，局在状態のエネルギー分布を評価できる[2~5]。

一方，TOF 測定には，通常 1 μm 以上の膜厚が必要で，有機 EL 素子に用いられる有機半導体層の膜厚と比べるとかなり大きくなってしまう。有機半導体材料では膜厚の違いにより光・電子物性が異なることが知られているため，実際の有機 EL 素子か，100 nm 程度の膜厚と有する有機半導体試料で移動度測定を行いたいところである。

本節では，上述の目的のために有効と思える測定法について述べる。

2.1 空間電荷制限電流法

空間電荷制限電流（SCLC）が起こる条件は，少なくとも一方の電極から有機半導体に注入される電荷密度がその熱平衡状態における電荷密度より大きいことである。以下では，電子あるいは正孔のみの単極性伝導を前提とする。SCLC の表式は電流連続の式とポアソンの方程式を定常状態で解けば得られる。キャリアの拡散を無視し，SCLC 領域における境界条件をキャリア注入がされている電極で内部電界がゼロになるとする[6]。すると，①局在準位がなく（若しくは，局在準位がすべて満たされ），移動度が電界に依存しない場合は，I-V 特性は Mott-Gurney の式

$$j_{SCLC} = \frac{9}{8} \varepsilon \mu \frac{\widetilde{V}^2}{d^3}$$

に従う。ここで，μ は移動度，$\widetilde{V} \equiv V - V_{bi}$ である。V_{bi} は内部電位であり，異なる金属電極で有機半導体を挟んだことに起因する。②局在準位がなく，移動度が Poole-Frenkel（PF）型の電界依存性を $\mu(F) = \mu_0 \exp(\beta \sqrt{F})$ を有する場合は，

$$j_{SCLC}^{(PF)} \approx \frac{9}{8} \varepsilon \mu_0 \frac{\widetilde{V}^2}{d^3} \exp(0.89 \beta \sqrt{\widetilde{V}/d})$$

となる。③局在準位分布が離散的である場合は，

$$j_{SCLC} = \frac{9}{8} \varepsilon \mu \theta \frac{\widetilde{V}^2}{d^3}$$

となる。ここで，$\theta = n/(n+n_t)$，n_t は離散的な局在準位に捕獲されているキャリア密度である。④局在準位が指数関数分布

$$H_t(E) = \frac{N_t}{E_t} \exp\left(\frac{E - E_C}{E_t}\right) \qquad (E \leq E_C)$$

する場合，I-V 特性は

$$j_{SCLC} = N_C \mu q \left[\frac{\varepsilon l}{N_t q (l+1)}\right]^{l+1} \left[\frac{2l+1}{l+1}\right]^{l+1} \frac{\widetilde{V}^{l+1}}{d^{2l+1}}$$

となる。ここで N_t は全トラップ密度，E_t は特性エネルギー，E_c はバンド端のエネルギー，$l=E_t/k_BT$ である。

②と④の場合，電流は2乗よりも早く増加することが分かる。上式でI-V特性を解析すると，移動度や局在準位等，輸送特性を支配する物理量を評価することが可能となる。ただし，SCLCであることの証明はI-V特性の膜厚依存性の測定を通じて行っておく必要がある。つまり，①，③，④の場合，膜厚を変えて測定したI-V特性が $j/d=f(V/d^2)$ を満たすこと。ここで，①，③の場合，$f(x)=x^2$，④の場合，$f(x)=x^{l+1}$。加えて，④の場合は l の温度依存性も確認する。②の場合は，一定電界（$\tilde{V}/d$）における電流が d^{-1} に比例すること。以上が実験的に確認できてSCLC理論の適用が可能となる。

有機EL素子では発光閾値以上の印加電圧で電荷が複注入されるため，SCLC法は実際の素子には適さない。SCLC法による評価を行う時は，電子オンリー素子，あるいは，正孔オンリー素子を作製する必要がある。

2.2 暗注入法

オーム性の電極からの過渡注入を用いることでもドリフト移動度を計測できる。試料はオーム性の電極と対向電極からなるサンドイッチ状のもので，試料にステップ電圧を印加し，過渡電流を測定する方法で，フライトタイムを測定するという点ではTOF法と同様である[7]。

ステップ電圧を印加するとオーム性電極から連続的に電荷注入が生じるため，過渡電流はTOF法と異なり，図1に示すようになる。過渡的に空間電荷制限になった場合には，電流波形にピークが生じ，走行時間との間に

$$\tau_{DI}=0.787\, t_t$$

なる関係がある[8]。従って，ピーク時間からドリフト移動度を決定することが可能である。実際に，暗注入法によって有機半導体のドリフト移動度が評価されている。暗注入法は試料の励起に

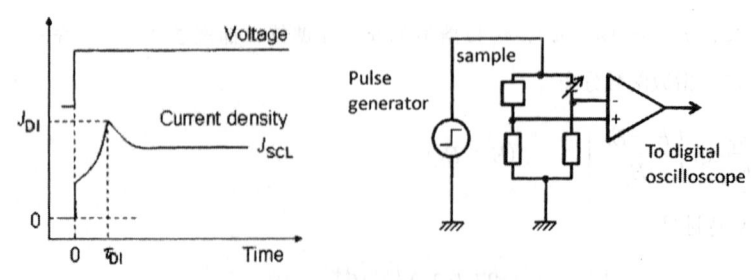

図1 印加電圧と理想的な過渡空間電荷制限電流（文献7より転載）（左）。測定回路（右）

電圧パルスを用いるため，TOF法と比べると薄い試料の移動度評価が可能である（数100 nmの膜厚の試料で測定が可能である）。一方，電圧パルス印加時の充電電流のため，ドリフト信号が正確に測定できなくなる場合がある。この充電電流を除去するために図1に示すような，試料と同程度の静電容量と負荷抵抗で構成される分岐を流れる電流との差分をとる工夫をする必要がある。

最近では，4,4,4-tris(N-3-methylphenyl-N-phenyl-amino)triphenylamine(MTDATA), N,N-diphenyl-N, N-bis(1-naphthyl)(1,1-biphenyl)-4,4 diamine(NPB), および，N, N-diphenyl-N, N-bis(3-methylphenyl)(1,1-biphenyl)-4,4 diamine(TPD) などの正孔輸送材のドリフト移動度が暗注入法により評価されている[7]。

2.3 三角波による暗注入法

暗注入法とほぼ同じ測定系で測定が可能である（理論的背景も同じである）。異なるところは，ステップ電圧を試料に印加するのではなく，三角波を印加することにある。三角波印加により，電圧印加にともなう充電電流は方形波となり，オーム性の電極から注入された電荷のドリフト信号は，おおよそ，

$$t_{max} = L\sqrt{\frac{2}{\mu A}}$$

で電流ピークを与える（図2参照）[9]。ここで，A は印加電圧 $V(t) = At$ として与えられる。このため，暗注入法では充電電流を回路的に除去していたが，本法ではその必要がなく，上式から移動度決定が可能となる。regioregular poly (3-hexylthiophene)(RRPHT), poly(p-phenylene vi-

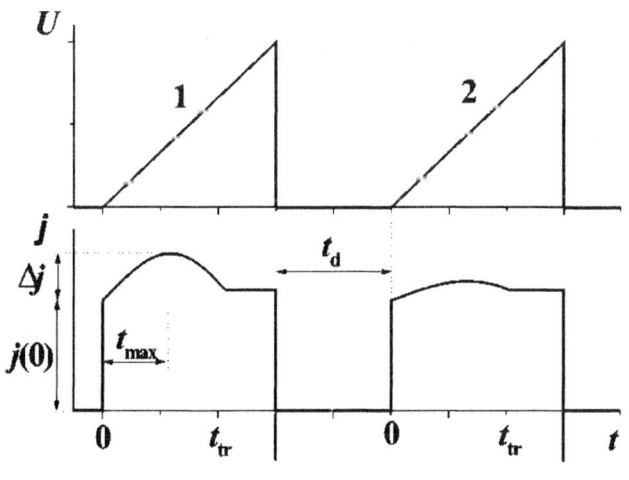

図2 三角波印加による過渡電流法
印加電圧（上），過渡電流（下）

nylene) (PPV), and polyazomethine (PAM) などのドリフト移動度の評価が行われている[9]。

2.4 インピーダンス分光法

インピーダンス分光（IS）法では有機 EL 素子に微小正弦波電圧信号 $[V=V_0 exp(i\omega t)]$ を加え，その応答電流信号 $[I=I_0 exp\{i(\omega t+\phi)\}]$ の電流振幅と位相差より素子内の半導体バルク層や電極／半導体界面層のインピーダンス $(Z=V/I)$ を求めることができる。インピーダンスにはキャリア移動度，再結合時間，局在状態分布等の情報が含まれており，簡便な測定の割には様々な物理量を得ることができる。発光閾値電圧以下では，有機 EL 素子からの発光が観測されないため，電子，正孔のいずれか一方のみが注入されている。従って，発光閾値電圧以下の IS 測定結果は単一電荷注入（single injection）モデルにより記述できる。解析には，電流の式，ポアソンの式，電流連続の式を用い，拡散電流および捕獲準位の存在を無視する。これらの基本方程式を空間電荷制限下で微小交流信号解析を行うと，素子のアドミタンスは，

$$Y_1 = G_1 + jB_1$$

$$G_1 = \frac{g\theta^3}{6} \frac{\theta - \sin\theta}{(\theta-\sin\theta)^2 + \left[\frac{\theta^2}{2}+\cos\theta-1\right]^2}$$

$$B_1 = \omega C_1 = \frac{g\theta^3}{6} \frac{\frac{\theta^2}{2}+\cos\theta-1}{(\theta-\sin\theta)^2 + \left[\frac{\theta^2}{2}+\cos\theta-1\right]^2}$$

となる[6]。single injection の場合の等価回路は抵抗と静電容量（R-C）の並列回路になることが分かる。ここで $g=9\varepsilon\mu V_0/4d^3$ は微分コンダクタンス，$\theta(=\omega t_t)$ は走行角である。上述の結果から，発光閾値電圧以下における等価回路定数には移動度の情報が含まれていることがわかる。

上式より，コンダクタンス，キャパシタンスの周波数特性を図示すると，図3のようになる。低周波域から高周波域に向かって，コンダクタンスは減少し，キャパシタンスは増加していることが分かる。これは，微小電圧信号により注入されたキャリアによる空間電荷が微小交流電圧に完全には追従できず，電流に位相遅れが生じるからである。高周波域においては，注入キャリアは，交流電界に追従できず，平衡状態に達することができないため，幾何容量が測定される。コンダクタンスに関しても，同様の理由により変化が生じている。これを走行時間効果（transit-time effect）と呼ぶ[6]。

この single injection モデルにおいて

第3章 電荷輸送機構

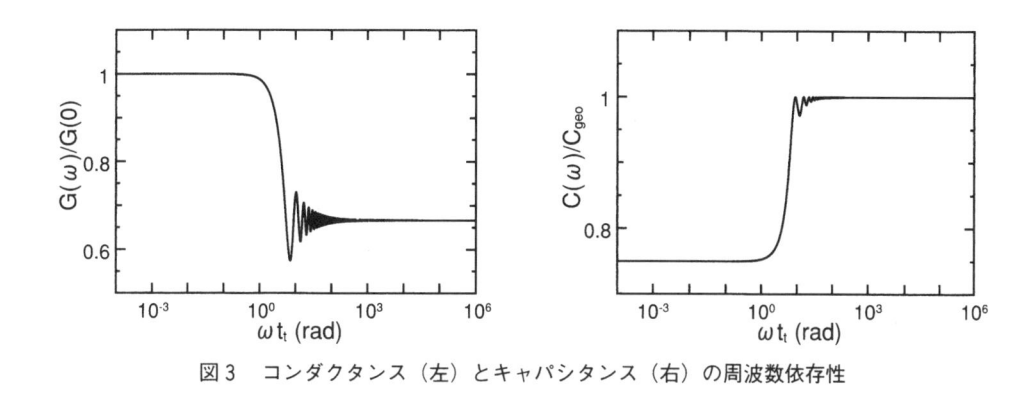

図3 コンダクタンス（左）とキャパシタンス（右）の周波数依存性

$$-\Delta B = \omega (C_1 - C_{\text{geo}})$$

の周波数特性を上式を用いて図示すると，図4のようになる。ここで最も低周波側で$-\Delta B$が極大となる周波数と走行時間との間には

$$t_t \approx 0.72 f_{\max}^{-1}$$

の関係があるので，インピーダンス測定より，$-\Delta B$の周波数特性を表示すれば，走行時間（すなわち，移動度）を算出することができる。図4に示す走行時間効果によるサセプタンスの変化量に見られる屈曲点を用いた移動度測定法が，PPV等を発光層とする有機EL素子において報告されている[10~13]。この他，コンダクタンス，およびコンダクタンスとキャパシタンスの$\omega \to 0$の極限値を用いる方法などもある[14]。

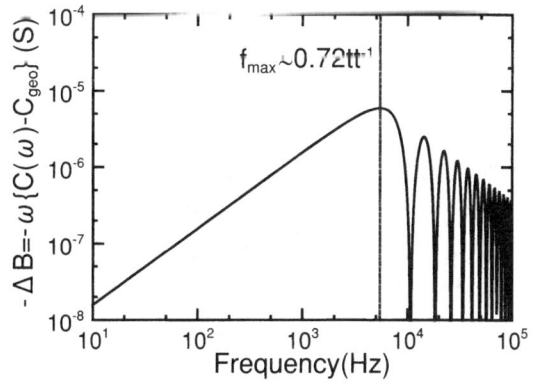

図4 単一電荷注入機構における$-\Delta B$の周波数特性

3 電荷輸送モデル

実用化が検討されている有機半導体は多結晶あるいはアモルファスで，不規則系半導体の範疇に入る。有機EL素子ではアモルファス状態の有機半導体が用いられる。有機半導体は結晶半導体でもそのバンド幅は小さく，大きな移動度は期待できない。例えば，比較的大きいとされる単結晶ルブレンの移動度でも $15\,\mathrm{cm^2/Vs}$ 程度である[15]。従って，アモルファス状態になれば，バンド伝導からホッピング伝導となり，移動度が大幅に低下する。ホッピング伝導では，明確な移動度端が定義できず，すなわち，波動関数の広がった状態と局在状態を明確に分けることができず，解析的な取り扱いは困難となる。このような背景を踏まえて，代表的な電荷輸送モデルについて言及する。

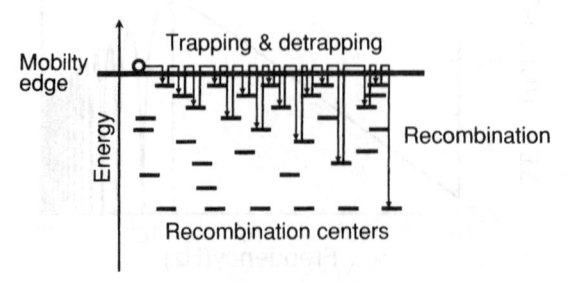

3.1 マルチプルトラッピングモデル

いわゆるバンド伝導モデルで，結晶半導体の輸送モデルである。このモデルの特徴は，バンド端（移動度端）が明瞭に定義できることである。従って，理論的な取り扱いは，電流連続の式，バンド端と局在状態との間のキャリアのやり取りを表す速度方程式，ポアソン方程式を解くことにより行われる（図5）。このため，小信号時などの場合は，理論的取り扱いが極めて簡単になる[16,17]。

不規則系半導体で，エネルギー乱れが大きい場合は，エネルギーの異なった多数の局在状態（マルチプルトラッピング）を仮定して，キャリアの緩和過程を記述する。ホッピングによってキャリア伝導が生じている場合でも，選択的にキャリア伝導が起こるエネルギー準位（輸送エネルギーと呼ばれている）が存在し，このエネルギーがバンド端と同じような働きをする（図6）[18,19]。このため，ホッピング伝導が起こっている不規則系有機半導体でもマルチプルトラッピングモデルが適用される場合が多い。上述の移動度測定法の解釈には，つまり，I-V特性，定常光電流，過渡光電流，変調光電流などの定式化には，このマルチプルトラッピングモデルが用

図5　マルチプルトラッピング（バンド伝導）

第3章　電荷輸送機構

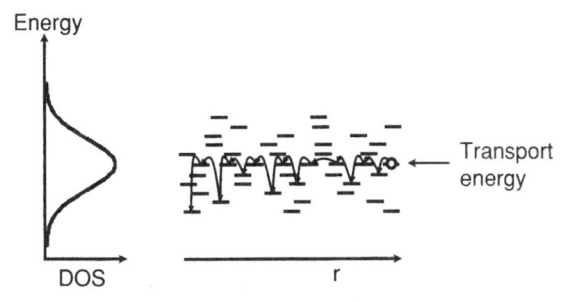

図6　ホッピング伝導
ホッピングサイトの状態密度はガウス分布し，ホッピング
伝導系でもバンド端に相当する輸送エネルギーがある。

いられている。

3.2　Gaussian Disorder Model（GDM）

　有機半導体のドリフト移動度解析にはGillの経験式，Continuous Time Random Walkモデル，上述のマルチプルトラッピングモデル，Gaussian Disorderモデル（GDM）などが用いられているが，低分子蒸着膜，分子分散ポリマー，光伝導性ポリマーなどの有機アモルファス材料にはGDMあるいはCorrelated Disorder Model（CDM）が良く用いられている[20]。GDMでは，単純立方格子上の各格子点に，正規分布に従うエネルギー的乱れ（diagonal disorder）と幾何学的乱れ（off-diagonal disorder）が存在し，それらが独立にキャリア移動に影響を及ぼすと仮定する。

　Miller-Abraham型のホッピングレートを仮定したMonte Carlo simulationによる数値データを解析した結果，下式のような経験式が導かれた[20]。

$$\mu(\hat{\sigma}, \Sigma, E) = \begin{cases} \mu_0 \exp\left[-\left(\frac{2}{3}\hat{\sigma}\right)^2\right] \exp[C(\hat{\sigma}^2 - \Sigma^2)E^{1/2}] & (\Sigma \geq 1.5) \\ \mu_0 \exp\left[-\left(\frac{2}{3}\hat{\sigma}\right)^2\right] \exp[C(\hat{\sigma}^2 - 2.55)E^{1/2}] & (\Sigma < 1.5) \end{cases}$$

ここで，$\hat{\sigma} = \frac{\sigma}{kT}$　$\sigma = \frac{3}{2}kT_0$，σは状態密度の幅，T_0は状態密度の幅を温度単位で表わしたもの，Σは幾何学的disorderの程度を表わすパラメーター，Cは定数で，典型的な値は2.9×10^{-4} $(\mathrm{cm/V})^{1/2}$，μ_0はエネルギー的disorderが消失したときの仮想的なドリフト移動度の値である。

　上式によりσやΣのdisorder parameterが算出できる。σは電荷輸送性分子の双極子に由来することが示されている。分子の永久双極子がランダムに分布するために静電ポテンシャルに揺らぎを生じ，それがVan der Waals力に起因するポテンシャルに重畳すると仮定する。従って，σはVan der Waals力に起因する項σ_{vdw}と双極子に起因する項σ_dに分けられる。ここでVan der Waals力に起因する項が正規分布であると仮定すると$\sigma = (\sigma_d^2 + \sigma_{vdw}^2)^{1/2}$となる。双極子モー

メントに起因する項は

$$\sigma_d = \frac{Ac^{2/3}D}{a^2 \varepsilon}$$

と見積もられていて，ここで，c は双極子の濃度，a は分子間距離，D は双極子モーメント，A の値として 3.06～8.32 が報告されている[21]。上述の結果は，双極子モーメントと σ_d が比例することを意味しているが，実際に，双極子モーメントの異なる電荷輸送分子の σ は双極子モーメントに比例して大きくなることが示されている[21]。

一方，Off-diagonal Disorder の起源は，GDM の前提からは，hopping site 間距離の揺らぎと捕らえるのが一般的である。また，GDM では hopping site を点として扱っているが，実際には hopping site には電荷輸送性分子が存在している。電荷輸送性分子には π 電子系の発達した平面的な分子が多いが，分子間の配向方向の違いにより transfer integral は大きく変化する[22]。このため，Σ の起源には transfer integral の揺らぎも大きな要因となることが容易に推察できる。さらに，伝導キャリアの percolation も Σ の原因になることが示されている[23]。この様に，σ とは異なり Σ の中には分離不可分な複数の寄与がある事が分かる。

双極子モーメントとキャリアの間に働くクーロン力は長距離相互作用であるため，隣接した分子のエネルギーは，近接した双極子からの寄与は変化するが，遠方の双極子の寄与はあまり変化しない。このため，σ_d は空間的な相関を有する。この様な相関を考慮に入れたモデルとして CDM が知られており，この効果を取り入れて simulation を行った結果は GDM とは異なった表式を与える[24]。

また，有機半導体のキャリアはポーラロンであると考えられるため，ポーラロンの効果をあからさまに取り入れた理論的な取り扱いもある。有機ポリシランなどの有機半導体のドリフト移動度の温度依存性，電界依存性がポーラロン効果を取り入れてより良く説明できることが示されている[25]。

4　局在準位分布測定法

以下の述べる局在準位分布測定法の理論的基礎はマルチプルトラッピングモデルにある。これは，前述のとおり理論的取り扱いが容易であるためである。一方，ホッピング伝導による GDM により移動度の温度依存性を解析することにより，ガウス関数型状態密度の幅 σ を得ることができる。

4.1 SCLC

SCLCに関する局在準位分布が指数関数分布している場合の表式を用い，I-V特性の温度依存性を解析すれば，指数関数分布の特性温度を決定できる。しかし，局在準位分布を評価するためには，特定の分布を前提としない評価法が必要である。SCLCを解析することにより任意の分布を有する局在準位も評価できる。SCLC領域においてV_1, V_2…と印加電圧を上昇させるにつれて，電流もJ_1, J_2…と増加するとする。j番目の測定ステップにおける局在準位密度は

$$g(Ej) = \frac{2\varepsilon_s \Delta V_j}{qL\, 2\Delta E_F}$$

と求まる。ここで，

$$\Delta V_j = V_j - V_i, \quad \Delta E_F = E_{Fj} - E_{Fi} = kT\ln\frac{j_j V_i}{j_i V_j}, \quad E_{Fj} = \sum_{k=1}^{j}\Delta E_{Fk} + E_F$$

である。E_Fは熱平衡状態のフェルミ準位である。この方法によりE_F近傍の局在準位分布を評価することが可能である[26,27]。

4.2 過渡電流法

有機EL素子（あるいは，電子オンリー，正孔オンリー素子）を順方向にバイアスすることにより，キャリアを半導体層内に注入，局在準位に捕獲させる。その後，浅い逆バイアスを印加し，捕獲されていたキャリアを掃引，それによる過渡電流を記録する。この過渡電流を

$$f(E)g(E) = \frac{2J(t)t}{qLkt} \qquad E = E_v + kT\ln(\nu t)$$

により解析することにより，局在準位分布を得ることができる[28]。ここで，$f(E)$は非平衡状態の分布関数，E_vはキャリアを正孔とした時の価電子帯端のエネルギー，νは局在準位の離脱周波数である。

この他，熱刺激電流[29]やインピーダンス分光[30]による方法がある。各方法によって測定できる局在準位のエネルギー領域が異なるため，問題となる局在準位がどこにあるかによって選択する方法が異なってくる。また，各方法の得失を良く理解した上で測定法を選択する必要がある。

5 おわりに

有機半導体の輸送モデル，GDM，CDMを除くと，不規則系有機半導体特有のホッピング伝導をあからさまに取り入れた理論的取り扱いはなく，全て，バンド伝導を前提とした取り扱いであ

る。現在のところ，有機EL素子などの実験結果の解釈において大きな問題は生じていないが，将来，ナノスケールの有機電子デバイスにはこのような取り扱いは適用できない。実験，理論両面での進展を期待したい。

文　献

1) 大西敏博，小山珠美，"高分子EL材料" p.74, 共立出版（2004）
2) 内藤裕義, 高分子, **51**, 958（2002）
3) F. K. Dolezalek: in Photoconductivity and Related Phenomena, eds. J. Mort and D. M. Pai（Elsevier, Amsterdam, 1976）
4) 内藤裕義, 電子写真学会誌, **27**, 578（1988）
5) T. Nagase, K. Kishimoto, H. Naito, *J. Appl. Phys.*, **86**, 5026（1999）
6) K. C. Kao and W. Hwang, Electrical Transport in Solids,（Pergamon, Oxford, 1981）
7) S. C. Tse, S. W. Tsang and S. K. So, *J. Appl. Phys.*, **100**, 063708（2006）
8) A. Many and G. Rakavy, *Phys. Rev.*, **126**, 1980（1962）
9) G. Juska, K. Arlauskas, M. Viliunas, K. Genevicius, R. Osterbacka and H. Stubb, *Phys. Rev.*, **B 62**, R 16235（2000）
10) H. C. F. Martens, W. F. Pasveer, H. B. Brom, J. N. Huiberts and P. W. M. Blom, *Phys. Rev.*, **B 63**, 125328（2001）
11) I. N. Hulea, R. F. J. van der Scheer, H. B. Brom, B. M. W. Langeveld-Voss, A. van Dijken, and K. Brunner, *Appl. Phys. Lett.*, **83**, 1246（2003）
12) S. W. Tsang, S. K. So and J. B. Xu, *J. Appl. Phys.*, **99**, 013706（2006）
13) D. Poplavskyy and F. So, *J. Appl. Phys.*, **99**, 033707（2006）
14) 岡地崇之，内藤裕義，日本学術振興会　情報科学用有機材料第142委員会C部会　第21回研究会資料.
15) V. C. Sundar, J. Zaumseil, V. Podzorv, E. Menard, R. L. Willett, T. Someya, M. E. Gerhenson and J. A. Rogers, *Science*, **303**, 1644（2004）
16) J. Noolandi, *Phys., Rev.*, **B 16**, 4466（1977）
17) H. Naito, J. Ding and M. Okuda, *Appl. Phys. Lett.*, **64**, 1830（1994）
18) B. Hartenstein, H. Bässler, A. Jakobs and K. W. Kehr, *Phys. Rev.*, **B 54**, 8574（1996）
19) T. Nagase and H. Naito, *J. Appl. Phys.*, **88**, 252（2000）
20) M. Pope and C. Swenberg, Electronic Processes in Organic Crystals and Polymers, 2 nd Ed.,（Oxford University Press, New York, 1999）
21) A. Hirao and H. Nishizawa, *Phys. Rev.*, **B 54**, 4755（1996）
22) J. H. Slowik and I. Chen, *J. Appl. Phys.*, **54**, 4467（1983）
23) N. Ogawa and H. Naito, Electrical Engineering in Japan, 140, 1（2002）
24) D. H. Dunlap, P. E. Parris and V. M. Kenkre, *Phys. Rev. Lett.*, **77**, 542（1996）

25) I. I. Fishchuk, A. Kadashchuk, H. Bässler and S. Neprek, *Phys. Rev.,* B 67, 224303 (2003)
26) W. den Boer, J. de Physique (Paris) 42, C 4-451 (1981)
27) K. Shimakawa and Y. katsuma, *J. Appl. Phys.,* **60**, 1417 (1986)
28) J. G. Simmons and M. C. Tam, *Phys. Rev.,* **B 7**, 3706 (1973)
29) M. Nakahara, M. Minagawa, T. Oyamada, T. Tadokoro, H. Sasabe and C. Adachi, *Jpn. J. Appl. Phys.,* **46**, L 636 (2007)
30) E. H. Nicollian and J. R. Brews, MOS (Metal Oxide Semiconductor) Physics and Technology (Wiley Interscience, New York, 1982)

第4章　有機発光材料の光物理過程

河村祐一郎*

1　はじめに

ホタルの光に代表されるように，有機分子からの発光は自然界に多く観られる現象である。有機分子からの発光を電気的に得るという発想は1950年代には存在していた。このような電荷注入による有機物からの発光はアントラセン結晶からの青色発光がその最初である[1]。以後半世紀，様々な試行錯誤とブレイクスルーを経て[2~8]，この電気的な励起による有機物からの発光はテレビの画像として我々の前に現われ，さらには室内を照らす可能性をも見せている。

現在，従来の蛍光素子[7]（第8章）に加えて，イリジウム錯体に代表される常温燐光素子[8]（第9章）の研究が盛んであるが，本稿ではこれら有機EL素子の主役たる発光材料について，有機分子の光物理過程から説明する。

2　有機分子の発光機構

2.1　分子軌道と電子遷移[9, 10]

分子軌道法によれば，有機分子を構成する化学結合は炭素原子と水素原子，および窒素原子や酸素原子（時に硫黄やリンなども含まれる）のs軌道，p軌道あるいはそれらの混成軌道の重ね合わせによって成る分子軌道によって構成されると解釈される。分子軌道は，原子軌道同士の重なりの大きさに比例して元の原子軌道よりエネルギーが低い軌道と高い軌道に分裂する。この新たに形成された軌道のうち，エネルギーの低い側に電子が入ることで原子間に化学結合が形成される（結合性分子軌道）。一方，エネルギーの高い側は結合には関与しない（反結合性分子軌道）。なお軌道の重なりの大きさはすなわち結合の強さであり，より強固な結合ほど分裂幅は大きくなる。ここではエチレンの例を示した（図1(a)）。

このようにして形成された分子軌道に対し，一つの軌道には2個の電子を収容でき，エネルギーの低い軌道から順に電子が詰まっていく。ここで電子はα（↑，$s=+1/2$），β（↓，$s=-1/2$）の二つのスピン状態をとるが，Pauliの排他原理に従いそのスピンは互いに逆向きであ

---

*　Yuichiro Kawamura　出光興産㈱　電子材料部　電子材料開発センター

第 4 章　有機発光材料の光物理過程

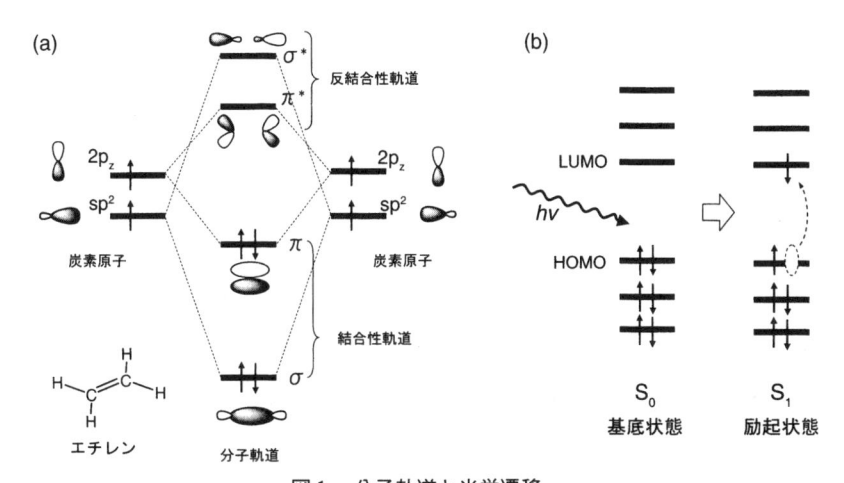

図 1　分子軌道と光学遷移
(a) エチレンの分子軌道の成り立ち　(b) 基底状態と励起状態の電子配置の模式図

る必要がある。従って基底状態にある分子は，スピン多重度 1 の一重項状態（S_0）となる。

電子が詰まっている結合性軌道のうち，最もエネルギーの高い分子軌道が最高被占軌道（Highest Occupied Molecular Orbital：HOMO），分裂した軌道のうち最もエネルギーの低い反結合性軌道が最低非占軌道（Lowest Unoccupied Molecular Orbital：LUMO）である。

分子が光を吸収すると，HOMO の電子が一つ反結合性軌道へと移動し励起状態となる（図 1 (b)）。光の吸収には，光子のエネルギーが準位間のエネルギーに相当することの他，遷移前後の軌道対称性などの条件があるが（許容遷移），この時スピンは保存されるため，光吸収によって生成されるのは他の外的要因（後述）が無い限り（最低）励起一重項状態（lowest singlet excited state，S_1）である。なお光を吸収する過程自体はフェムト秒（10^{-15} s）の領域であり，分子の構造などは全く変化していない時間と言える。このような基底状態から励起状態に垂直に遷移した直後の状態を Frank-Condon 状態と言う。

2.2　蛍光

S_1 状態にある分子から，エネルギーを失い再び S_0 状態に戻る際，ある確率で光を発する（自然放射）。これが蛍光である。図 2 に有機分子のエネルギー準位の図（Jablonski 図）を示す。蛍光の量子収率 Φ_{flu}，蛍光寿命 τ_{flu} について，競合する各過程の速度定数を用いて記述すると以下のようになる。

$$\Phi_{flu} = \frac{k_{flu}}{k_{flu} + k_{nr} + k_{isc}} \tag{1}$$

$$\tau_{flu} = \frac{1}{k_{flu} + k_{nr} + k_{isc}} \tag{2}$$

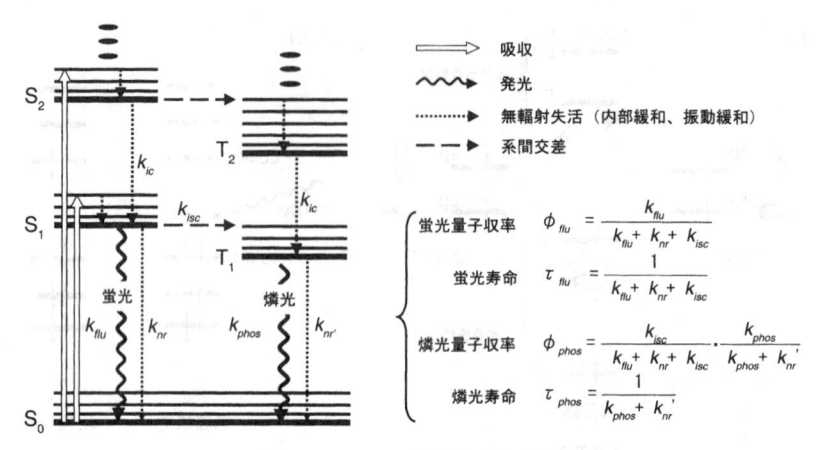

図2 Jablonski図と各緩和過程

蛍光の寿命は一般的な分子で数ナノ秒（10^{-9} s）前後であり，競合する緩和過程（系間交差，内部緩和など）に競り勝つ蛍光放射速度定数 k_{flu} を持つ分子が発光材料として利用される。発光量子収率，発光寿命は実測可能であり，両者から放射速度定数を決定することが出来る（$k_{flu} = \Phi_{flu}/\tau_{flu}$）。

最初期より研究されている緑色発光材料であるアルミ錯体 Alq$_3$ [tris(8-quinolinolato)aluminum(III)] の量子収率 Φ_{flu} は 0.20，蛍光寿命 τ_{flu} は 15 ns であり，求められた k_{flu} は $1.3 \times 10^7 \mathrm{s}^{-1}$ となる[11]。このようにして各有機材料の発光能力の評価指標を得ることが出来る。また無輻射緩和過程は分子の振動波動関数に関係しており，構造的に剛直な分子の方が熱的失活を受けにくく，高い発光効率を示すと考えられる。

有機EL素子に用いられる発光材料の多く（芳香族化合物の多く）は，π-π^* 遷移に基づく吸収・発光を利用している。例えばベンゼンにおいては，互いの炭素原子は sp^2 混成軌道による σ 結合と 2p$_z$ 軌道による π 結合を成しているが，軌道の重なりの大きい σ 結合より，より重なりが小さく分裂幅の小さい π 軌道および π^* 軌道が，それぞれ HOMO，LUMO となる。

発光色の制御は主に π 共役系の伸縮によりなされ，HOMO–LUMO 間のエネルギーギャップを分子設計により操作できる。さらに電子吸引・供与性の置換基を適切な位置に付加することで微妙な調整が可能である。後述するが，微量分散された固体薄膜状態において蛍光効率 100% を示す化合物も少なくない。

なお，光吸収により S_0 から S_2 などのより高い準位への遷移も可能であるが，準位間のエネルギー差が大きいほど内部緩和の速度定数（k_{ic}）は大きくなるため，アズレンなどの特殊な例を除き，速やかに最低励起状態に落ち着く。

2.3 燐光[12]

　S_1 状態から,電子のスピンが反転すると,励起三重項状態(T_1)が生成する(系間交差)。このとき,2つの電子スピンは同じであるが,互いに異なる軌道であれば入ることが出来る。

　このようなスピンの反転は禁制遷移であり本来起こらない。しかし,実際には各々の波動関数は完全に独立ではなく混ざり合っており,S_1 の中にも T_1 的な,T_1 の中にも S_1 的な性質が含まれていると考えられる。このような波動関数の mixing により本来スピン禁制であるはずの遷移が観測される。一重項―三重項間の mixing にはスピンと,軌道を回る電子自身によって形成される磁気モーメントとの相互作用(スピン―軌道相互作用)が影響を与えると考えられている。

　上記の理由により T_1 状態からもある確率で発光が観測される。これが燐光であるが,基底状態に戻るにはやはり電子のスピンが反転する必要がある。すなわちスピン禁制であるためその遷移確率は低く(燐光放射速度定数 k_{phos} は小さく),多くの場合,熱的失活過程 k_{nr}' との競合により室温下において燐光が観測されることは稀である。一方,十分低温下では熱的失活過程が抑制されるため発光が観測される。長いものでは励起光を遮断した後も数秒に渡って発光を確認できる場合もある。このような長い寿命から,光異性化に代表されるような光化学反応には T_1 を経るものが多く存在する。発光過程と競合する副反応の存在は,燐光材料を発光材料として利用する際に考慮すべき問題である。

　ベンゾフェノンなどのカルボニル化合物においては,S_1(^{1}n$-\pi^*$)状態(n:非共有電子軌道)からの系間交差効率はほぼ100%である。これは S_1 と T_2($^3\pi-\pi^*$)とのエネルギー差 ΔE_{ST} が小さく,系間交差速度定数 k_{isc} が非常に大きいこと,それに続く $T_2 \rightarrow T_1$(^{3}n$-\pi^*$)の内部緩和が圧倒的に速いことに起因する(この様な ^{1}n$-\pi^*$ と $^3\pi-\pi^*$ 間での速い系間交差は El-sayed 則として知られる)。結果,室温下でも不活性な溶媒中,酸素の無い状態では T_1 からの青色燐光が観測される[13]。スピン軌道相互作用と,mixing の影響が顕著である例の一つである(図3)。

　ここで,冒頭で述べた常温燐光材料について少し触れる。現在,最もよく検討されている常温燐光材料は,イリジウムなどの重金属原子を含む錯体系材料であり,配位子の構造を変化させることでRGB各色でほぼ100%の燐光効率を示す[14]。詳細は後章に譲るが,これら錯体材料の発光は中心金属イオンのd軌道も含めた複雑な遷移が関与しており,発光寿命もマイクロ秒(10^{-6} s)領域と,燐光としては短く,発光効率の温度依存性も見られない[15]。更に基底状態→励起三重項に帰属される吸収帯も観測される[8]。これらのことは大きなスピン軌道相互作用によって遷移が許容化されたことにより,一連のイリジウム錯体の発光速度定数が室温下においても失活速度定数より十分大きくなっていることを示している。このようにスピン軌道相互作用による mixing を促進させる因子の一つとして,イリジウムのような重原子の添加効果がある。分子内に重原子を含む場合を内部重原子効果という。電子から見れば原子核は電子の周りを回る荷電粒子で

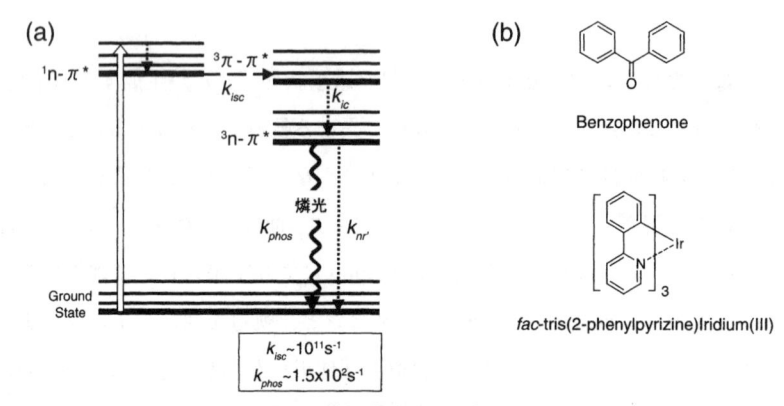

図3 常温燐光を示す化合物
(a) カルボニル化合物のエネルギー準位と速度定数 (b) ベンゾフェノン，イリジウム錯体の構造

あり，原子核が電子に及ぼす効果は原子番号Zの4乗に比例する。一方，一般的な有機分子に対しても溶媒としてヨウ化メチルなどを用いることで同様の効果が見られる（外部重原子効果）。イリジウム錯体の場合と同様に$S_0 \rightarrow T_1$への直接遷移に帰属される吸収帯も観測される。

3 分子間エネルギー移動

有機EL素子の高効率化に対する重要な技術の一つに，発光層へのドーピングがある。ある有機分子のマトリックス内に，別種の発光材料を微量添加することにより[5]，マトリックス分子を励起した際にも，得られる発光は添加した材料（ドーパント）のものに変化する。

このような現象は，分子間エネルギー移動によって説明される（図4）。エネルギー移動機構としては，代表的な2種類の機構が知られている。一つはFörster機構であり，エネルギードナー

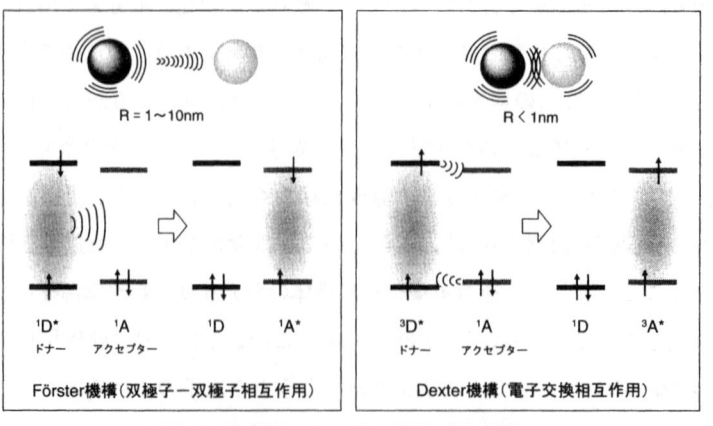

図4 分子間エネルギー移動（模式図）

第4章　有機発光材料の光物理過程

である励起分子と基底状態にあるアクセプター分子間での双極子振動の共鳴によりエネルギーが移動する（双極子—双極子機構）[16]。Förster機構は，よく固有振動数が近い二つの音叉において一方の音叉を鳴らすともう一方も振動しはじめる現象に例えられる。Förster機構によるエネルギー移動距離は長いもので10 nmに及ぶ。

Förster型エネルギー移動の速度定数は，以下の式にて表される。

$$k_{D^*-A} = \frac{9000\, c^4 \ln 10\, \chi^2 \Phi_{PL}}{128\pi^5 n^4 N_A R^6 \tau_{PL}} \int f_D(\nu)\, \varepsilon_A(\nu)\, \frac{d\nu}{\nu^4} \tag{3}$$

ここで，cは光速，nは媒体の屈折率，N_Aはアボガドロ数，Φ_{PL}，τ_{PL}はそれぞれドナーの量子収率と発光寿命，Rは分子間距離，$f_D(\nu)$は規格化されたドナーの発光スペクトル，$\varepsilon_A(\nu)$はアクセプターの吸収スペクトルである。分子間距離が近いほど，発光と吸収のエネルギーが近いほど，吸収強度が大きいほど，エネルギー移動は起こりやすい。また，遷移モーメントの向きも重要である。χ^2は配向因子であり0～4の値をとる（アモルファス膜のようなランダム配向時は2/3）が，遷移モーメントが直行しているとエネルギー移動は起こらないことを示している。

更に重要な点は，双極子振動の共鳴のためには互いの遷移は許容でなければならないということである。一般的な有機分子において$S_0 \rightarrow T_1$への直接遷移は原則禁制であるから，燐光へのFörster型エネルギー移動は起こらないことになる。但し，イリジウム錯体の様に$S_0 \rightarrow T_1$に帰属される吸収帯が観測される系に関してはエネルギー移動の可能性がある。

もう一つの機構は，電子交換相互作用による近接エネルギー移動である（Dexter機構）[17]。この機構において重要なのは分子軌道の重なりであり，ドナー，アクセプター間での波動運動の交換を通じたエネルギー移動が起こる。Dexter機構の速度定数は，以下のように記述される。

$$k_{D^*-A} = \frac{2\pi}{h} K^2 \exp\left(-\frac{2R}{L}\right) \int f_D(\nu)\, \varepsilon_A(\nu)\, d\nu \tag{4}$$

ここで，Kはエネルギーの次元を持つ定数，R，Lはそれぞれ分子間距離，実効分子半径である。移動効率は分子間距離に対し指数関数的な依存性を示す。よって軌道の重なりを生じる距離（通常1 nm以下）より遠ざかると急激に効率は減少する。

$f_D(\nu)$は規格化されたドナーの発光スペクトル，$\varepsilon_A(\nu)$は規格化されたアクセプターの吸収スペクトルである。Förster機構と同様に，ドナー，アクセプター間のエネルギー差が重要であるが，吸収強度には依存しない点が異なる。

Dexter機構では，ドナー，アクセプター間のスピン多重度が異なっていてもエネルギー移動が起こる。すなわちFörster機構では起こらない三重項エネルギー移動が可能である。

4 光励起と電気励起

分子の励起状態の電子配置に関して，波動関数を用いて記述する。今，二つの分子軌道 ψ_1 と ψ_2 に，電子1，電子2が入る組み合わせを考える。電子は α，β の2種類のスピンをとり得るが，先述のPauliの排他原理を適用すると，条件を満たす波動関数の記述は以下の4つとなる。

$$^1\phi_0 = \frac{1}{2}[\psi_1(1)\cdot\psi_2(2)+\psi_1(2)\cdot\psi_2(1)]\times[\alpha(1)\cdot\beta(2)-\alpha(2)\cdot\beta(1)] \quad (5)$$

$$^3\phi_1 = \frac{1}{\sqrt{2}}[\psi_1(1)\cdot\psi_2(2)-\psi_1(2)\cdot\psi_2(1)]\times[\alpha(1)\cdot\alpha(2)] \quad (6)$$

$$^3\phi_0 = \frac{1}{2}[\psi_1(1)\cdot\psi_2(2)-\psi_1(2)\cdot\psi_2(1)]\times[\alpha(1)\cdot\beta(2)+\alpha(1)\cdot\beta(2)] \quad (7)$$

$$^3\phi_{-1} = \frac{1}{\sqrt{2}}[\psi_1(1)\cdot\psi_2(2)-\psi_1(2)\cdot\psi_2(1)]\times[\beta(1)\cdot\beta(2)] \quad (8)$$

式のうち，係数は規格化定数，前項が軌道部分，後項がスピンに関する波動関数を表す。式(5)はスピンが逆平行の S_1，式(6)，(7)，(8)がそれぞれ T_1^+，T_1^0，T_1^- 状態を示す（図5）。分子のエネルギーは電子の軌道運動により決定されるため，後者は同じエネルギーを持つ（磁場内に置かれた場合は異なる）。3つの準位が縮退した状態にあるゆえに三重項状態である。

さて，先述のようにほとんどの場合において光励起ではまず S_1 が生成し，T_1 が生成するためには系間交差を経る必要があることを述べた。ところが電気励起の場合，正孔と電子の再結合に

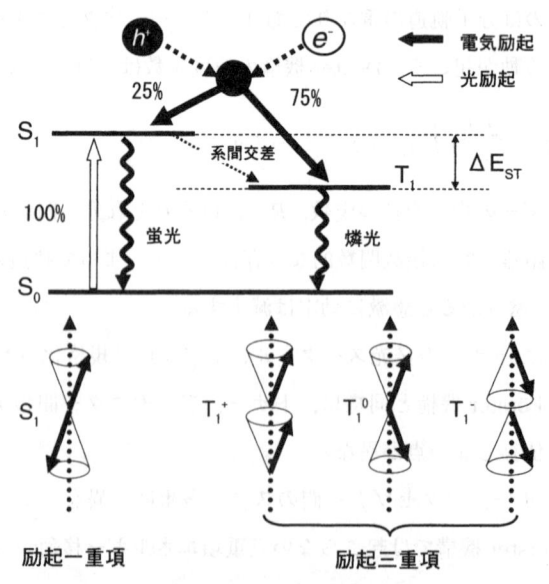

図5 光励起時と電気励起時の励起状態生成比

よりS$_1$のみならず直接T$_1$が生成する可能性がある。このとき,スピン統計則に従い上記4つの状態が生成する確率は等しいと仮定(厳密には各状態は等価でない)すると,S$_1$:T$_1$の生成比は1:3となると考えられる。即ち,たとえ蛍光効率100%の材料であっても,電気励起下ではS$_1$の生成比25%が発光効率の上限となり,75%のT$_1$は熱として失われてしまうのである。

これに対し,常温燐光材料を用いた系においてはT$_1$状態のエネルギーを発光として取り出すことができ,残りのS$_1$も系間交差により速やかにT$_1$状態へと変換されるため,結局生成した励起状態を全て発光に利用できることになる[8]。

このように,電気励起時の励起状態生成比から考えると,効率面での常温燐光材料の優位性が理解できる。燐光材料の一つの問題点はT$_1$はS$_1$に比べて必ずエネルギーが小さくなってしまう,即ち発光のために外部から投入すべきエネルギーが大きくなってしまうことである。これは同じ電子配置における一重項状態と三重項状態では,三重項のほうが交換積分Kの2倍分だけエネルギーが小さくなることに起因する。Kは電子のクーロン反発に基づく項であり,Kが極小となるのはラジカル対の様に完全に電荷が分離した状態である。燐光材料を設計する際にはこの交換積分のエネルギー安定化を考慮した検討が必要になるだろう。

5 まとめ

以上,有機発光材料の発光機構について,有機分子の電子遷移を中心に説明した。現在,蛍光材料,燐光材料ともに固体薄膜における発光効率は100%に近い値を達成しているが,その一方で数十nmの超薄膜に数mA/cm^{2}という高電流密度が流れる実際の素子内部においては,高密度の励起状態間相互作用(T–T annihilationなど)や,励起状態とラジカルカチオン,アニオンの相互作用による失活過程が存在していることが示唆されている[18,19]。今後,その詳細を明らかにし,電子・光・有機分子の相互作用の理解を進めることが求められる。

文　献

1) W. Helfrich and W. G. Schneider, *Phys. Rev. Lett.,* **14**, 229 (1965)
2) R. H. Partridge, *Polymer,* **24**, 748 (1983)
3) C. W. Tang and S. A. VanSlyke, *Appl. Phys. Lett.,* **51**, 913 (1987)
4) C. Adachi, S. Tokito, T. Tsutsui and S. Saito., *Jpn. J. Appl. Phys.,* **27**, L 713 (1988)
5) C. W. Tang, S. A. VanSlyke and C. H. Chen, *J. Appl. Phys.,* **51**, 913 (1989)

6) J. H. Burroughes, D. D. C. Bradley, A. R. Brown, R. N. Marks, K. Mackay, R. H. Friend, P. L. Burns and A. B. Holmes, *Nature,* **347**, 539 (1990)
7) C. Hosokawa, H. Higashi, H. Nakamura and T. Kusumoto, *Appl. Phys. Lett.,* **67**, 3853 (1995)
8) C. Adachi, M. A. Baldo and S. R. Forrest, *J. Appl. Phys.,* **90**, 5048 (2001)
9) 徳丸克己，有機光化学反応論，東京化学同人（1973）
10) 井上晴彦，高木克彦，佐々木政子，朴鐘震，基礎化学コース　光化学 I, 丸善（1999）
11) Y. Kawamura, H. Sasabe, C. Adachi, *Jpn. J. Appl. Phys.,* **43**, 7729 (2004)
12) N. J. Turro, Modern Molecular Photochemistry, University Science Books (1991)
13) M. W. Wolf, K. D. Legg, R. E. Brown, L. A. Singer and J. H. Parks, *J. Am. Chem. Soc.,* **97**, 4490 (1975)
14) Y. Kawamura, J. Brooks, J. J. Brown, H. Sasabe and C. Adachi, *Phys. Rev. Lett.,* **96**, 017404 (2006)
15) K. Goushi, Y. Kawamura, H. Sasabe and C. Adachi, *Jpn. J. Appl. Phys.,* **43**, L 937 (2004)
16) T. Förster, *Ann. Phys.,* **2**, 55 (1948)
17) D. L. Dexter, *J. Chem. Phys.,* **21**, 836 (1953)
18) M. A. Baldo, C. Adachi and S. R. Forrest, *Phys. Rev. B,* **62**, 10967 (2000)
19) H. Nakanotani, H. Sasabe and C. Adachi, *Appl. Phys. Lett.,* **86**, 213506 (2005)

第5章　劣化機構

1　クライオプローブを用いたNMR測定による有機EL素子中の有機材料の検出および劣化解析

梶　弘典[*1]，村田英幸[*2]

1.1　はじめに

近頃，有機EL素子をメインディスプレイに用いた携帯電話が実用化されるとともに，有機ELテレビが実用化されつつある，という非常に喜ばしい状況にある。しかし，今後の更なる発展を考えるにあたって，有機EL素子の寿命（劣化）は，改善すべき重要な課題の一つである。素子劣化の原因としては，①材料界面の剥離，②材料界面の乱れ，③各層内および層間にわたっての材料拡散，④有機材料のコンホメーション変化，⑤有機材料のパッキング変化，⑥有機材料の配向状態変化，⑦有機材料自身の劣化（有機材料の化学変化），⑧界面近傍におけるキャリアの蓄積，などの諸項目が考えられる。素子劣化の原因を明らかにするためには，これらの諸項目を明確にする必要があるが，素子は極めて薄い膜からなるため，その解析は容易ではない。本稿では上記諸項目の中で，有機材料自身の劣化について述べる。

1.2　クライオプローブによるNMR測定

通常，有機材料の同定には，NMR，IR，質量分析，元素分析などが用いられる。これらの中で，NMRは，この数十年間での解析手法の発展や高分解能化により極めて有用な解析手段となった。そのため，現在ではほとんどの場合NMRのみで有機材料の同定が可能となっている。したがって，有機EL素子の長時間駆動前後で内部の有機材料のNMR測定を行えば，材料自身の劣化に関する詳細を知ることが可能なはずである。

しかし，NMRは高分解能であるため材料の詳細がわかる一方で，感度が低い点に大きな問題がある。すなわち，微量試料に対しては，測定が極めて困難あるいは不可能となってしまう。この問題を解決するために，これまで様々な努力がなされてきた。最もわかりやすい解決策は，NMRの磁場を上げることである。また，古くはCW法からFT法への転換に伴う，積算の高効率化も大きく寄与した。最近では，例えば電子スピンの偏極を利用した動的核偏極（dynamic nu-

---

[*1]　Hironori Kaji　京都大学　化学研究所　分子材料化学研究領域　准教授
[*2]　Hideyuki Murata　北陸先端科学技術大学院大学　マテリアルサイエンス研究科　准教授

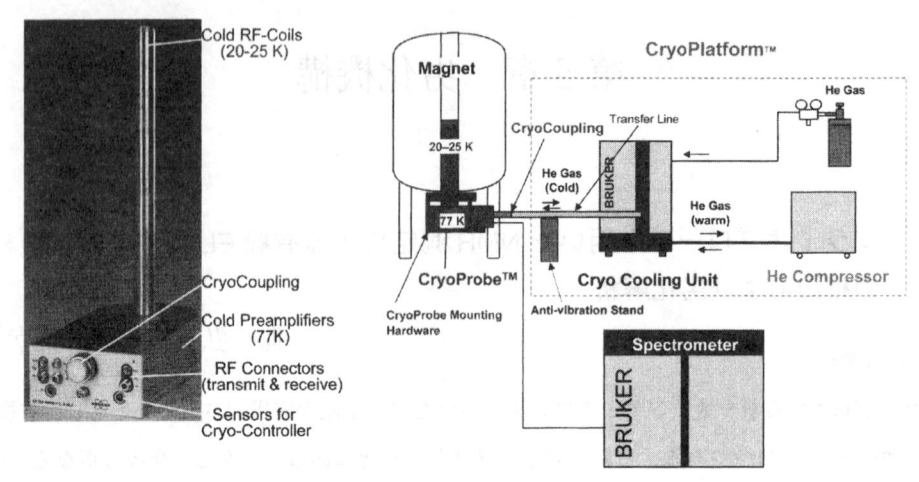

図1 クライオプローブを用いたNMR装置概略図
左は心臓部であるクライオプローブの写真

clear polarization；DNP）という高感度化の手法が開発され始めている。高磁場化やDNPといった手法は，Signalを大きくすることによりS/N比を増大させている。それに対して，Noiseを低減することによっても同等の効果を得られであろう。ここでは，感度の問題を克服するための，このNoiseを低減させる手法であるクライオプローブを用いたNMR測定法を紹介する。

図1にクライオプローブを用いたNMR装置の概略を示す。プローブのRFコイル部分を低温（ここでは20～25 K）に冷却するとともに，プレアンプ（得られる信号を増幅する部分）も低温（ここでは77 K）に冷却している。これらの冷却により回路に生じる熱雑音（thermal noise）が低減され，その結果S/N比の向上が見られる。因みに，上記RFコイルの中に試料が入るが，試料は室温に保たれている。

1.3 実験

今回用いたNMR装置は，Bruker社のAVANCE 600分光計である。^{1}H共鳴周波数で600 MHz，磁場の大きさで言うと14.1 Tであり，現在のNMR装置としては中程度の磁場である。この装置にクライオプローブシステムを取り付け，測定を行った。用いた素子は，ITO基板にCuPc（10 nm），α-NPD（50 nm），Alq$_3$（65 nm），LiF（0.5 nm），Al（80 nm）をこの順序で真空蒸着したものを用いた。α-NPD，Alq$_3$の構造は，図2に示した。素子面積は$5×5$ mm^{2}である。減圧にはターボポンプを用い，蒸着時の圧は$5.0×10^{-6}$ Torrであった。この劣化前の試料を以下，試料（A）とする。一方，試料（A）と同様に作製し，同等の初期特性を有する試料（B），試料（C）に関しては大気下125 mA/cm^{2}の定電流連続駆動にて劣化させた。図3に示したように，試料（B），試料（C）の電流―電圧初期特性に大きな差は見られなかった。輝度―電圧初期

図2 Alq₃ および α-NPD の構造式

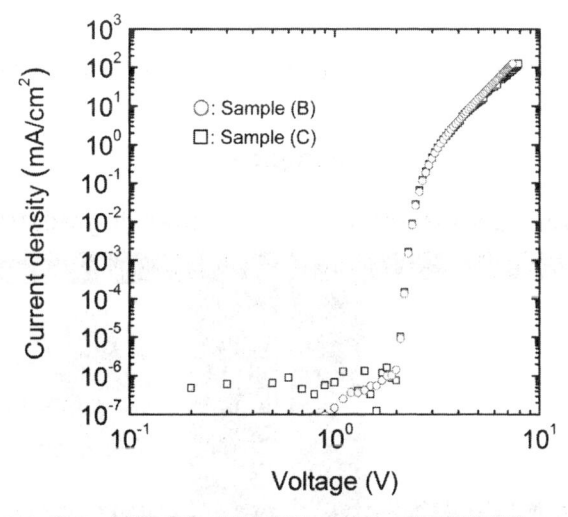

図3 試料 (B), 試料 (C) の電流―電圧初期特性

特性に関しても同様であった。図4には，上述の条件下での劣化の様子（発光強度の変化）を示す。輝度半減に要する時間は，試料 (B), 試料 (C) ではほぼ同等（それぞれ 66 時間および 64 時間）であった。劣化前後の EL 発光の様子を図5に示す。試料 (A) に関しては劣化させずに，試料 (B), (C) に関しては劣化後，窒素置換したグローブバック内で $100\mu L$ の高純度 DMSO-d_6（99.96％ D）を用いておのおのの有機層を溶かしだした。試料 (A), (B) では有機層すべてを，試料 (C) では溶かす前に通電していない部分を削り取り，通電部分（＝発光した部分）のみの有機物を溶かしだした。この溶液には，CuPc，LiF，Al が含まれているが，これらはフィルターで取り除いた。CuPc が取り除かれていることは，薄青色であった溶液が無色になったことから確認できた。また，Al が取り除かれていることは，溶液中できらきらと光る金属粉が取り除か

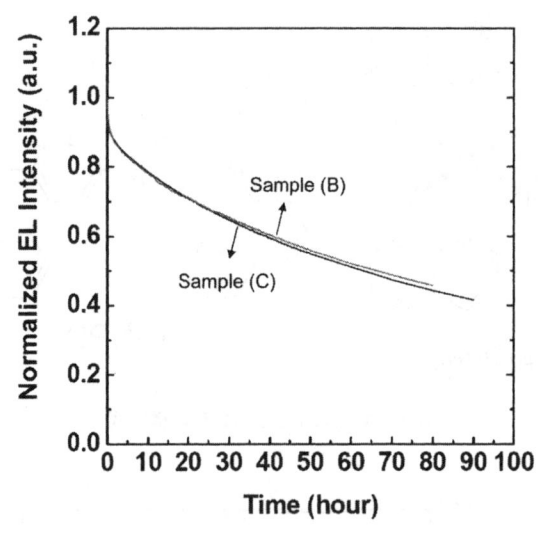

図4 試料(B), 試料(C)の大気下定電流連続駆動におけるEL発光強度の時間依存性 (125 mA/cm^2)

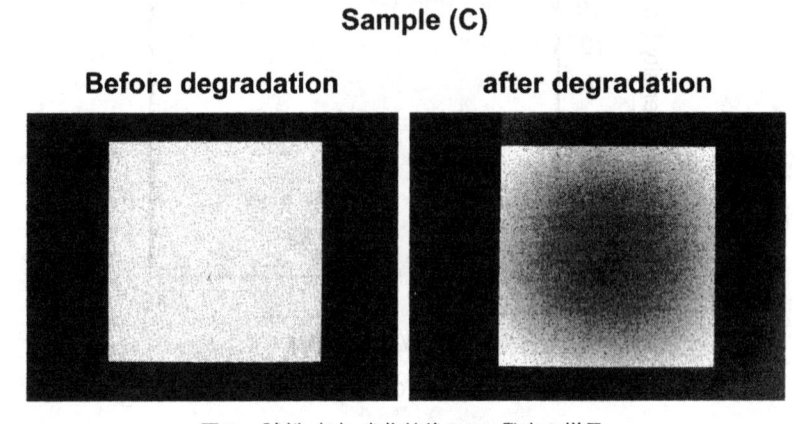

図5 試料(C)劣化前後のEL発光の様子

れていることから確認できた。LiFが取り除かれているかどうかは，このような確認ができなかったが，もし残存していたとしても下記に示すように今回の測定には影響を及ぼさなかった。得られた溶液をそれぞれ3 mm径のJ-Young NMR試料管に封入した。通常の試料管と異なり，J-Young試料管では試料管内が密閉されており，測定中もN$_2$雰囲気に制御されている。この試料管を，上述のクライオプローブを取り付けたNMR装置で^{1}H NMR測定を行った。RFコイル径は5 mmである。

第 5 章 劣化機構

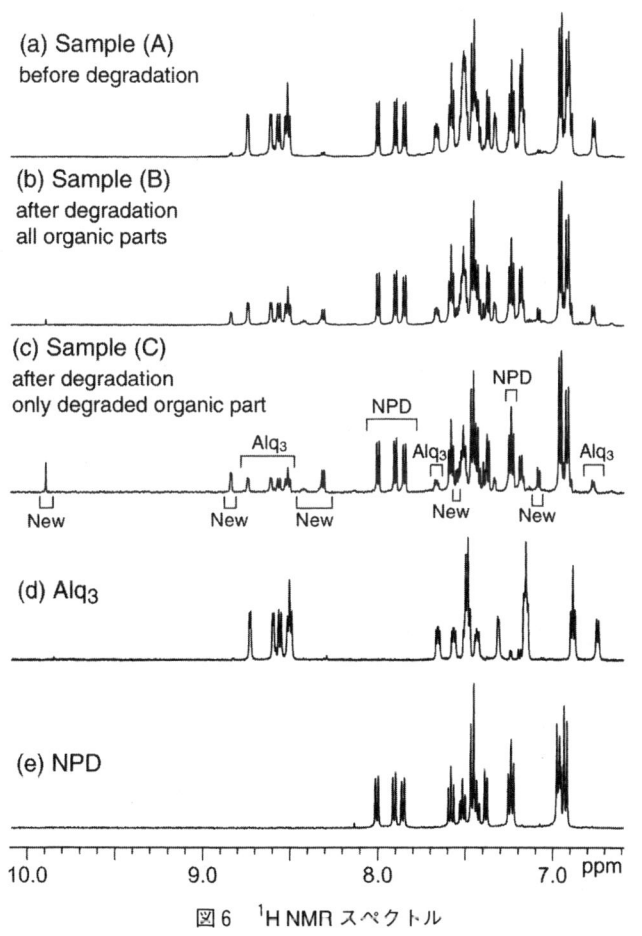

図 6 ^{1}H NMR スペクトル
(a):試料 (A), (b):試料 (B), (c):試料 (C), (d):Alq$_3$, (e):α-NPD

1.4 結果

図 6 (a) に,劣化前の素子に対する^{1}H NMR スペクトルを示す。図 6 (d) および (e) には,比較のため,素子化していない Alq$_3$ および α-NPD 粉末試料の DMSO-d_6 溶液の^{1}H NMR スペクトルをそれぞれ示す。図 6 (a) のスペクトルは図 6 (d),(e) の足し合わせとなっており,真空蒸着の過程において材料が劣化していないことがわかる。また,CuPc,LiF,Al の存在による α-NPD,Alq$_3$ の変化も見られない。さらに,DMSO-d_6 に溶かす操作によっても α-NPD,Alq$_3$ の劣化が起こっていないことがわかる。すなわち,劣化前の状態では,素子中の有機材料にはいかなる形での劣化も見られないことがわかる。図 6 (b) には,劣化後の試料 (B) に対する^{1}H NMR スペクトルを示す。この試料には,通電していない部分の有機材料も含まれている。7.8〜8.0 ppm 付近に見られる共鳴線から明らかなように,α-NPD に対しては劣化が見られない。一方,8.5〜8.7 ppm 付近に見られる Alq$_3$ の共鳴線の強度は減少していることがわかる。また,そ

れに伴い 8.3～8.4 ppm, 8.8 ppm, 9.8 ppm などに新たな共鳴線が現れていることがわかる。これらの結果から，Alq$_3$ が素子劣化に伴いなんらかの別の物質に変化していることが明らかである。さらにこの変化が有機層への通電により起こることを確認するため，通電部分の有機層のみに対する測定を試料（C）に対して行った。その結果を図6（c）に示す。図6（b）と比較し，明らかに，Alq$_3$ 自身の共鳴線の強度が低下するとともに，新たに出現した共鳴線の強度が増大していることがわかる。したがって，これら Alq$_3$ 自身の共鳴線の強度低下と新たな共鳴線の出現は，通電部位の有機材料に由来していることがわかる。

1.5 考察

これらの NMR 測定の結果から，次の2つの可能性が考えられる。

①まず一つには，得られたスペクトルが素子中の有機材料の状態をそのまま反映しており，したがって，素子中で Alq$_3$ が反応し，別の物質へと変化している可能性である。このような可能性は，Papadimitrakopoulos ら[1]，Aziz ら[2]，および池田, 村田ら[3]により指摘されている。Papadimitrakopoulos らは，ガスクロマトグラフィー／質量分析（GC/MS）測定により，90℃以上の温度で配位子である 8-hydroxyquinoline（キノリノール）の発生を観測した。この測定は，素子そのものによるものではないが，劣化に伴う Alq$_3$ の変化を化学的に捉えようと試みた先駆的な例であろう。彼らは，このような配位子の脱離が水の存在により起こると考えており，Alq$_2$（OH）が生成するとしている。また，配位子の脱離に伴い，Alq$_3$ の二量化あるいは多量化が起こると考えている。Aziz らは，Alq$_3$ にホールが注入され，Alq$_3$ カチオン（Alq$_3^{\cdot +}$）になることにより劣化が起こることを示した。彼らは Alq$_3^{\cdot +}$ を直接観測したわけではないが，そう考えるに十分な実験結果を得ているとともに，この考えにより，他の研究者による様々な実験結果をうまく説明できている。池田, 村田らは，素子作製時の真空度を制御し，通常の素子作製時よりも高真空にすることにより素子の長寿命化を達成した。また，Alq$_3$ 自身の化学変化を直接観測したわけではないが，素子作製時に生じるガス成分を四重極質量分析計により解析し，残存している水が劣化の原因であることをつきとめ，Alq$_3$ と水との電気化学的反応が起こっていることを示唆した。今回の筆者らの結果は，これら文献1～3）で考えられている Alq$_3$ の材料劣化を，素子から取り出した有機材料に対して観測したことになる。今後，図6（b），（c）で新たに見られた共鳴線に関して，その帰属を明らかにする必要がある。

②ただし，もう一つの可能性として，素子中の有機層を DMSO-d_6 で溶かし出す際に Alq$_3$ が変化した可能性が考えられる。上述のように，素子劣化前の場合は，このような溶かし出しに伴う有機材料の変化は見られていない。したがって，劣化後の素子に対しても，この操作による有機材料の劣化は考えにくい。しかし，Knox ら[4]は，Alq$_3$ よりも Alq$_3^{\cdot +}$ の方が水との反応に対する活

性化エネルギーが低く，反応しやすいことを量子化学計算から指摘している。この計算に基づくと，劣化後の素子に対してのみ，溶かし出しの過程で Alq_3 の反応が起こる可能性も否定できない。この場合，劣化後の素子中には，$Alq_3^{・+}$ が存在していることになる。しかし，$Alq_3^{・+}$ が素子中に，図6 (b)，(c) に見られるほど高濃度で存在している可能性は低いであろう。したがって，上述の可能性①に示したように，すでに素子中で別の物質に変化していると考えるのが妥当であろうが，$Alq_3^{・+}$ まで極端でなくても Alq_3 がかなり反応しやすい状態で存在している可能性はあるかもしれない。

1.6 まとめと展望

今回，クライオプローブを用いた溶液 ^{1}H NMR 測定により，試料の量が1 nL（1 μg）程度の有機 EL 素子一枚中の有機材料の測定が可能であることを示した。また，素子の劣化に伴い，Alq_3 が材料劣化していることを示すことができた。筆者らの別の実験では，10 pL（10 ng）オーダーの有機 EL 材料の測定が可能であることが示されている。したがって，素子中の1％程度の劣化物なら，それを検出できることになる。今回用いた NMR は 600 MHz の装置であるが，現在では 900 MHz 超級の NMR 装置が開発されており，そのレベルの磁場の装置にクライオプローブシステムを取り付ければ，さらなる高感度化が期待される。もちろん，クライオ部分で冷やす温度をさらに低温にすることも有効であろう。また，用いる溶媒の量を極力少なくするとともに，できるだけ小さい RF コイルを用いることにより，濃縮効果と Filling Factor の効果が期待できる。今後，これらの技術の発展により，素子中の材料劣化がより詳細に，より容易に検討できるようになるであろう。また，今回用いたクライオの手法は，NMR に限ったものではない。熱雑音が Noise の主要因となっている解析手段に対しては，この手法を有効に用いることが可能であると考えられる。

謝　辞

図1は，ブルカーバイオスピン，田村氏にご提供頂いた。また，測定に関しては北陸先端大，池田氏，木下氏，ブルカーバイオスピン，Waelchli 博士にご協力頂いた。この場を借りて，感謝の意を表する。

文　献

1) F. Papadimitrakopoulos *et al.*, *Synth. Met.*, **85**, 1221 (1997)

2) H. Aziz *et al.*, *Science,* **283**, 1900 (1999)
3) T. Ikeda *et al.*, *Chem. Phys. Lett.,* **426**, 111 (2006)
4) J. E. Knox *et al.*, *PCCP,* **8**, 1371 (2006)

2 有機 EL 素子の高温保存劣化分析

宮口　敏[*1]，大畑　浩[*2]，平沢　明[*3]，宮本隆志[*4]

2.1 まえがき

　有機 EL デバイスが実用化されて既に 10 年近く経過しようとしているが，薄膜有機物の分析自体が困難なため，デバイスの劣化機構はなかなか解明されていないのが実情である。劣化には，外部からの水分や酸素などの浸入によるダークスポットの発生，駆動による輝度劣化や電圧上昇，紫外線照射や周囲温度上昇による劣化など，さまざまな要因が考えられる。特に車載用デバイスなどで重要となる高温保存信頼性に関する知見を得るため，有機 EL 素子の高温保存時の劣化について，基本的な構造である未 doped Alq_3 素子を用いて分析検討を行った[1~7]。その過程において，著者らは有機 EL 素子を直接分析できる手法を実証的に探索し，いくつかの分析法が劣化解析に有効であることを確認した。また，近年はサンプル加工技術および分析技術が改善され，以前では観測されなかった微小な変化も検出できるようになってきている。

　特に，素子を構成する元素の深さ情報が得られる Secondary Ion Mass Spectrometry（SIMS）分析の有機薄膜に対する精度改善は著しく，膜面から分析する通常の SIMS と，基板面から分析する Backside SIMS（BSS）を適宜使い分けることで，素子内部の元素分布の推測が可能となった[3]。この手法は，素子内に局在する特定の元素が劣化中に移動・拡散する様子を調べるのに適している。

2.2 SIMS（二次イオン質量分析）

　数百 eV〜20 keV 程度に加速されたエネルギーの一次イオンを固体表面に照射すると，スパッタリング現象により固体試料を構成する物質が真空中に放出される。SIMS はスパッタリングされた粒子のうち，ある確率でイオン化した粒子（二次イオン）を質量分離することにより，元素分析を行う手法である。一次イオンには O_2^+，Cs^+，Ar^+，Ga^+ などが用いられるが，感度を向

---

*1	Satoshi Miyaguchi	パイオニア㈱　技術開発本部　総合研究所　デバイス研究センター　表示デバイス研究部　第二研究室　主任研究員
*2	Hiroshi Ohata	パイオニア㈱　技術開発本部　総合研究所　デバイス研究センター　表示デバイス研究部　第一研究室　主事
*3	Akira Hirasawa	パイオニア㈱　技術開発本部　総合研究所　デバイス研究センター　表示デバイス研究部　第一研究室　副主事
*4	Takashi Miyamoto	㈱東レリサーチセンター　表面科学研究部　イオンビーム解析研究室

上させる目的で，一般的に，正二次イオン測定時にはO_2^+，負二次イオン測定時にはCs^+が用いられる。SIMSは表面分析手法の中では最も高感度であり，原理的には水素からウランまでの全元素の深さ方向分析が可能であることから，現在の半導体技術には必要不可欠な手法である。

　SIMSを含め，イオンビームによるスパッタリングを用いる手法では，分析面へのイオンビーム照射によって生じるノックオン（押し込み）効果により深さ分解能が劣化し，注目元素が表側に多量に含まれる層構造の場合，深部方向への微量な拡散評価は困難になる。特に有機EL素子では，数十nmの層中への拡散評価が必要であり，その影響を大きく受ける。これを低減する方法として，照射する一次イオンの加速エネルギーを低下させる方法や，照射イオンを斜め入射する方法などがある。ただし，これらの方法によってもノックオンの影響を完全に排除することが出来ないばかりか，検出感度の低下を招く場合が殆どである。

　ノックオン効果を回避する有力な方法として，Backside SIMSが挙げられる。これは，その名の通り裏面側からSIMSによる分析を行う手法である。ボトムエミッション型の有機EL素子の場合，陰極側を支持基板に貼り合せた後，素子のガラス基板を薄膜化加工し，加工面側からSIMS分析を行う（図1）。ただし，ここで最も重要な点は，基板をただ薄膜化すれば良い訳ではないということである。加工面のラフネス・平坦な面の面積や基板残り膜厚が，深さ方向分解能や検出下限に大きく影響を及ぼすことになる。また，有機EL素子の加工には，"水分による有機層の劣化"という，半導体材料とは異なる問題点がある。これらをコントロールしながらガラス基板薄膜化加工を施す必要があり，加工の難易度は非常に高い。このBackside SIMSを有機EL素子に適用することによって，ノックオンの影響を排除し，深部方向への微量元素の拡散を評価することが可能になる。図2に電子注入材料に用いられているLiの有機層側への拡散評価を行った例を示す。通常のSIMS（陰極側から有機膜側へ分析：図中"Conventional"）に比べてBackside SIMS（ガラス基板側から陰極側へ分析：図中"BSS"）では，深さ方向分解能が向上しており，更に測定条件を最適化することによって，深さ方向分解能が格段に向上することがわかる。

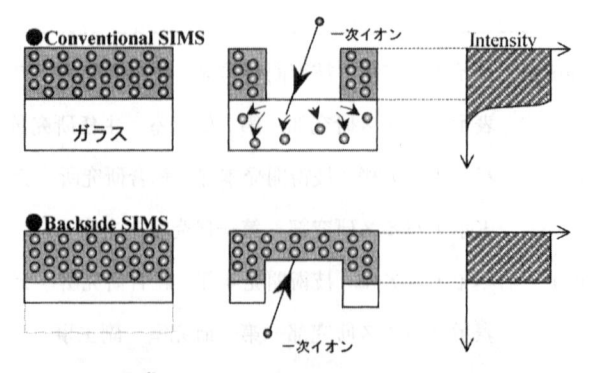

図1　通常のSIMSとBackside SIMSのイメージ図

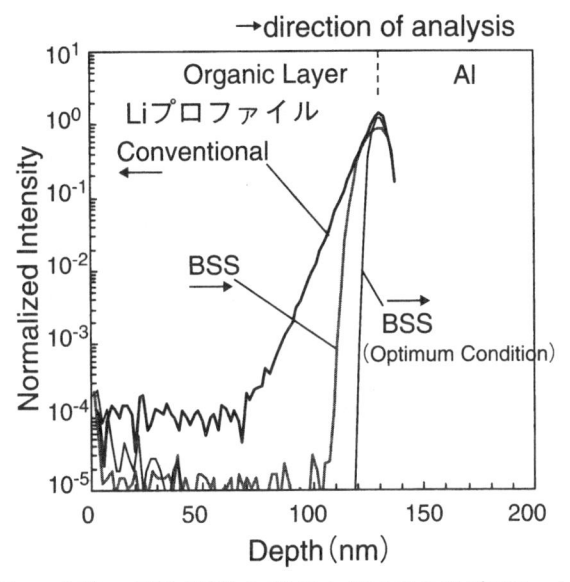

図2　有機EL素子の通常のSIMSとBSSでのLiプロファイル

2.3 実験・結果・考察

2.3.1 正孔輸送材料とAlq$_3$の混合

ITO (115 nm)/CuPc (25 nm)/α-NPD (45 nm)/Alq$_3$ (60 nm)/LiF (0.5 nm)/Al (100 nm) 構造の未dopedAlq$_3$素子を用いて，室温〜120 ℃，500 hr 保存前後の素子特性を評価して組成変化との対応を調べた。素子の室温，100 ℃，120 ℃ 500 hr 保存後の輝度と駆動電圧の経時変化を図3に

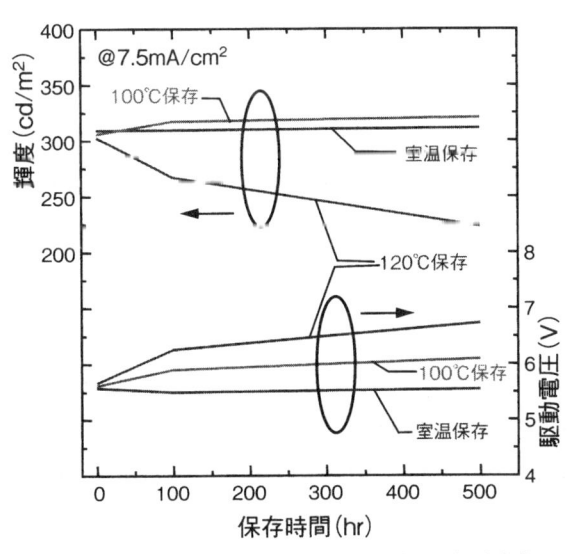

図3　高温保存による駆動電圧，輝度特性の経時変化

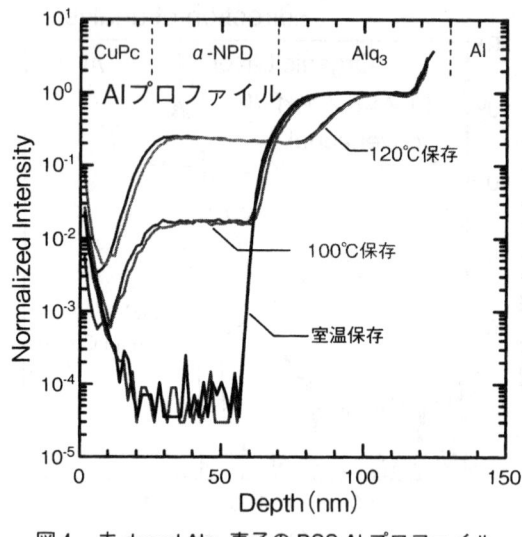

図4 未doped Alq₃素子のBSS Alプロファイル

示す。室温保存では，輝度，駆動電圧とも全く変化しない。また，正孔輸送材料であるα-NPDの T_g ; 96 ℃を越えた100 ℃保存では，輝度劣化はないが0.5 V程度の電圧の上昇が見られる。ところが120 ℃保存では輝度の劣化が大きく，電圧の上昇も1 V強と大きく変化している。

図4に500 hr高温保存サンプルのBSS分析結果を示す。このグラフはBSS分析結果の中から，Al元素のみを抽出して示しており，横軸は正孔注入層からの深さ，縦軸は規格化したAl元素強度である。室温保存では見られないα-NPD中におけるAl元素が，100 ℃，120 ℃保存で観察される。今回分析を行った素子は，Alq₃の成分元素であるAlと陰極材料のAlの2種類があり，そのどちらが拡散しているのかが不明であった。その確認のため，陰極の材料をAl以外の材料に変更したり，電子輸送層をAlを含まない材料に変更して同様の実験を行ったところ，陰極のAlが拡散しているのではなくAlq₃のAl元素が拡散していることが判明した。次に120 ℃保存サンプルを精密斜め切削しPhoto luminescence (PL) やTime of flight SIMS (Tof-SIMS) で分析したところ，Alq₃が分解して拡散しているのではなく，α-NPDとAlq₃が分子状態で混合していることが確認できた[1,2]。

そこで，120 ℃保存でα-NPDとAlq₃が混合している状態を，α-NPDとAlq₃の共蒸着で再現する事を試みた。サンプル構成はITO (115 nm)/CuPc (25 nm)/α-NPD : Alq₃ 1 : 1 (90 nm)/Alq₃ (15 nm)/LiF (0.5 nm)/Al (100 nm) である。

その電圧—電流密度特性と電流密度—輝度特性を図5 (a)，(b)に示す。比較のために，120 ℃保存前後の特性も併せて示している。混合膜サンプルと120 ℃保存サンプルは同様の傾向を示し，120 ℃保存前の初期サンプルと比較して，電圧の上昇，輝度の低下が見られる。また，各サ

第 5 章 劣化機構

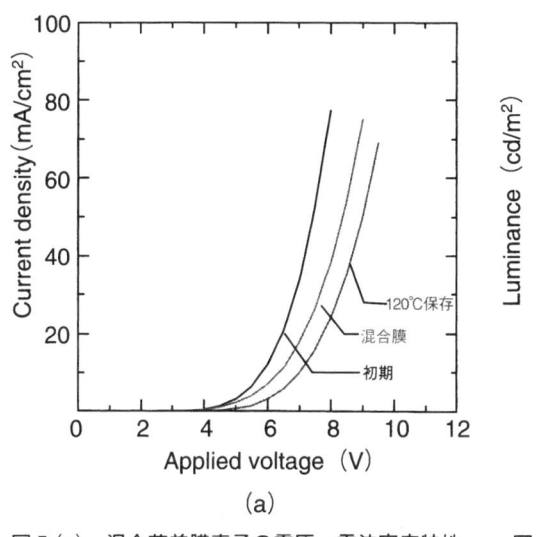

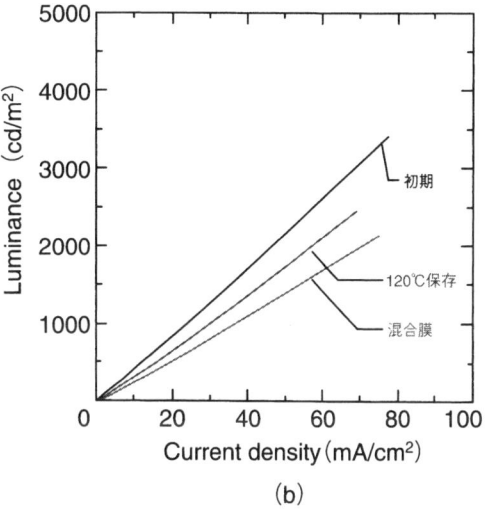

図 5 (a) 混合蒸着膜素子の電圧―電流密度特性　　図 5 (b) 混合蒸着膜素子の電流密度―輝度特性

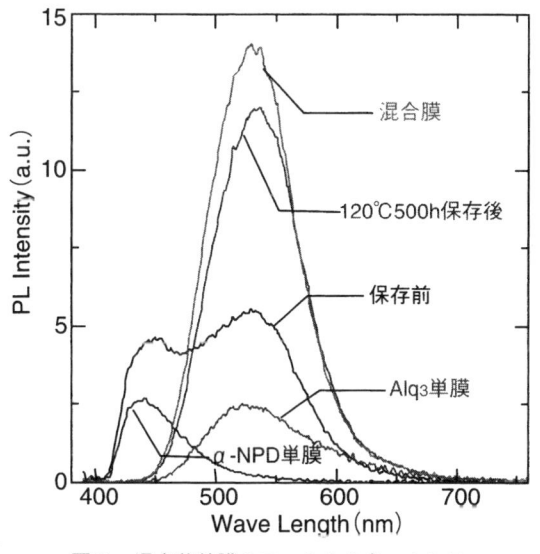

図 6　混合蒸着膜のフォトルミネッセンス

ンプルにおける PL のスペクトルを図 6 に示す。横軸は発光波長,縦軸は PL 強度である。参考として,α-NPD と Alq$_3$ 単膜の PL スペクトルも併せて示す。初期のサンプルでは,α-NPD と Alq$_3$ の両方から PL が観察されたのに対し,混合膜サンプルと 120 ℃保存後のサンプルは,同様に α-NPD の PL がほとんど見られず,Alq$_3$ のみの PL が得られた。これは α-NPD と Alq$_3$ が混合しているため,α-NPD で励起されたエネルギーが Alq$_3$ へ移動し Alq$_3$ のみの PL になっているものと考えられる[2,4]。

更に,材料の T_g がどのように影響しているのかを調べるため,正孔輸送層を T_g が 130 ℃以上

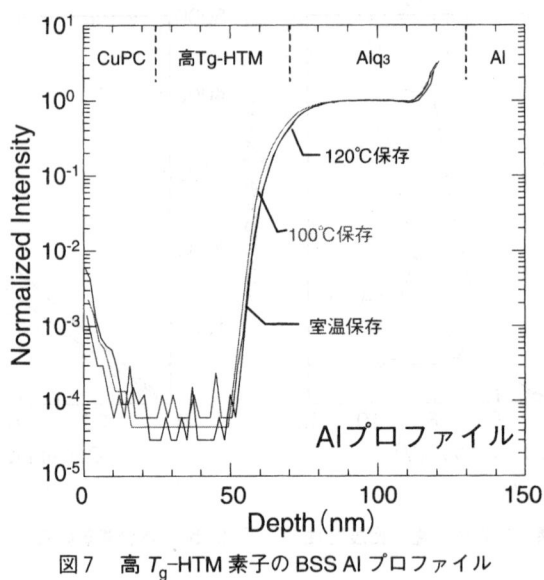

図7 高 T_g-HTM 素子の BSS Al プロファイル

の材料である高 T_g-ホール輸送材料（Hole Transport Material：HTM）に変更して高温保存試験を行った。その結果を図7に示す。正孔輸送材料が高 T_g の場合は α-NPD の場合と異なり，120℃までの高温保存では正孔輸送材料と Alq_3 の混合は確認されなかった。しかし，120℃ 500 hr 保存サンプルは室温保存サンプルの特性と比較して，電圧上昇，輝度改善という変化が見られており，正孔輸送材料と Alq_3 混合以外の異なる劣化メカニズムの存在が考えられる。

2.3.2 電子注入材料の有機層への拡散

電子注入層材料として一般的に使用されている LiF の高温保存時の挙動について調べた。2.3.1項で分析したサンプルの BSS データのうち Li を抽出したデータを図8(a)，(b)に示す。図8(a)は正孔輸送層に α-NPD を用いた素子，図8(b)は正孔輸送層に高 T_g-HTM を用いた素子の BSS データである。

これらのグラフを見ると，正孔輸送材料の T_g に関係なく，Li 元素の Alq_3 側への拡散がわずかに観察されているのが分かる。しかし，この程度の Li 元素の拡散が素子特性に対して，どの程度影響を与えているかの確認はできていない。

次に，電子注入材料を CsF に変更して同様の分析を行った。図9に Cs 元素の BSS データのグラフを示す。電子注入層に CsF を用いた素子（CsF 素子）は電子注入層に LiF を用いた素子（LiF 素子）の挙動とは全く異なり，100℃，120℃のいずれの保存でも，Cs 元素が正孔輸送層界面まで拡散していることが分かる[5,6]。

100℃で保存した LiF 素子と CsF 素子の 7.5 mA/cm^2 定電流駆動での駆動電圧と輝度の経時変化を図10(a)，(b)に示す。駆動電圧は，いずれの素子も初期の数時間程度の経過でやや低下し

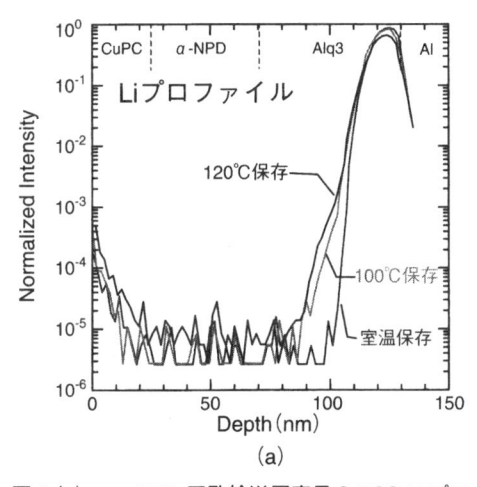

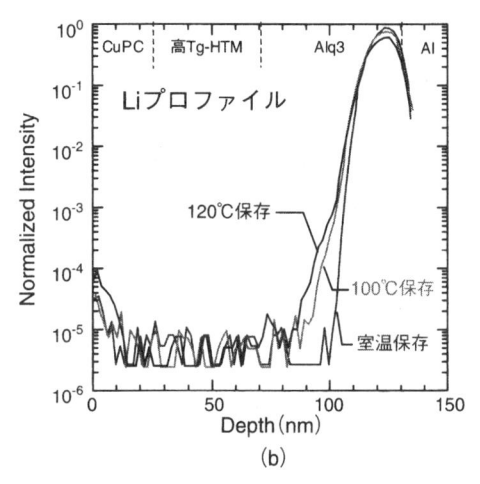

図8(a) α-NPD 正孔輸送層素子の BSS Li プロファイル

図8(b) 高 T_g-HTM 正孔輸送層素子の BSS Li プロファイル

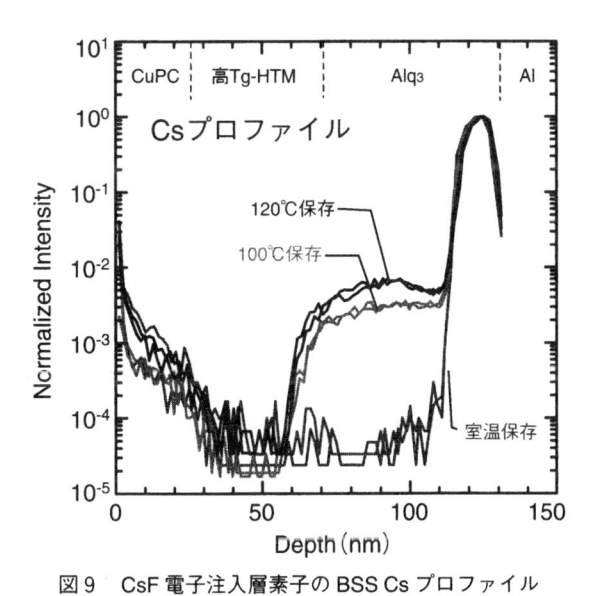

図9 CsF 電子注入層素子の BSS Cs プロファイル

その後上昇する。しかし LiF 素子の電圧上昇がわずかなのに対し，CsF 素子は 0.8 V 程度の上昇が見られる。輝度の変化も Li 素子の劣化がわずかなのに対し，CsF 素子は初期の 20 hr 経過程度でも顕著な劣化が確認できる。100 ℃ 20 hr，100 hr 保存素子の BSS 分析でも，20 hr で既に Cs の拡散が起こっており，100 hr では正孔輸送層界面まで Cs の拡散が進んでいることが確認された。

CsF がどのような状態で拡散しているかを調べるため，Alq_3 単膜 CsF 素子 100 ℃ 380 hr 保存サンプルの X-ray Photoelectron Spectroscopy (XPS) 分析を行った。ITO 界面近傍でわずかな量

図10(a) 100℃保存素子の駆動電圧経時変化

図10(b) 100℃保存素子の輝度経時変化

図11(a) LiF電子注入層有機単層膜素子のBSS Liプロファイル

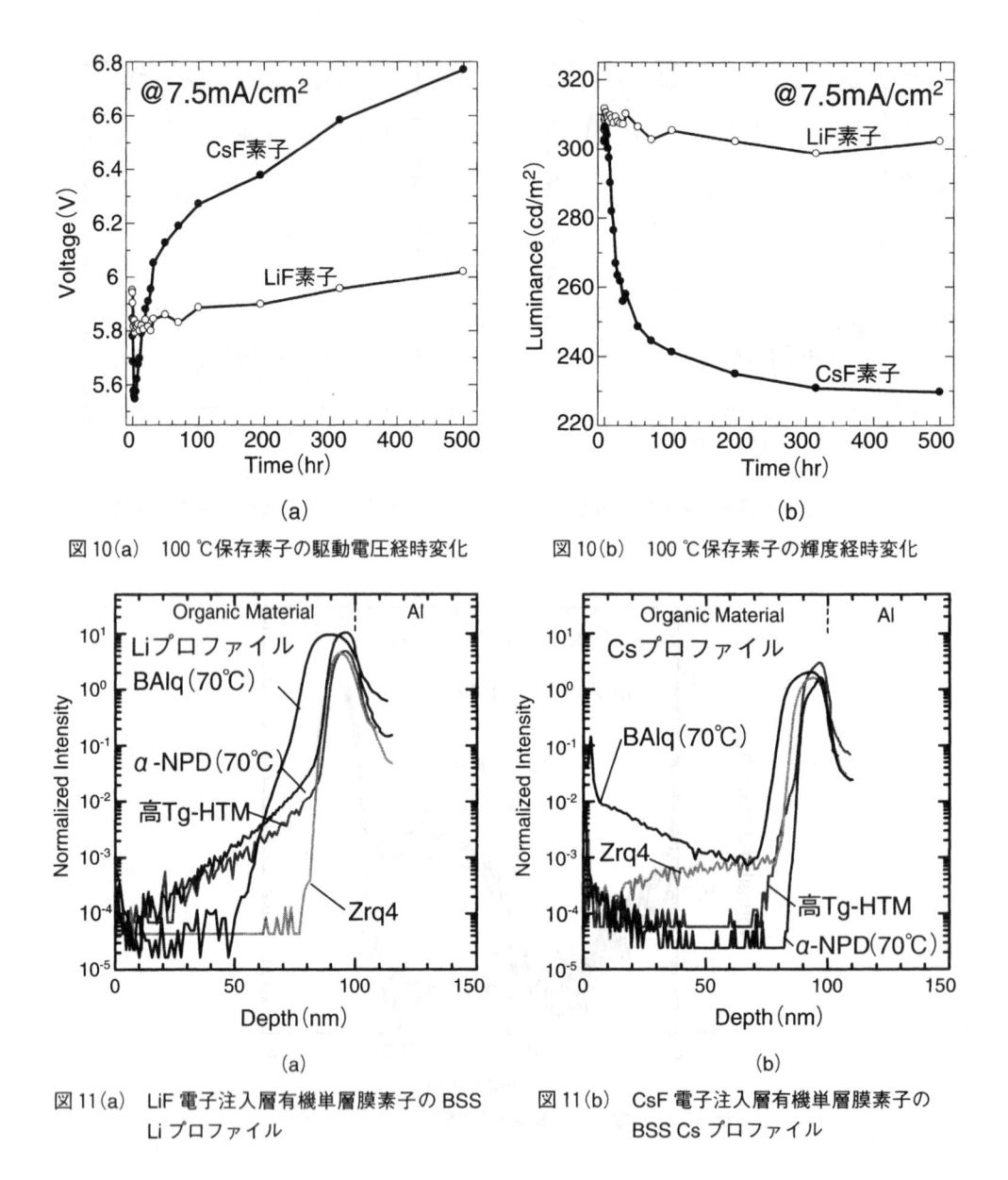

図11(b) CsF電子注入層有機単層膜素子のBSS Csプロファイル

ではあるがFとCs元素を検知し，Fはフッ化物主体，Csは単体ではなく化合物を形成している事が示唆された。

　Alq_3以外の有機膜でも同様な拡散が起こるのかどうかを検証するために，各種有機単層膜を用いてLiF素子，CsF素子を作製し，その高温での拡散状態を比較した。使用した有機材料はα-NPD，高T_g-HTM，BAlq，Zrq_4の4種類である。α-NPDとBAlqはT_gが低いため70℃，500 hr保存，その他の材料は100℃500 hr保存とした。図11(a)にLiF素子のLi拡散プロファイル，図11(b)にCsF素子のCs拡散プロファイルを示す。LiF素子ではZrq_4へのLi元素の拡散がわずか

第5章 劣化機構

であるのに比べ，BAlq では Zrq_4 よりも少し深く拡散している。また，α-NPD，高 T_g-HTM にはなだらかではあるが ITO 界面近傍まで Li 元素の拡散が広がっていることが分かった。それに対し CsF 素子の場合は LiF 素子と逆の傾向で，α-NPD，高 T_g-HTM への Cs の拡散がわずかで，BAlq，Zrq_4 への顕著な拡散が見られた。BAlq は少し特異な挙動を示しているものの，Alq_3 の場合も含め電子注入性材料には Cs 元素の拡散が大きく，正孔輸送性材料には Li 元素の拡散が大きいという結果が得られた。しかし検討した有機材料として，電子輸送性材料はすべて金属キノリノール錯体であり，正孔輸送材料はアミン系材料であるので，もっと構造の異なる有機材料を用いて検討しないとはっきりした結論は出せない。

2.4 まとめ

有機 EL 素子における高温保存に起因する劣化に関して，BSS などの手法を用いて分析を行い，以下の結果を得た。

① T_g 以上の温度での高温保存で有機材料同士の混合が存在し，駆動電圧の上昇や輝度の低下など素子特性の劣化の要因となる。

② 高 T_g-HTM を用いた素子の高温保存で，有機材料同士の混合が起こらない場合も電圧の上昇が見られ，逆に輝度効率が改善するという現象が確認された。これは高温保存による劣化モードとして，別のモードが関係している可能性がある事を示唆している。

③ また，未 doped Alq_3 素子の高温保存による電子注入材料の拡散を分析したところ，正孔輸送材料の T_g には依存せずに，電子注入材料の Li や Cs 元素が有機層側に拡散していることが確認された。

④ 高温保存での電子注入材料の拡散は，未 doped Alq_3 素子において，LiF 素子に比べ CsF 素子の拡散が顕著であり，特性の劣化も激しい。

⑤ 接触している有機層材質の違いにより，Cs 元素は電子輸送性材料に拡散しやすく，Li 元素は正孔輸送性材料に拡散しやすい傾向が見られたが，更に異なる構造の材料を検討して確認して行く必要がある。

等の結果を得た。

今後は，これまでの検討の中で残された課題の解明に努めると共に，素子の駆動劣化などの検討も進め，各種劣化機構の解明に向けて微力ながら尽力して行きたい。

文　　献

1) 宮本ほか，第66回秋季応用物理学会講演予稿集, 8 p-R-10, 1154 (2005)
2) 大畑ほか，第66回秋季応用物理学会講演予稿集, 8 p-R-11, 1154 (2005)
3) 宮本ほか，有機EL討論会 (2006年) 第2回例会予稿集, SP-9 (2006)
4) 宮口ほか，有機EL討論会 (2006年) 第2回例会予稿集, S7-4 (2006)
5) 平沢ほか，第67回秋季応用物理学会講演予稿集, 31 p-ZV-13, 1208 (2006)
6) 宮口ほか，有機EL討論会 (2006年) 第3回例会予稿集, S8-2 (2006)
7) 宮口，日本化学会 (2007年) 第87春季年会講演予稿集, 2 B1-43 (2007)

材料化学編

第6章　正孔輸送材料

横山紀昌*

1　はじめに

　1987年にイーストマン・コダック社のC. W. Tangは，電気的性質の異なる2種類の有機材料を，真空蒸着により，わずか100 nmの厚さの2層の薄膜を積層させたデバイスで，高い効率で安定した発光が得られることを発表[1]した。この後，発光層と電荷注入層とを分離するという多層構造化の概念が導入され，有機ELの研究は実用化に向けて飛躍的に成長を遂げていくことになる。この流れの中で，既に電子写真用感光体ドラムのキャリア輸送材として利用されていた芳香族ジアミン類に，正孔（ホール）を注入・輸送する能力を有する材料として，スポットライトがあたることになる。これが有機化合物の多様性と相まって様々な化合物が設計・合成され材料開発が進み，有機EL素子の効率向上と長寿命化に大きな役割を果たしてきた。

　現在では，電子と正孔を効率よく輸送し再結合させるために，正孔輸送層を2層構成とすることで更に高性能化が図られている。

　本稿では，正孔輸送材料について低分子系材料を中心に，当社の製品を交え紹介する。

2　低分子系正孔輸送材料

　冒頭でも述べたように，素子を高性能化させるために正孔輸送層を2層構成とすることが多くなっているが，このような場合においては，陽極から正孔を受け輸送する層を正孔注入層，正孔注入層から発光層へ正孔を注入輸送する層を正孔輸送層と呼んでいる。本稿では，この正孔注入層と正孔輸送層に使用されている材料全てを含めて，正孔輸送材料と称することとする。

　真空蒸着法により製膜することを前提とした場合，正孔輸送材料に求められる特性については，以下のようにまとめることができる。

① 100 nm以下の厚さの均質な超薄膜（アモルファス膜あるいは，緻密な微結晶膜）が形成でき，作成した超薄膜は経時変化がなく安定である。

② イオン化ポテンシャル（I_p）の値が陽極の仕事関数に近く，電極から容易に正孔を注入で

＊　Norimasa Yokoyama　保土谷化学工業㈱　研究開発部　有機EL研究開発　主担当

③　正孔の移動度が大きい。
④　可視領域で透明であり、発光層で発光した光を再吸収やエネルギー移動で消失させない。
⑤　耐熱性が良好である。

電子写真用感光体ドラムに用いられてきたキャリア輸送材（CTM）は、条件②および③を満たす材料が多く、その中から有機EL素子の正孔輸送層として芳香族アミン化合物が次々と試されていった。②③および④に示した条件は、主として有機EL素子の初期特性（効率や電荷の注入・輸送）に関する因子であるので、これらの条件を満たす優れた材料が見出されると、性能を維持したまま残りの条件を満たす分子設計はある程度容易になってくる。C. W. Tang が最初に提案した正孔輸送材料は、トリフェニルアミン二量体型の TPAC（$I_p=5.8\,eV$）であったが、後には、TPD（$I_p=5.5\,eV$）が多用されるようになった。TPD は正孔輸送性能に優れた材料であったが、ガラス転移温度（T_g）が 63℃と低かったため、素子の耐久性、耐熱性には課題を残していた。

イーストマン・コダック社のグループは、TPD のトリル基を α-ナフチル基に変換した α-NPD（$I_p=5.4\,eV$）を提案した。これにより T_g は 96℃にまで向上し、結果として素子の耐久性、耐熱性を大きく改善させることができた。以後、α-NPD は TPD に変わり世の中に広く普及し、実用化された最初の正孔輸送材料となる。

EL素子の有機層は、わずか 100 nm 程度の厚みしかなく、その厚みに 10 V 近い電圧が印加され、その時の電界強度は約 1 MV/cm にもなる。有機層はピンホールがない緻密で均一な膜であることが要求され、それを満たすのがアモルファス性の薄膜である。一方、耐熱性という観点では、素子が高温下に置かれるか、駆動のジュール熱によってガラス転移温度近くまで素子温度が上昇すると、局所的に分子運動が活発化し、結晶化が起こり、表面の隆起により、電極／有機、有機／有機界面の整合不良を引き起こし素子特性劣化に至る。このような理由から、条件①および⑤を満たす材料が、素子の寿命を大きく左右するということは明白である。α-NPD の開発により、T_g を向上させて耐熱性を改良した正孔輸送材料が次々と開発されてくることとなる。

高 T_g 化には、ナフチル基のような剛直な基の導入や、分子内の結合の回転障壁を大きくしたり、回転可能なフェニル基間を連結し回転できなくすることが有効である。トリフェニルアミン二量体型の4つのフェニル基を全てビフェニル基に変換した TBPB は、T_g が 130℃を超え、α-NPD のナフチル基をフェナントリル基とした PPD の T_g は、141℃まで向上する。α-NPD のビフェニレン基をジメチルフルオレン基とし回転を抑制した DNDPFL でも、T_g を 114℃とすることができる。

トリフェニルアミンを多量化することも、高 T_g 化には有効である。多量化の分子設計としては、窒素原子を中心として多量化するスターバースト型、スピロ炭素原子を中心に二量化したス

第6章　正孔輸送材料

ピロ二量体型，そしてトリフェニルアミン単位を炭素-炭素結合で直線的に連結したタイプ，などがある。

窒素原子を中心としトリフェニルアミンを三量化したスターバースト型アミン m-MTDATA は T_g 76 ℃である。I_p が 5.1 eV と低く電極から容易に正孔を注入できるため EL 素子の低駆動電圧化に有効である。しかしながら，I_p ＝ 5.1 eV 程度の低 I_p 材料は Alq$_3$（I_p ＝ 5.8 eV）発光層との界面でのエキサイプレックス形成[2]により，発光効率が低下するため，Alq$_3$ 発光層との間に TPD 等を薄く積層した2層構造で用いられる[3]ことが現在では一般的である。

二つの TPD 構造をスピロ結合した Spiro-TPD は，スピロ結合を利用した極端な立体障害によって T_g は 133 ℃にまで高められて，ナフチル基を導入することによりさらに高 T_g 化することができる。

トリフェニルアミンをフェニル基のパラ位で直線的に連結した三量体（TPTR）では 95 ℃，四量体（TPTE）では 130 ℃と高 T_g 化することが報告されている[4]。TPTE のメチル基がない無置換体である TPT-1 は，T_g が 144 ℃まで向上している。

これまで紹介した低分子系正孔輸送材料の分子構造を図1にまとめて示す。

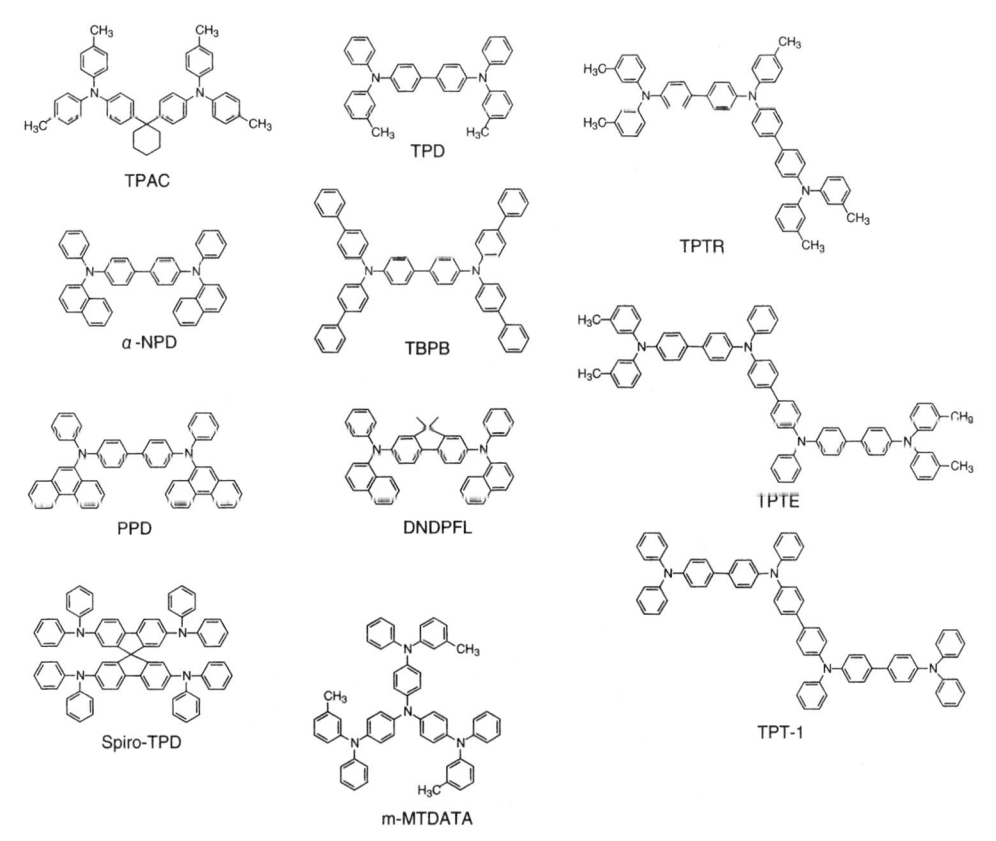

図1　低分子系正孔輸送材料の分子構造

また，表1にTPT-1の物性データをα-NPDと比較し掲載する。

当社は，正孔輸送材料の薄膜安定性の向上に着目して材料の開発を行い，高特性の正孔輸送材料を開発してきた。

TPT-1は，TPDやα-NPDの特性を維持しながら薄膜の安定性を向上させるという設計指針のもと，I_p値とエネルギーギャップ（E_g）は，α-NPDとほとんど同様の値でありながら，140℃を超える高T_gを示しており，正孔輸送材料として高性能が期待できる。また，TPT-1は高T_gであることに加え結晶化温度（T_c）を示さず，結晶化の抑制に効果があると考えられ，TPT-1を使用した素子は耐久性に優れている。

TPT-1の薄膜安定性を示す具体的な例として，単層膜の経時変化を観察してみたところ，α-NPDの蒸着膜は，室温環境下，一週間程度で白濁するのに対し，TPT-1の蒸着膜は3ヶ月を経時しても変化のない安定な薄膜状態を保っていた。AFMにより観察したTPT-1の薄膜表面（経時，3ヶ月）を図2に示す。

表1　TPT-1とα-NPDの物性比較

	T_g (℃)	TOF[1] (cm^2/Vs)	I_p (eV)	E_g (eV)	蒸着温度 (℃)[2]
α-NPD	96	0.0022	5.44	2.99	180〜
TPT-1	144	0.0078	5.44	2.98	300〜

（1）　Mobility at 1 MV/cm（courtesy of Prof. C. Adachi）

（2）　Deposition speed was 0.5Å/s under 10^{-4} Pa apparatus

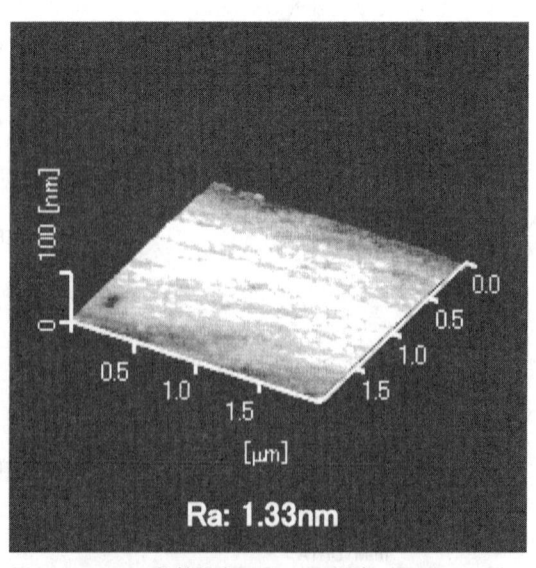

図2　TPT-1，蒸着膜表面のAFM観察（経時3ヶ月）

第6章 正孔輸送材料

このような薄膜安定性，高温安定性に加え，TPT-1においては，キャリア移動度が高速であるという特徴を持つ。Time of Flight法（TOF）による蒸着膜の移動度の測定において，TPT-1は $0.0078\ cm^2/Vs$ と α-NPDの $0.0022\ cm^2/Vs$ に対して，4倍近い移動度を有している。また，TPDの移動度，$0.0012\ cm^2/Vs$ に対しては6.5倍もの移動度である。高速であることの機構解明はされていないが，計算化学（CAChe）を利用した最安定構造の結果を比較すると，TPT-1の方が α-NPDより中央のビフェニル環のねじれが小さくなっており，分子間のパッキングに適した構造となっていることが高速化の要因の一つと推察している（図3）。

このように高性能が期待されるTPT-1について，Alq_3 を発光層とした素子で性能評価行った結果を図4および図5に示す。図4は電流—電圧特性について，図5は電流効率について α-NPDと比較した結果である。TPT-1は α-NPDに比較し低駆動電圧化されていることが分かる。高速なキャリア移動度が低駆動電圧化に寄与しているものと考えられる。しかしながら，図5に示されるように電流効率が α-NPDに比較し低下しており，流れ込んだ電荷が発光に上手く寄与していないことが示唆される。この原因としては，TPT-1が発光層の Alq_3 と相互作用し，項間交差によって発光エネルギーを緩和するためと考察されている[5]。TPT-1と，発光層である Alq_3

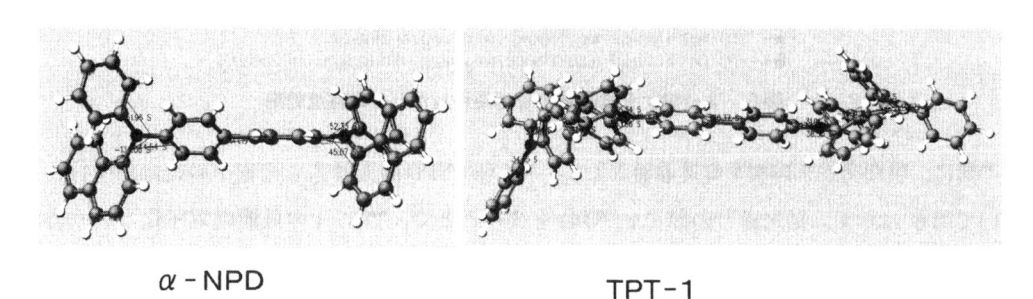

図3 CACheによる最安定構造，計算結果

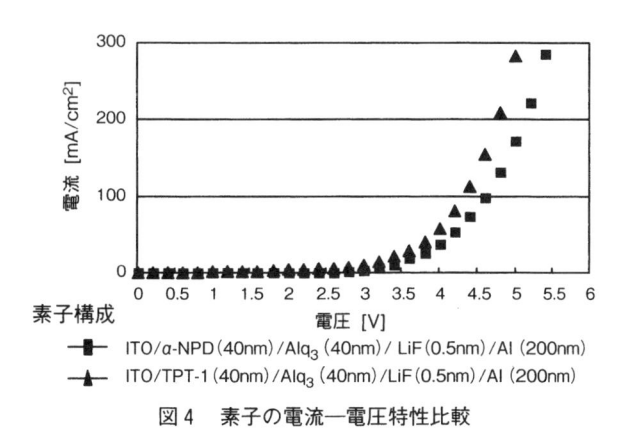

図4 素子の電流—電圧特性比較

素子構成
- ITO/α-NPD(40nm)/Alq_3(40nm)/LiF(0.5nm)/Al(200nm)
- ITO/TPT-1(40nm)/Alq_3(40nm)/LiF(0.5nm)/Al(200nm)

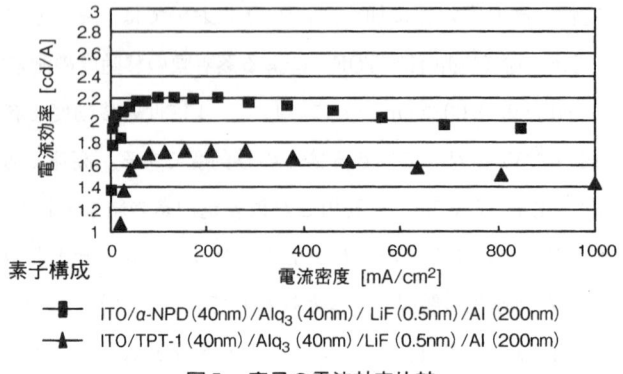

図5 素子の電流効率比較

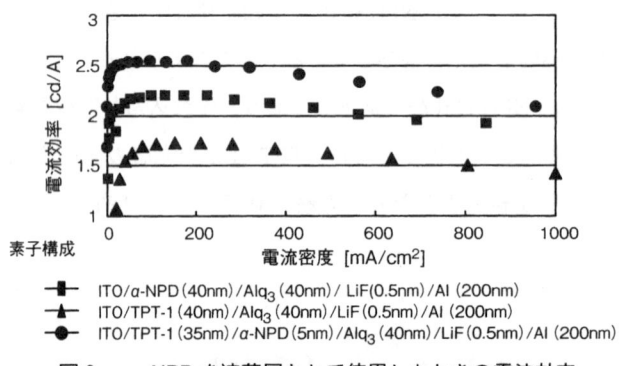

図6 α-NPDを遮蔽層として使用したときの電流効率

との間に，項間交差を抑制する遮蔽層として，薄いα-NPD層を挿入した素子の電流効率特性について図6に示す。発光層との間にα-NPDを挟むことで，TPT-1の低駆動電圧化という特徴を活かしながら，α-NPD一層のみの素子よりも電流効率を大きく向上させることができている。発光層と正孔輸送材料の項間交差確率を把握し，更に分子構造との相関を考察していくことで，素子構成の最適化が可能になるものと思われる。

上記の例は，正孔輸送材料のお互いの特徴が相乗的に発現できた例であるが，これまで開発されてきた正孔輸送材料同士の組み合わせや，更には接触する蛍光や燐光の発光層との組み合わせによる最適化で，更なる高効率，長寿命の素子を見出していけるものと考える。

3 おわりに

正孔輸送材料は，初期の頃よりリード化合物が明確であったことから，蒸着型の有機EL素子の実用化に即応し材料開発が進められてきた。その点では，検討されてきた化合物の幅は狭いものの，実用化された実績のある材料やそれに匹敵する性能を有する材料は多い。今後は，材料の

第6章 正孔輸送材料

特徴をより良く引き出すことが出来る組み合わせやドーピングによる高性能化といった技術が更に発展していくものと思われる。

　本稿では触れなかったが，塗布型素子では，大面積化やフレキシブル化といった蒸着型では成しえていないパネルが作成可能であり，これまでには出来なかった新たな市場創出が期待される。低分子系正孔輸送材料開発で培った知見を，塗布型素子の実用化にも活かしていくことで，蒸着型，塗布型を問わず有機EL素子を利用したアプリケーションが数多くの場面で見受けられる近未来が来ることを願っている。

文　　献

1) C. W. Tang et al., Appl. Phys. Lett., **51**, 913 (1987)
2) K. Itano et al., Appl. Phys. Lett., **72**, 636 (1998)
3) Y. Shirota et al., J. Luminescence, 985 (1997)
4) 時任静士ほか，ディスプレイ　アンド　イメージング, **5**, 307 (1997)
5) Leonardo Vieira Matias de Castroほか，第65回応用物理学会学術講演会　講演予稿集, No 3, p 1184 (2004)

第7章　電子輸送材料

富永　剛*

1　はじめに

　有機ELに求められる特性をアプリケーション別に列挙すると図1のように分類される。この中で，既に量産が開始され，直近の市場立ち上がりが最も期待できるモバイル用途を考えると，低消費電力化が特に重要である。この低消費電力化のためには，低駆動電圧・高発光効率を実現する材料が必要であるが，基本的には低駆動電圧はキャリヤ（電子・正孔）輸送材が，高発光効率は発光材がその役割を担う。両者のうち，直接，低消費電力に貢献し，各色共通にその効果を発揮できる点で，キャリヤ輸送材は低消費電力化において非常に重要な役割を果たす材料となる。

　そのキャリヤ輸送材である電子輸送材・正孔輸送材については，有機EL素子の開発の歴史が正孔輸送層と発光層兼電子輸送層の2層構成に端を発することから[1]，正孔輸送材の開発が発光材開発と共に古くから活発に行われてきた。実際に，正孔輸送材料については，有機感光体材料の知見を元に，芳香族アミン誘導体を中心にした材料開発が進められ，種々の優れた特性を示す材料群が開発されている。

　一方の電子輸送材料は，正孔輸送材・発光材に比べ本格的な開発は遅れており，コダックの

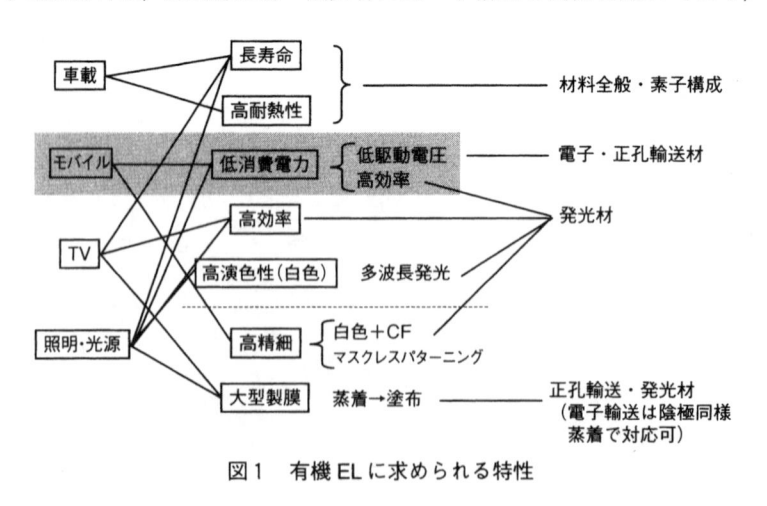

図1　有機ELに求められる特性

*　Tsuyoshi Tominaga　東レ㈱　電子情報材料研究所　主任研究員

第 7 章　電子輸送材料

Tang 等が発光層兼電子輸送層として見出した[1],「初代」電子輸送材料であるトリス（8-キノリノラト）アルミニウム錯体（Alq_3）が今日でもなお一般的に使用されている。しかしながら，有機 EL の一層の特性向上，特に上記に述べた低消費電力化に対し，Alq_3 に代わる優れた電子輸送材料の開発がここ数年切望されており，大学・企業等での精力的な研究開発の結果，幾つかの優れた材料が見出されてきている。ここでは，当社開発材料を中心に電子輸送材料について紹介する。

2　電子輸送材料開発

電子輸送材料に求められる主な物性としては，以下のものが挙げられる。
① キャリヤ注入・輸送性能―陰極より電子を受け取りやすく，かつ効率よく輸送
② 電気化学安定性―繰り返しの還元・再酸化に対して安定
③ 薄膜形成能―安定な非晶質薄膜の形成
④ 高純度―医薬品並みの純度管理

上記のうち，①および②については文字通り「電子輸送」という機能を発揮する点で必須の物性であり，③および④については，電子輸送材料だけでなく，素子寿命の観点から有機 EL 材料全体（但し，ドーパント材については③は除く）に求められる物性である。

それでは，電子輸送能を発揮する分子構造とはどのようなものであろうか。これまでに提案さ

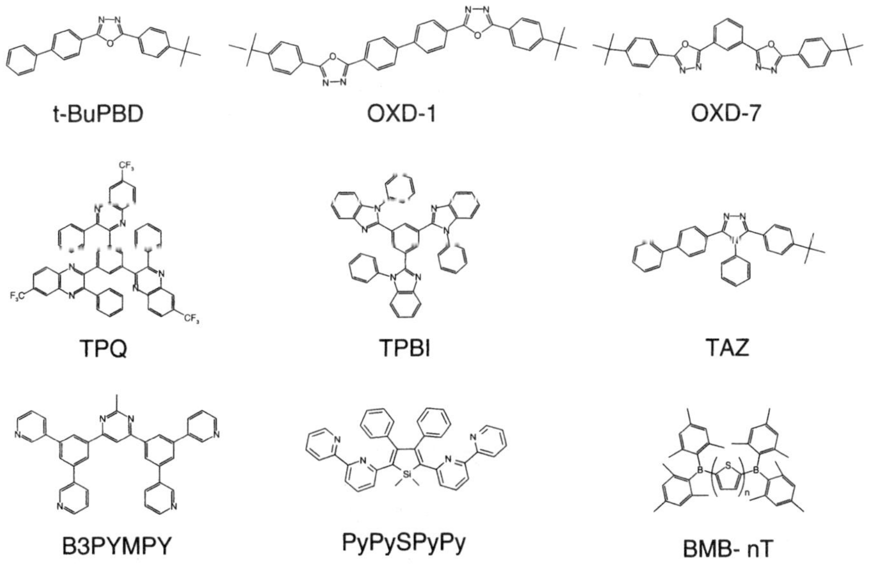

図 2　電子輸送材料例

れてきた材料の一例を図2に示す。材料群を眺めると明らかなように、その多くは電子受容性窒素を有する芳香複素環を基本骨格としていることが分かる。特に、tBu-PBD などで表されるオキサジアゾール誘導体は主に九州大学のグループにより発見され、古くから精力的に研究されてきた代表的な誘導体である。開発当初は tBu-PBD[2] のようなオキサジアゾール骨格の単量体であったが、結晶化しやすく薄膜の安定性に問題があったことから、OXD-1[3]、OXD-7[4] のようなオキサジアゾール骨格を二量化した化合物が開発され、薄膜形成能の向上に成功している。これなどは、上記③の物性を満たすための一つの分子設計指針を示している。同様に、スターバースト系のフェニルキノキサリン誘導体（TPQ）[5] やベンズイミダゾール誘導体（TPBI）[6] も高い電子輸送能と薄膜安定性を両立した例として知られている。また、オキサジアゾールの類縁体として、トリアゾール誘導体（TAZ）も提案されており、電子輸送能に加え、正孔阻止能を併せ持つことが知られている[7]。さらに、ピリミジン誘導体であるB3PYMPMは三重項準位が高いため、リン光発光材料との組み合わせでも有効に機能することが報告されている[8]。

その他の電子輸送能発揮のアプローチとしては、炭素や窒素以外の典型元素の導入が提案されており、具体的にはシロール骨格（PyPySPyPy[9]）やジメシチルボラン骨格（BMB-nT[10~13]）が知られている。シロール骨格については、中心骨格のシロール環上のケイ素のσ^*軌道と炭素のπ^*軌道の共役（$\sigma-\pi$共役）により、LUMOレベルがシクロペンタジエン骨格よりも低下し、電子親和力が向上することが分子軌道計算からも予測されている[9b]。

当社においてもホスフィンオキサイド骨格に着目した新規電子輸送材料を開発しており、開発例を挙げて次節で詳細を述べる。

3　開発例－ホスフィンオキサイド系電子輸送材料

ホスフィンオキサイドは図3に示すような構造であり、ホスフィンが酸化されたホスフィンオキサイドの状態では、電子親和力を有し、電子注入性の発揮が期待できる。また、3本の結合手を有していることから、種々の置換基を立体的に導入することが可能であり、薄膜形成に有利な形で機能を付与できる。ホスフィンオキサイド自体にある程度の電子親和力が期待できるもの

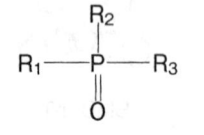

図3　ホスフィンオキサイド骨格

の，電子輸送性，薄膜形成能を考えると，導入置換基としては図2に示した例のように芳香族炭化水素や芳香複素環などの剛直な置換基が好ましいと考えられる。

ホスフィンオキサイド系電子輸送材料の実例として，導入置換基としてピレンを導入した誘導体（POPy$_2$）について，その分子構造とAlq$_3$との物性比較データを図4および表1に示す。POPy$_2$のガラス転移温度は142℃と実用化レベルとして十分に高い値を示しており，高い薄膜形成能が期待できる。また，エネルギー準位はAlq$_3$に比べ，HOMOが深く，LUMOが浅くなっており，エネルギーギャップがAlq$_3$より大きくなっていることが分かる。これらのデータは，ホスフィンオキサイドを「連結基」とすることで，剛直な置換基が立体的に配置されたためと考えられる。

次に，実際に有機EL素子の電子輸送層として適用した結果を表2に示す。表から明らかなように，Alq$_3$に比べ駆動電圧が大きく低下している。また，発光層には当社で別途開発した赤色

POPy$_2$ Alq$_3$

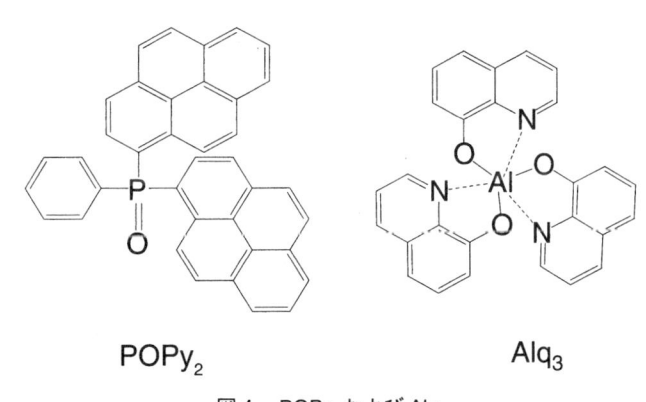

図4　POPy$_2$およびAlq$_3$

表1　POPy$_2$のEL特性

材料	T_g (℃)	HOMO (eV)	LUMO (eV)	E_g (eV)
POPy$_2$	142	5.9	2.8	3.1
Alq$_3$	172	5.8	3.1	2.7

表2　POPy$_2$のEL特性

材料	電圧 (V)	効率 (cd/A)	色純度 CIE (x, y)
POPy$_2$	6.9	4.1	(0.64, 0.36)
Alq$_3$	8.9	4.3	(0.61, 0.38)

（素子構成：ITO/CuPc（10 nm）/α-NPD（50 nm）/赤色発光層（25 nm）/電子輸送層（50 nm）/Li/Al）

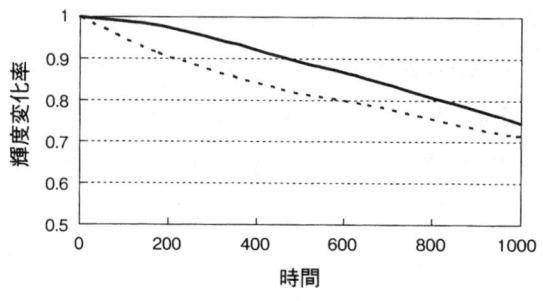

図5 POPy$_2$のEL特性(加速寿命)
(実線:POPy$_2$, 点線:Alq$_3$)

発光材料を用いているが,POPy$_2$では発光層のみからの発光である高色純度の赤色発光が得られているのに対し,Alq$_3$ではAlq$_3$自身の発光が混ざった結果,色純度が悪化している。素子寿命についてもAlq$_3$と同等であり(図5),POPy$_2$が優れた電子輸送材料であることが分かる。

更に,POPy$_2$については,セシウム(Cs)を共蒸着することで特異的な低駆動電圧化を示すことが報告されている[11]。これは,Cs:POPy$_2$共蒸着膜では,CsがドナーPOPy$_2$がアクセプターとして働き,電荷移動錯体が形成されるためと考えられている。

4 実用化に向けて

以上,紹介してきたように,Alq$_3$よりも優れた特性を有する電子輸送材料として,種々の構造を有する材料が見出されてきているが,Alq$_3$の代替として実用化されるためには,EL特性に加え,蒸着安定性が要求される。実際の有機ELパネルの量産工程では,材料を大量に仕込んでの連続蒸着・高速蒸着による製膜が指向される。従って,有機EL材料には連続かつ高速での蒸着に対する安定性が要求されることになる。この蒸着安定性を得るためには,材料の耐熱性を上げる(分解しづらくする)と共に昇華しやすくする必要がある。

[素子構成:ITO/CuPc(10nm)/α-NPD(50nm)/赤色発光層(25nm)/電子輸送層(50nm)/Li/Al]

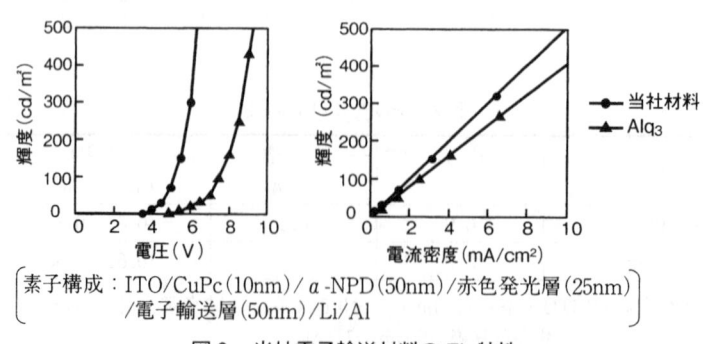

図6 当社電子輸送材料のEL特性

当社では，蒸着安定性も加味した材料開発を進めており，$POPy_2$よりも電子輸送特性に優れ，蒸着安定性も両立した新規電子輸送材料を開発している（図6）。

5 電子注入・輸送特性の定量的把握

電子注入・輸送の特性を定量的に把握する方法として良く知られているのは，TOF法による電子移動度測定である。TOF法による電子移動度測定例として，例えば，Alq_3は$10^{-6} cm^2 V^{-1} s^{-1}$オーダー，B3PYMPMで$10^{-5} cm^2 V^{-1} s^{-1}$オーダー[8]，フェニルキノキサリン誘導体[5]，PyPyS-PyPy[9c]で$10^{-4} cm^2 V^{-1} s^{-1}$オーダーとの報告がなされている。このように，TOF法により輸送特性の定量的把握・材料間の比較が可能となる。しかしながら，TOF測定用の試料は，必要膜厚がミクロンオーダーと，実際の有機EL素子に電子輸送層として用いる膜厚（数十nm）に比べてかなり厚い膜になっており，実素子での凝集構造を反映しているのかという不安もある。

そこで，最近では電子（あるいは正孔）だけを流す単電荷素子を作製し，そのI–V挙動から材料の電子注入・輸送特性を探ることも検討されている[12]。当社で検討した結果を図7に示す。用いた電子輸送材料は，4節で述べた当社開発材料とAlq_3であり，単電荷素子の構成は図7に記載の通りである。リーク防止の観点から，素子膜厚は220nmと実際の有機EL素子における適用膜厚に比べ厚くなっているものの，TOF法に比べるとかなり薄く，TOF用試料よりも実素子の状態を反映していると考えられる。図7のI–V曲線より，当社電子輸送材はAlq_3に比べて格段に電子が流れやすくなっているのが分かる。ただし，このI–V特性では，電子輸送だけでなく，電子注入特性も加味されたものであることを考慮する必要がある。

そこで，電子輸送・注入特性の切り分けを探るために，単電荷素子の膜厚依存性を調べてみた結果を図8に示す。当社電子輸送材はAlq_3と同様の膜厚依存性を示しており，詳細な解析が必

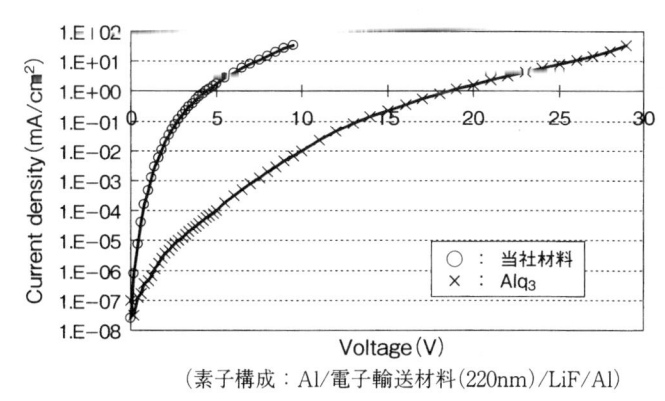

（素子構成：Al/電子輸送材料(220nm)/LiF/Al）

図7 単電荷素子（電子only）のI–V特性

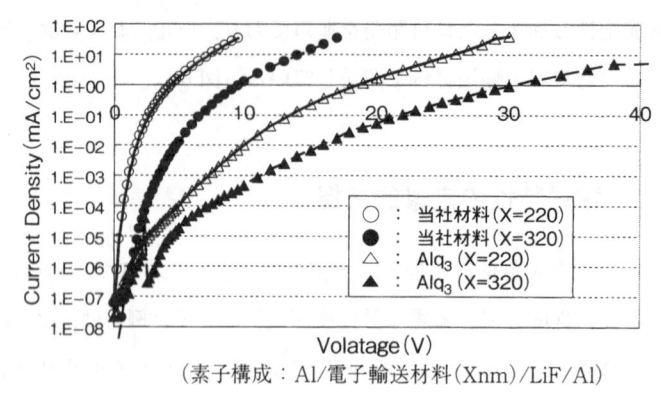

図8 単電荷素子（電子 only）の I-V 特性における膜厚依存性
（素子構成：Al/電子輸送材料(Xnm)/LiF/Al）

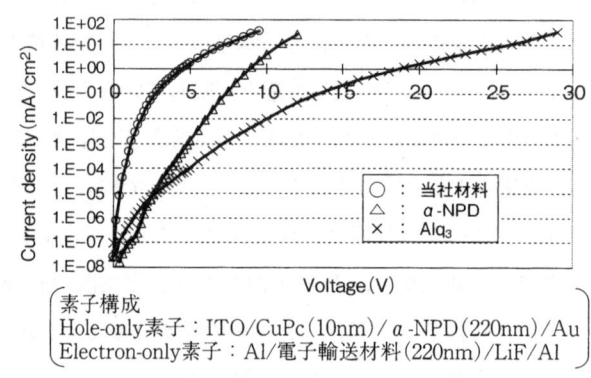

図9 単電荷素子（電子・正孔 only）の I-V 特性
素子構成
Hole-only素子：ITO/CuPc(10nm)/α-NPD(220nm)/Au
Electron-only素子：Al/電子輸送材料(220nm)/LiF/Al

要であるが，当社電子輸送材は電子輸送もさることながら，陰極からの電子注入力に優れいているのではないかと推測される。

また，正孔輸送材において同様の単電荷素子（この場合は正孔のみ）を作製し，電子輸送材のI-V曲線と比較することで，両材料のキャリヤ輸送特性を比較することができ，両材料を用いて有機EL素子を作製する際の素子構成指針が得られる。図9に一般的な正孔輸送材料であるα-NPDのI-V特性を追記したグラフを示す。図から明らかなように，α-NPDの正孔電流に対して，当社電子輸送材とAlq_3ではキャリヤの流れやすさの序列が逆転することが分かる。このことから，当社電子輸送材をAlq_3の代替として電子輸送層に用いる場合，単なる置き換えでは，素子内のキャリヤバランスがずれる可能性が高く，最適な素子構成がAlq_3の場合と異なることが推測される。

6 おわりに

以上のように，ここ数年の精力的な研究開発により，Alq_3 を凌駕し，有機 EL パネルの低消費電力化に貢献できる新規電子輸送材料群が見出されている。また，提案されている新規材料の構造を概観すると，正孔輸送材料が芳香族アミン誘導体にほぼ限定されているのと異なり，種々の分子構造が提案されており，更なる可能性を秘めた材料であることが期待できる。今後は，低駆動電圧化だけでなく，各種発光材料・正孔材料とマッチし，長寿命化・高効率化にも大きく貢献できる電子輸送材料の開発が重要になると考える。

文　献

1) C. W. Tang *et al.*, *Appl. Phys. Lett.*, **51**, 913 (1987)
2) C. Adachi *et al.*, *Appl. Phys. Lett.*, **86**, 799 (1990)
3) 浜田祐次ほか，日本化学会誌, 1540 (1991)
4) Y. Hamada *et al.*, *Jpn. J. Appl. Phys.*, **31**, 1812 (1992)
5) M. Redecker *et al.*, *Appl. Phys. Lett.*, **75**, 109 (1999)
6) J. Shi *et al.*, U. S. Patent 5646948 (1997)
7) J. Kido *et al.*, *Jpn. J. Appl. Phys.*, **32**, L 917 (1993)
8) D. Tanaka *et al.*, *Jpn. J. Appl. Phys.*, **46**, L 10 (2007)
9) a) M. Uchida *et al.*, *Chem. Mater.*, **13**, 2680 (2001); b) K. Tamao *et al.*, *J. Amer. Chem. Soc.*, **118**, 11974 (1996); c) H. Murata *et al.*, *Chem. Phys. Lett.*, **339**, 161 (2001)
10) M. Kinoshita *et al.*, *Chem. Lett.*, 615 (2001)
11) T. Oyamada *et al.*, *Appl. Phys. Lett.*, **86**, 033503 (2005)
12) K. Okumoto *et al.*, *J. Appl. Phys.*, **100**, 044507 (2006)

第8章　蛍光発光材料

舟橋正和[*]

1　はじめに

テレビは今や主流がブラウン管からフラットパネルディスプレイへと移りつつある。大手電気量販店では，大きな液晶，プラズマテレビがところ狭しと置かれているが，その液晶やプラズマテレビより，薄型軽量化が可能であり高速応答，高コントラストであることから次世代ディスプレイとして有望視されているのが，有機ELである。弊社では，その有機EL素子に用いる材料開発を行っており，最近，非常に長寿命・高効率な蛍光型RGBの発光材料を見出した。本稿では弊社における低分子型有機EL材料idel®の開発状況について概説するとともに，弊社の最新材料を用いた蛍光3波長白色素子の性能について紹介する。

2　有機ELの開発経緯

弊社では，1987年コダックのC. W. Tangの発表[1])よりも2年早い1985年に低分子型有機EL材料の開発に着手し，青色発光材料として有望なスチリル誘導体を見出した。陰極材料や素子作製プロセスを改良することで1997年には，スチリル系材料を用いて，1万時間を超える青色EL素子[2])の開発に成功した。1999年にはカーオーディオのエリアカラーディスプレイ用材料としてスチリル系青色材料が採用された。

その後，更なる高性能化のため，正孔注入材料や各種ドーパントの開発にも着手し，2001年にはフルカラー用青色発光材料，2002年にはフルカラー用赤色発光材料の開発に成功した。

2003年には，新しいフルカラー用青色発光材料および緑色ドーパントを開発し，大幅な長寿命化と高効率化を実現した。さらに2006年は三井化学との提携により，従来品を飛躍的に上回る高効率かつ長寿命の赤色材料開発に成功した。

---

[*]　Masakazu Funahashi　出光興産㈱　電子材料部　電子材料開発センター
　　シニアリサーチャー

第8章　蛍光発光材料

表1　出光での有機EL材料の開発経緯（～2004年）

1985年　研究開発を開始，青色発光材料（スチリル誘導体）の発見
1987年　Kodak社　Tang博士らによる積層型素子構成の報告[1]
1997年　青色材料の実用性能領域に到達
1999年　エリアカラー用青色材料の上市
2001年　フルカラー用の青色発光材料を上市
2002年　フルカラー用の赤色発光材料を開発
長寿命白色素子を開発
2003～　青色用長寿命ホスト材料の開発
2004年　緑色用高効率ドーパント材料の開発

3　低分子型有機EL素子の構成

一般的な低分子型の有機EL素子は，陽極の上に正孔注入層，正孔輸送層，発光層，電子輸送層，陰極が積層した構成となっている。各層の膜厚は，数～数十nm（nm＝10^{-6}mm）程度であり，総膜厚でも数百nm程度しかない。2～10V程度の電圧を印加することで，陽極から正孔注入層に正孔が注入され，正孔輸送層によって発光層へ輸送される。一方，陰極から電子が注入され，電子輸送層を通って発光層へ移動する。発光層内で正孔と電子が再結合し，発光に至るが，発光層はホスト材料とドーパントと呼ばれる添加材料で構成されている。主にホスト材料が電荷輸送と再結合機能を担い，ドーパントが発光を担当している。

以下に弊社でこれまで開発した低分子有機EL材料の詳細を述べる。

4　青色発光材料

4.1　スチリル系青色材料

1997年には，ホスト材料としてBH-120，ドーパントとしてBD-102を用いて，発光効率6 lm/W，初期輝度1000 cd/m^{2}で半減寿命1000時間（100 cd/m^{2}で約2万時間）を達成していた。しかし，発光色は，ライトブルーであり，エリアカラー用としては採用に至ったものの，フルカラーディスプレイ用としては不十分であった。また，長寿命化も必要であった。

4.2　正孔材料の改良

そこで，青色素子の性能向上のため，周辺材料の開発にも取り組んだ。その一つとして正孔注入材料HI-406[3]の性能を紹介する。135℃の高ガラス転移温度，可視領域で透明，高正孔移動度，アモルファス性に優れた特徴を有している。特にアモルファス性が高いことは基板起因の欠陥回避に有効であった。

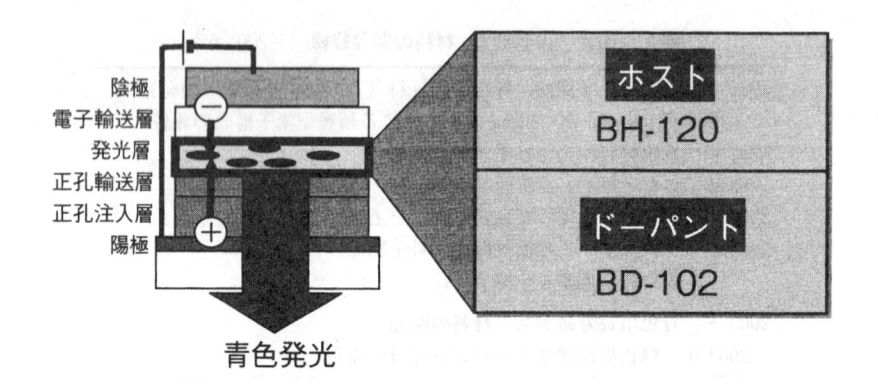

電力効率：6lm/W　輝度半減寿命：20,000hr (@100cd/m²)
C.Hosokawa et al. *Synth.Met.* 91,3 (1997)

図1　実用性能を有する初期の青色発光材料

BH-120：BD-102の発光層に対し正孔注入材料にHI-406を用いると半減寿命は初期輝度1000 cd/m² で4500時間と3倍以上の長寿命化を達成した[4]。また，耐熱性に関しても大幅に改善し，105℃保存および85℃駆動においても実用性能を実現した。

4.3　青色ホスト材料の改良

青色ホスト材料BH-120を次世代材料BH-140に代えることで，輝度電流効率が12.4 cd/A，色度は（x=0.17, y=0.30），半減寿命は8600時間（BH-120と比較して約2倍）となり，高効率・長寿命化を実現できた。

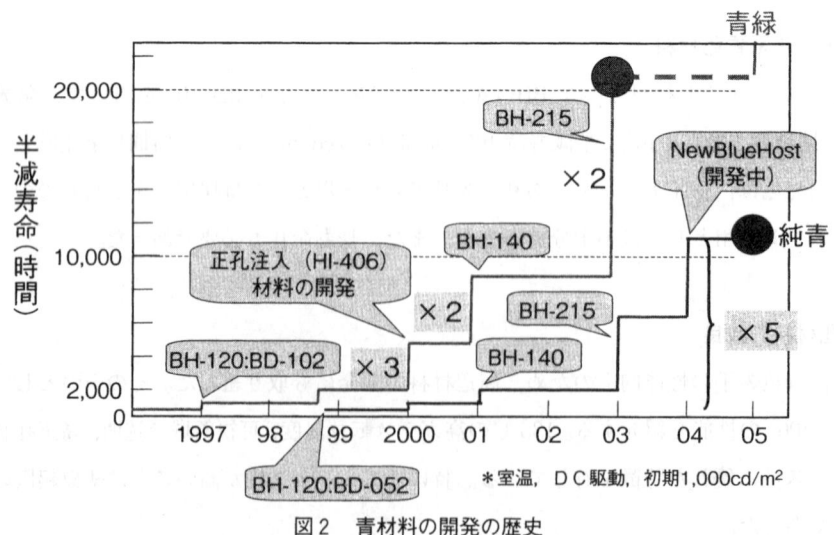

図2　青材料の開発の歴史

ここで，さらなる長寿命化を目指し，青色ホスト材料 BH-140 の分子構造を見直し，改良を重ねた。その結果，BH-215 を見出し，半減寿命が 2 万 1 千時間となり，さらに 2 倍以上の長寿命化を達成することができた。

4.4 フルカラー用純青色材料

ドーパント材料 BD-102 は発光色がライトブルーであるため，CIEy 値が 0.30 と大きい。この材料をフルカラーディスプレイに用いると，NTSC 規格に対して色再現領域が狭いという問題が発生することから，より短波長発光する純青ドーパントが必要になった。そこで，これまで培ってきた分子設計指針に基づき，ドーパントの分子構造を改良し，純青ドーパント BD-052 を見出した。ホスト材料に BH-120 を用いた場合の色度は（x=0.15, y=0.15），輝度電流効率は 5.4 cd/A，半減寿命は 1100 時間であった。

BH-140 を用いた場合は，輝度電流効率は 5.9 cd/A，半減寿命は 1900 時間であった。さらに BH-215 を用いれば，半減寿命 7000 時間と BH-120 に対して 5 倍以上に長寿命化させることができた[5]。

4.5 新規青色発光材料の開発

ホスト材料による長寿命化検討を行う一方で 2002 年に開発した長寿命緑色ドーパントの発光を短波長化する方法により長寿命青色ドーパントへの改良を試みた。現在，新規の青色ドーパント 3 材料（BD-1, BD-2, BD-3）を開発中である。図 3 に新規青色材料の寿命特性を示す。最も色純度の高い BD-3（x=0.14, y=0.15）は，輝度電流効率は 7.2 cd/A であり，半減寿命

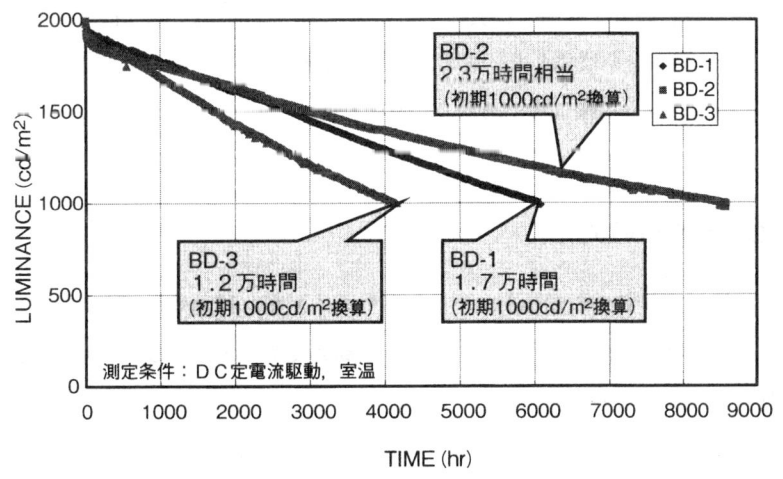

図 3　新規青色発光材料の開発　〜寿命〜

は弊社で用いている輝度加速式を用いると初期輝度 1000 cd/m^2 換算で 1 万 2 千時間となった。やや CIEy 値が大きい BD-2（x=0.13, y=0.22）の場合は，輝度電流効率は 8.7 cd/A で，半減寿命は 2 万 3 千時間に到達している。色純度が二つの中間の BD-1（x=0.14, y=0.20）は，輝度電流効率 7.9 cd/A，半減寿命は 1 万 7 千時間である。

この BD-1 は，現在量産されているディスプレイの多くが採用しているボトムエミッション型（基板ガラス側から光取り出し 図 1）と，画素開口率を確保しやすくフルカラーディスプレイへの適応に優位なトップエミッション型（図 1 の反対側から光取り出し）のいずれの方式にも適用できる材料である。

5　緑色発光材料の開発

これまで緑色ホスト材料は Alq$_3$，ドーパント材料はクマリン系が一般的に用いられてきた。しかし Alq$_3$ はホール劣化し易く，フルカラーディスプレイ用材料としては，寿命が不足していた。

そこで弊社では Alq$_3$ の代わりに青色で実績のある長寿命ホスト材料の適用を試みた。さらに青色ドーパントをベースに分子構造を改良した緑色ドーパントで，高効率・長寿命な緑色素子が実現できないかという観点から，緑色ドーパントの開発に着手した。

その結果，青色ホスト BH-215 を用いた場合，輝度電流効率 19 cd/A，色度（x=0.32, y=0.62）初期輝度 1000 cd/m^2 で半減寿命 4 万時間の新規緑色ドーパント（GD-206）を見出すことができた。この性能は弊社評価において輝度電流効率が従来材料の 1.6 倍以上，半減寿命が 8 倍以上にも及ぶ改良であった。

更に青色ホスト材料の分子構造を改良することで，初期輝度 1000 cd/m^2 からの輝度半減時間が 10 万時間という長寿命を達成した。また，新規電子輸送材料と組合せ，膜厚を最適化することで，30 cd/A の高効率も実現可能であることを示した[6]。

6　赤色発光材料の開発

赤色材料は，ホスト材料から赤色ドーパントへのエネルギー移動効率が小さいため，従来材料の発光効率は非常に低かった。また，ドーパントを高濃度でドープすると消光し，発光効率の低下と駆動電圧が高くなるという問題があった。

そこで蛍光量子収率が高い縮合芳香環系化合物に，濃度消光抑制効果のあるかさ高い置換基の導入を検討した結果，赤色ドーパント RD-001 を見出した。輝度電流効率は 3.2 cd/A，色度は

第8章 蛍光発光材料

（x＝0.64，y＝0.36），初期輝度 1000 cd/m² での半減寿命5千時間を達成した。また RD-001 分子間で電荷輸送が可能なことから，従来の赤色材料と比べ大幅な低電圧化を実現した[7]。

そして 2006 年 3 月には，新規赤色発光材料として，ホスト材料 RH-1 とドーパント材料 RD-2 を発表するとともに，電子輸送材料の見直しを行った。

Alq_3 は電子輸送材料としても一般的であったが，ホスト材料 RH-1 との適合性が悪く，輝度電流効率が 7.4 cd/A，半減寿命は 2 万 5 千時間しかなかった。また色度も（x＝0.64，y＝0.35）であり，純赤ではなかった。

しかし，弊社の電子輸送材料を新規赤色発光材料と組み合わせることで，色純度は（x＝0.67，y＝0.33）に改善するとともに輝度電流効率は 11.4 cd/A に向上，初期輝度 1000 cd/m² の半減寿命は 16 万時間以上と大幅に特性が改善した[8]。

新規蛍光型赤色材料と燐光赤色材料との性能比較を表2に示す。上述の輝度電流効率 11.4 cd/A は，燐光材料の 15 cd/A には及ばないが，蛍光材料としては非常に高い値を達成した。一

素子構成：ITO / HI / HT / Host:新規赤ドーパント / ET / LiF / Al

RD001
ET＝Alq_3　(0.64,0.36)　3.2cd/A　5,000hr@1,000cd/m²
（RD001は，(財)石油産業活性化センターの技術開発事業の中で開発されたものである。）

RH-1/RD-2
（開発中）

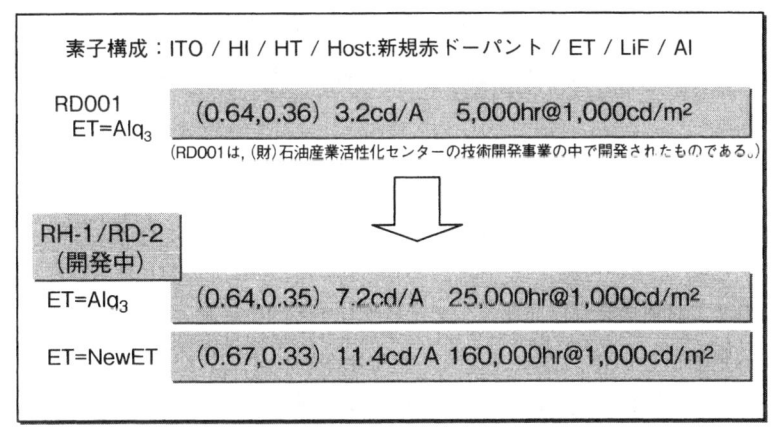

ET＝Alq_3　(0.64,0.35)　7.2cd/A　25,000hr@1,000cd/m²

ET＝NewET　(0.67,0.33)　11.4cd/A　160,000hr@1,000cd/m²

図4　赤色発光材料の開発

表2　赤色素子の性能比較

	出光	UDC
材料	蛍光	燐光
効率	11 cd/A	15 cd/A
CIE (x, y)	(0.67, 0.33)	(0.67, 0.32)
寿命@1000 cd/m²	160,000 h	70,000 h
備考	・Lifetime was calculated from ＞10,000 hrs@5,000 cd/m² by acceleration factor of 1.5	・Data from SID'06 ・Lifetime: calculated from 200,000 hrs@500 cd/m² by acceleration factor of 1.5

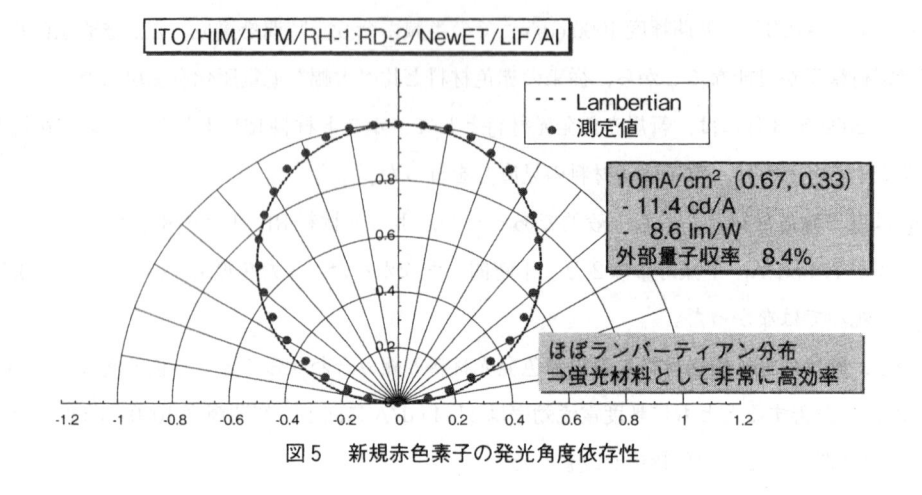

図5　新規赤色素子の発光角度依存性

方で寿命性能は燐光材料の2倍以上と大幅に向上している。

この赤色材料の10 mA/cm² での発光の角度依存性を測定した。その結果を図5に示す。図5の測定値はランバーティアン曲線とほぼ重なっており，発光方向に選択性がないことが確認できる。つまり11.4 cd/A という高い輝度電流効率は，発光を正面に集中させた結果ではないことが明らかになった。

7　蛍光型3波長白色素子の開発

弊社ではこれまで材料開発だけでなく，ディスプレイ・照明用途として白色素子の開発も進めてきた。特に白色素子とRGBカラーフィルターを組み合わせたフルカラーディスプレイは，3色塗分けディスプレイに比べ蒸着用シャドーマスクを必要とせず，プロセスの低コスト化，画面の高精細化が期待できる。白色素子はライトブルーとオレンジの2つの発光を用いた2波長型とRGBの3つの発光を用いた3波長型に分類され，多くの研究グループから白色素子に関する報告がなされている。弊社でも韓国のディスプレイ学会IMID'05にて，BD-052（青），GD 206（緑），RD-001（赤）の3波長白色素子を報告した[9]。しかしながら，カラーフィルター適用後の色再現性を表す指標NTSC比が62％と低く，ディスプレイ用途としては不十分であった。

そこで弊社で開発した最新の材料，RH-1，RD-2（赤），BD-1（青），GD 206（緑）を用いた3波長白色素子の開発を実施した[10]。その結果，輝度電流効率16.1 cd/A が得られ，蛍光型白色素子としては高い効率を達成できた。また弊社の輝度加速式を用いると初期輝度1000 cd/m² 換算で半減寿命が7万時間以上となることが分かり，これまで報告されている白色素子の中で最も長寿命となった（図6）。これは新規赤材料RH-1，RD-2の長寿命効果が強く現れた結果と

第 8 章　蛍光発光材料

図6　蛍光3波長白色素子の寿命

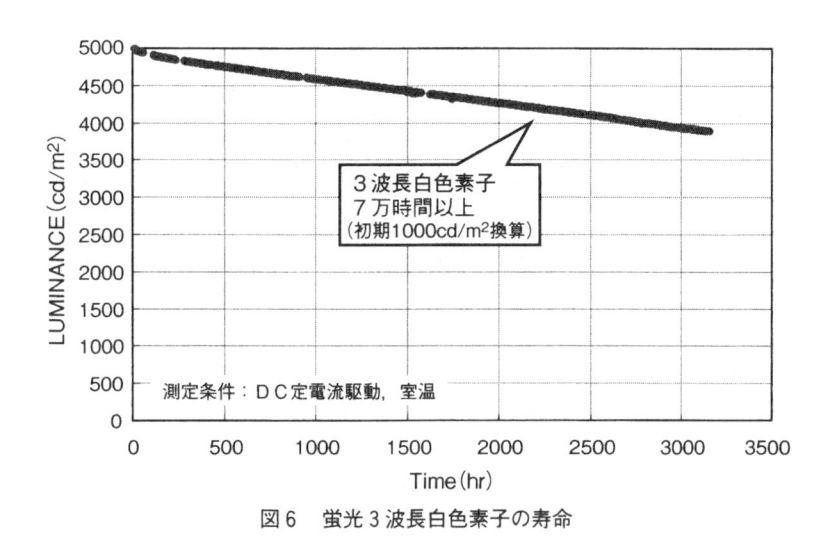

考えている。色度は（x＝0.33, y＝0.39），NTSC 比は 75.3% となり，色再現性が向上したことから，ディスプレイ用途としての可能性が広がった。また演色指数 CRI（Color Rendering Index）が 87 と高く，照明用途も期待できる。

ここでさらなる高性能化を目指し，上述の3波長白色素子に使用する周辺材料の改良を試みた。具体的には新たに開発した正孔注入材料を適用するとともに，赤色への適用で実績がある前述の電子輸送材料を用いた。これにより，初期輝度 1000 cd/m^2 換算での半減寿命は 4 万 5 千時間，色度は（x＝0.38, y＝0.40）ではあるが，輝度電流効率 19.6 cd/A という実用的な性能を実現した。また電流密度 10 mA/cm^2 における電圧が 3.7 V と非常に低電圧駆動であり，16.8 lm/W もの高い発光効率を達成した[11]。今回開発した蛍光型3波長白色素子の性能により，白色カラーフィルター型有機 EL ディスプレイの実現が一歩近づいたのではないだろうか。

8　おわりに

これまで述べたように，青の輝度電流効率 8.7 cd/A，半減寿命 2 万 3 千時間（初期輝度 1000 cd/m^2），緑では 30 cd/A，半減寿命 6 万時間，赤では 11.4 cd/A，半減寿命 16 万時間と，フルカラーディスプレイに適用可能な高効率・長寿命な新規発光材料の開発に成功した。

また，これらの RGB 発光材料と新規周辺材料を用い，16.8 lm/W，半減寿命 4 万時間以上の高効率な蛍光型3波長白色素子を開発した。

このように低分子有機 EL 材料の性能は，年々向上しており，中小型ディスプレイを実現可能な性能領域に到達したものと考える。

文　献

1) C. W. Tang and S. A. VanSlyke, *Appl. Phys. Lett.,* **51**,913 (1987)
2) C. Hosokawa, M. Eida, M. Matsuura, K. Fukuoka, H. Nakamura and T.Kusumoto, *Synth. Met.* **91**, 3 (1997)
3) C. Hosokawa, M.Eida, K. Fukuoka, H. Tokairin, H.Kawamura, T. Sakai and T. Kusumoto, Display and Imaging, 8 suppl. 33 (1999)
4) T. Sakai, C. Hosokawa, K. Fukuoka , H. Tokairin , Y. Hironaka, H. Ikeda, M. Funahashi and T. Kusumoto, *J. SID,* **10**, 145 (2002)
5) 酒井俊男，有機 EL 材料の開発動向，Part 11-1 日経マイクロデバイス別冊「フラットパネルディスプレイ 2004 実務編」
6) H. Kuma, H. Tokairin, K. Fukuoka and C. Hosokawa, SID 05 Digest, 1276 (2005)
7) T. Iwakuma, T. Arakane, Y. Hironaka, K. Fukuoka, H. Ikeda, M. Funahashi, C. Hosokawa and T. Kusumoto, SID 02 Digest, p.598 (2002)
8) Takashi Arakane, Masakazu Funahashi, Hitoshi Kuma, Kenichi Fukuoka, Kiyoshi Ikeda, Hiroshi Yamamoto, Fumio Moriwaki and Chishio Hosokawa, SID 06 Digest, p.37 (2006)
9) H. Tokairin, H. Kuma, H. Yamamoto, M. Funahashi, K. Fukuoka and C. Hosokawa, IMID/IDMC ' 05 DIGEST, p.1138 (2005)
10) Yukitoshi Jinde, Hiroshi Tokairin, Takashi Arakane, Masakazu Funahashi, Hitoshi Kuma, Kenichi Fukuoka, Kiyoshi Ikeda, Hiroshi Yamamoto and Chishio Hosokawa, IMID/IDMC '06 DIGEST, p.351 (2006)
11) Hitoshi Kuma, Yukitoshi Jinde, Masahiro Kawamura, Hiroshi Yamamoto, Takashi Arakane, Kenichi Fukuoka and Chishio Hosokawa, SID 07 Digest, p.1504 (2007)

第9章 りん光発光材料

秋山誠治*

1 はじめに

りん光発光材料の多くは，π電子系有機化合物で構成された配位子からなる遷移金属錯体である[35]。特に高周期の遷移金属錯体では，スピン―軌道相互作用（重原子効果）が大きく，一重項励起状態から三重項励起状態への項間交差，および三重項励起状態から一重項基底状態への放射過程が促進されるため，室温でもりん光発光するようになる。図1には室温で青色りん光発光を示す中心金属の一覧を示すが，ほとんどが第6周期の遷移金属である。本稿では，これらの遷移金属錯体の構造と光学特性に関して，周期表の第7族から順に紹介する。

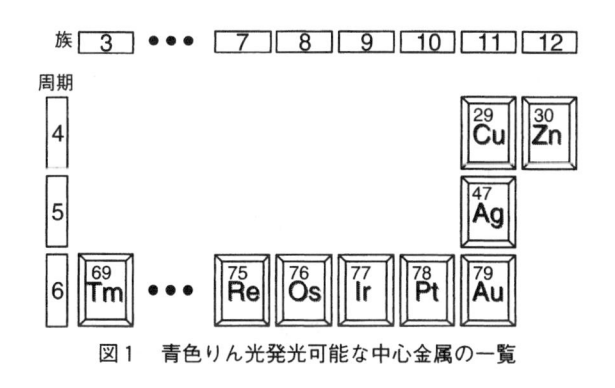

図1 青色りん光発光可能な中心金属の一覧

2 青色りん光材料の構造と光学特性

2.1 レニウム Re(I) 錯体（表1）

特徴：出発原料として $Re_2(CO)_{10}$ や $Re(CO)_5Cl$ を用いるため，レニウム（I）錯体の多くは，カルボニル配位子を有している。高温ではカルボニル配位子が外れ，一酸化炭素を生じる恐れがあるので，取り扱いには注意が必要である。フェナントロリンや2,2′-ビピリジルなどのジイミン系二座配位子を用いた場合には，発光極大が530 nm の緑色発光を示すが[37]，ビス（7′-アザインドリル）ベンゼン系三座配位子では509 nm[38]，ホスフィン系二座配位子では480 nm[1]まで，短波長化させることが出来る。現在のところ，純青発光するレニウム錯体は見出されていない

＊ Seiji Akiyama ㈱三菱化学科学技術研究センター 機能商品研究所

表1 レニウム Re(I)錯体の構造と光学特性

構造式	光学特性		文献
(構造式)	発光波長(nm)	480	1
	発光量子収率	—	
	りん光寿命(μs)	—	
	測定媒体	MeCN	
(構造式)	発光波長(nm)	509	38
	発光量子収率	—	
	りん光寿命(μs)	—	
	測定媒体	THF	

が，配位子の改良や補助配位子との組合せなど，検討の余地はまだ残されている。

2.2 オスミウム Os(II) 錯体（表2）

特徴：$Os_3(CO)_{12}$ と 2-ピリジルピラゾレートや 2-ピリジルトリアゾレート配位子などの二座配位子を固体状態で数日間反応させることにより，合成することが出来る。レニウム錯体と同様にカルボニル配位子を有するため，高温時にはカルボニル配位子が脱離する。また，オスミウム錯体が分解した場合，四酸化オスミウムが生成すると予想されるが，この酸化物は揮発性が高く，猛烈な異臭と毒性を有するため，オスミウム錯体をエレクトロニクス部材として用いるの

表2 オスミウム Os(II) 錯体の構造と光学特性

構造式	光学特性		文献
(構造式)	発光波長(nm)	420, 446, 468	2, 3
	発光量子収率	0.23	
	りん光寿命(μs)	2.9	
	測定媒体	MeCN	
	耐熱温度(℃)	185	
(構造式)	発光波長(nm)	430, 457, 480	2, 4
	発光量子収率	0.14	
	りん光寿命(μs)	18.5	
	測定媒体	MeCN	

2.3 イリジウム Ir(III) 錯体 (表3〜5)

特徴：イリジウム (III) 錯体は, レニウム (I) 錯体やオスミウム (II) 錯体と同様, 6配位八面体構造をとる。非対称な二座配位子が3つ配位する場合には, facial体とmeridional体の幾何異性体が生じ, 発光特性もそれぞれ異なるが, 合成条件により作り分けが可能である。なかでもC^Nアニオン性二座配位子からなるfacial体のイリジウム錯体は, 熱的にも非常に安定であり, 真空蒸着法を主流とする現在の有機EL素子において最適な材料といえる。すでに近紫外発光から近赤外発光に至る数多くの錯体が報告されており, 配位子と発光波長との相関関係, 配位子への置換基効果, 補助配位子との組合せ効果なども明らかになってきている[36]（これらの効果については, 書籍「FPD・DSSC・光メモリと機能性色素の最新技術と材料開発」（エヌ・ティー・エス）を参照して頂きたい）。表3〜5には, 発光極大が470 nmよりも短波長にあるイリジウム錯体の中から, 配位子骨格の比較的異なるものを選び, その構造と発光特性を示した。他の金属錯体に比べて発光量子収率の高いものが多く, 青色りん光材料として, 最も期待されている。

2.4 白金 Pt(II) 錯体 (表6)

特徴：一般的には K_2PtCl_4 を出発原料として配位子と段階的に反応させることにより, 合成することが出来る。平面四角形構造をとり, 異なる2つの非対称二座配位子を有する場合にはcis体, trans体の幾何異性体が生じる。高濃度では, 配位子間でのπ-π相互作用やPt-Pt間相互作用の影響により会合体からの発光を生じやすい。そのため, 白金錯体の多くは, これらの相互作用を抑制するため, 配位子に嵩高い置換基を導入するなどの工夫が取られている。

その一方で, 会合体からの発光を積極的に利用しようという試みもある[22]。たとえば, 単分子で青色発光する白金錯体は, 会合体形成時にオレンジ色の発光を生じるため, ある濃度領域ではそれぞれの発光が絶妙なバランスで混じり合った白色発光へと変化する。発光過程の違いはあるが, 単一の錯体のみを使用するため, 簡便なプロセスで白色有機ELを作ることができる。スペクトルがブロードになるため, 演色性の求められる用途には不適であるが, 異なる発光色素を必要とする従来のRGB積層型, RGB高分子分散型, 青色色変換型に比べて, 発光色素の劣化に伴う色変化が起こりにくい可能性があり, 照明用途として期待出来る。

2.5 銅 Cu(I) 錯体 (表7)

特徴：他の金属錯体に比べて重原子効果が小さく, 単核錯体では, 室温でほとんど発光しないが, 多核錯体やクラスターでは, 金属間相互作用によるLMMCT (ligand-to-metal-to-metal

表3 イリジウム Ir(III)錯体の構造と光学特性(1)

構造式	光学特性		文献
[構造式: fac体]	発光波長(nm)	389	5
	発光量子収率	0.04	
	りん光寿命(μs)	0.22	
	測定媒体	CH_2Cl_2	
	CIE(x, y)	(0.17, 0.06)	
[構造式: fac体]	発光波長(nm)	425, 450	6
	発光量子収率	0.03	
	りん光寿命(μs)	0.15±0.07	
	測定媒体	toluene	
	CIE(x, y)	(0.16, 0.12)	
[構造式: fac体]	発光波長(nm)	428	7
	発光量子収率	<0.1	
	りん光寿命(μs)	0.05	
	測定媒体	CH_2Cl_2	
[構造式]	発光波長(nm)	440, 455, 478	8
	発光量子収率	0.0067	
	りん光寿命(μs)	0.042	
	測定媒体	CH_2Cl_2	
[構造式]	発光波長(nm)	441, 471	9
	発光量子収率	0.75	
	りん光寿命(μs)	19.2	
	測定媒体	CH_2Cl_2	
[構造式]	発光波長(nm)	447, 476	10
	発光量子収率	0.19	
	りん光寿命(μs)	—	
	測定媒体	CH_2Cl_2	
	CIE(x, y)	(0.20, 0.25)	

第9章 りん光発光材料

表4 イリジウム Ir(III)錯体の構造と光学特性(2)

構造式	光学特性		文献
(Ir錯体構造式)	発光波長(nm)	448	11
	発光量子収率	0.19	
	りん光寿命(μs)	8.4	
	測定媒体	2-MeTHF	
(Ir錯体構造式)	発光波長(nm)	450, 479, 511(sh)	12
	発光量子収率	0.50	
	りん光寿命(μs)	7.7	
	測定媒体	CH_2Cl_2	
	CIE(x, y)	(0.16, 0.18)	
(Ir錯体構造式)	発光波長(nm)	452, 473	13
	発光量子収率	0.22	
	りん光寿命(μs)	—	
	測定媒体	CH_2Cl_2	
	CIE(x, y)	(0.18, 0.23)	
(Ir錯体構造式) FIr6	発光波長(nm)	456	11
	発光量子収率	0.73	
	りん光寿命(μs)	3.7	
	測定媒体	2-MeTHF	
(Ir錯体構造式) $CF_3SO_3^-$	発光波長(nm)	458	11
	発光量子収率	0.005	
	りん光寿命(μs)	2.1	
	測定媒体	CH_2Cl_2	
(Ir錯体構造式) FIrN4	発光波長(nm)	459, 489	14
	発光量子収率	—	
	りん光寿命(μs)	—	
	測定媒体	CH_2Cl_2	
	CIE(x, y)	(0.15, 0.24)	

表5 イリジウム Ir(III)錯体の構造と光学特性(3)

構造式	光学特性		文献
(fac体)	発光波長(nm)	460	15
	発光量子収率	0.38	
	りん光寿命(μs)	1.05	
	測定媒体	CH_2Cl_2	
FIrfpy	発光波長(nm)	461	16
	発光量子収率	—	
	りん光寿命(μs)	—	
	測定媒体	CH_2Cl_2	
	CIE(x, y)	(0.13, 0.23)	
	発光波長(nm)	463, 493, 529(sh)	17
	発光量子収率	0.033	
	りん光寿命(μs)	—	
	測定媒体	CH_2Cl_2	
	発光波長(nm)	466, 498	18
	発光量子収率	0.10	
	りん光寿命(μs)	—	
	測定媒体	CH_2Cl_2	
	CIE(x, y)	(0.14, 0.26)	
FIrpic	発光波長(nm)	468, 495	19
	発光量子収率	0.11	
	りん光寿命(μs)	—	
	測定媒体	$CHCl_3$	
	CIE(x, y)	(0.16, 0.29)	

第9章 りん光発光材料

表6 白金 Pt(II) 錯体の構造と光学特性

構造式	光学特性		文献
(構造式)	発光波長(nm)	405	20
	発光量子収率	0.017	
	りん光寿命(μs)	1.05	
	測定媒体	CH$_2$Cl$_2$	
(構造式)	発光波長(nm)	447	21
	発光量子収率	―	
	りん光寿命(μs)	<1.0	
	測定媒体	2-MeTHF	
(構造式)	発光波長(nm)	456	21
	発光量子収率	―	
	りん光寿命(μs)	<1.0	
	測定媒体	2-MeTHF	
(構造式)	発光波長(nm)	466	22
	発光量子収率	―	
	りん光寿命(μs)	―	
	測定媒体	Polystyrene film	
	CIE(x, y)	(0.11, 0.24)	
(構造式)	発光波長(nm)	482, 512, 540	23
	発光量子収率	0.02	
	りん光寿命(μs)	0.4	
	測定媒体	THF	
	備考	Film の発光波長：564 nm	
(構造式)	発光波長(nm)	494, 518	23
	発光量子収率	0.19	
	りん光寿命(μs)	0.4	
	測定媒体	THF	
	備考	Film の発光波長：489, 518, 550 nm	

表7 銅 Cu(I) 錯体の構造と光学特性

構造式	光学特性		文献
(Cu-Se-Cu with Ph₂P ligands)	発光波長(nm)	431, 452	24
	発光量子収率	—	
	りん光寿命(μs)	<0.1	
	測定媒体	固体	
(NC-Cu-Cu-CN with Cy₂P ligands)	発光波長(nm)	470	25
	発光量子収率	0.08	
	りん光寿命(μs)	28	
	測定媒体	固体	

charge transfer) 遷移が優位となるため,室温でも発光するようになる。ただし,多核錯体やクラスターは昇華しにくく,溶液中では溶媒分子の影響により開裂しやすいため,エレクトロニクス材料へ利用するのは難しい。

2.6 銀 Ag(I) 錯体(表8)

特徴:銅錯体と同様,多核錯体やクラスターは室温で青色発光を示す。配位子との配合比により,異なるクラスター構造を形成し,それぞれ異なる発光特性を示すため,同一配位子でも発光色を変えることが出来る。空気に対しては比較的安定だが,光に対しては非常に敏感で,光が当たるとすぐに変色してしまうため,取り扱いには注意が必要である。ちなみに,全ての金属錯体に該当することだが,シアノ配位子やカルボニル配位子を有する金属錯体は,分解時の環境汚染や人体への毒性も危惧されるため,エレクトロニクス材料として使用すべきではない。

表8 銀 Ag(I) 錯体の構造と光学特性

構造式	光学特性		文献
NCAgNC-Ag--Ag-CNAgCN (with Cy₂P ligands)	発光波長(nm)	395	25
	発光量子収率	0.0037	
	りん光寿命(μs)	31	
	測定媒体	solid	
(Ag₄ cluster with PCy₃ and C≡CPh ligands)	発光波長(nm)	418, 434	26
	発光量子収率	0.025	
	りん光寿命(μs)	0.31	
	測定媒体	CH_2Cl_2	

2.7 金Au(I), Au(III) 錯体（表9, 10）

特徴：同族の銅錯体や銀錯体と異なり，単核錯体においても室温で発光する。1価の金Au

表9 金(I)錯体の構造と光学特性

構造式	光学特性		文献
(Ph₂P-CH₂CH₂-PPh₂)[Au-C≡C-C≡C-C₆H₁₃]₂	発光波長(nm)	420	27
	発光量子収率	—	
	りん光寿命(μs)	<0.1	
	測定媒体	CH_2Cl_2	
1,3-dimethylbenzimidazol-2-ylidene Au-C≡C-Ph	発光波長(nm)	421	28
	発光量子収率	—	
	りん光寿命(μs)	32	
	測定媒体	solid	
Ph₂P(9-phenanthrenyl)-Au-Cl	発光波長(nm)	420	29
	発光量子収率	0.06	
	りん光寿命(μs)	22.7	
	測定媒体	CH_2Cl_2	
$(n\text{-}Bu_4N^+)_2$[1,3-(S-Au-S)₂-C₆H₄]₂²⁻	発光波長(nm)	437	30
	発光量子収率	0.026	
	りん光寿命(μs)	ca.2	
	測定媒体	toluene	

表10 金(III)錯体，金(I)—銀(I)複核錯体の構造と光学特性

構造式	光学特性		文献
(N^C^N)Au(III)-C≡C-Ph	発光波長(nm)	468	31
	発光量子収率	—	
	りん光寿命(μs)	—	
	測定媒体	CH_2Cl_2	
[Au₃Ag(μ₃-O)(2-PPh₂-py)₃]²⁺ $(BF_4^-)_2$	発光波長(nm)	468	32
	発光量子収率	—	
	りん光寿命(μs)	7	
	測定媒体	solid	

(I) 錯体は2配位直線構造をとり，配位子としてはカルベン配位子，ホスフィン配位子，アセチリド配位子，チオレート配位子などの単座配位子が主に用いられている。固体状態ではクラスターを形成するが，光学特性に及ぼす影響は小さく，溶液状態と近い発光を示す。

また，金（I）と銀（I）との複核錯体[32]も発光性を示すことから，分子設計に多くのバリエーションをもたせることも可能である。一方，3価の金Au（III）錯体[31]は，4配位平面四角形構造をとり，比較的安定であるが，室温で発光しないものが多い。

2.8 亜鉛 Zn(II) 金属錯体（表11）

特徴：第12族の亜鉛Zn（II）錯体の多くは，蛍光発光色素として知られているが，ビピリミジニル系二座配位子からなる亜鉛錯体は室温でりん光発光する。亜鉛のd軌道には電子が満たされているため，配位子中心（$^3LC\pi-\pi^*$）遷移からの発光と考えられるが，配位子単体では室温で発光しないことから，亜鉛による重原子効果が現れているといえる。

表11 亜鉛 Zn(II) 錯体の構造と光学特性

構造式	光学特性		文献
(Zn錯体構造式)	発光波長(nm)	441	33
	発光量子収率	—	
	りん光寿命(μs)	6.8	
	測定媒体	solid	

2.9 ツリウム Tm(III) 金属錯体（表12）

ランタノイド系金属錯体としては，ツリウムTm（III）錯体がf-f遷移に伴う非常にシャープな青色発光を示す。多重項からの発光のため，厳密にはりん光発光とは異なるが，有機EL素子

表12 ツリウム Tm (III) 錯体の構造と光学特性

構造式	光学特性		文献
(Tm錯体構造式)	発光波長(nm)	482	34
	発光量子収率	—	
	りん光寿命(μs)	—	
	測定媒体	powder	
	CIE(x, y)	(0.21, 0.22)	
	半値幅(nm)	<20	

第9章 りん光発光材料

として用いた場合にはりん光材料と同様の特性を示す。ただし,りん光寿命が比較的長いため,三重項—三重項消滅（T-T annihilation）を起こしやすく,有機EL用途には好ましくない。

3 まとめ

本稿で取り上げた錯体は,構造と物性値が比較的明記されている学術論文から選出したものであるが,上記以外にも置換基の異なる錯体や,特許に記載されている錯体も数多くあり,これらの錯体を含めると,実に数百種類に及ぶ。しかしながら,発光波長が短波長のものほど,発光量子収率が小さく,りん光寿命も長くなる傾向にあるため,有機ELに用いても期待されるほど高効率な発光は得られていない。また,青色りん光材料を効果的に発光させるためには,りん光材料よりもエネルギーギャップの大きい（＞3 eV）ホスト材料を開発する必要があり,ホスト材料を含めた材料設計・開発が,青色りん光有機ELの高効率・長寿命化の鍵を握っているといえる。本節がその一助になれば幸いである。

文　献

1) H. Kunkely and A. Vogler, *Inorg. Chem. Commun.*, **5**, 391 (2002)
2) P.-T. Chou and Y. Chi, *Chem. Eur. J.*, **13**, 380 (2007)
3) J.-K. Yu, Y.-H. Hu, Y.-M. Cheng, P.-T. Chou, S.-M. Peng, G.-H. Lee, A. J. Carty, Y.-L. Tung, S.-W. Lee, Y. Chi and C.-S. Liu, *Chem. Eur. J.*, **10**, 6255 (2004)
4) P.-C. Wu, J.-K. Yu, Y.-H. Song, Y. Chi, P.-T. Chou, S.-M. Peng and G.-H. Lee, *Organometallics*, **22**, 4938 (2003)
5) (a) R. J. Holmes, S. R. Forrest, T. Sajoto, A. Tamayo, P. I. Djurovich, M. E. Thompson, J. Brooks, Y.-J. Tung, B. W. D'Andrade, M. S. Weaver, R. C. Kwong and J. J. Brown, *Appl. Phys. Lett.*, **87**, 243507/1 (2005) (b) T. Sajoto, P. I. Djurovich, A. Tamayo, M. Yousufuddin, R. Bau, M. E. Thompson, R. J. Holmes and S. R. Forrest, *Inorg. Chem.*, **44**, 7992 (2005)
6) S.-C. Lo, C. P. Shipley, R. N. Bera, R. E. Harding, A. R. Cowley, P. L. Burn and I. D. W. Samuel, *Chem. Mater.*, **18**, 5119 (2006)
7) A. B. Tamayo, B. D. Alleyne, P. I. Djurovich, S. Lamansky, I. Tsyba, N. N. Ho, R. Bau and M. E. Thompson, *J. Am. Chem. Soc.*, **125**, 7377 (2003)
8) C.-J. Chang, C.-H. Yang, K. Chen, Y. Chen, Y. Chi, C.-F. Shu, M.-L. Ho, Y.-S. Yeh and P.-T. Chou, *Dalton Trans.*, 1881 (2007)
9) K. Dedeian, J. Shi, E. Forsythe and D. C. Morton, *Inorg. Chem.*, **46**, 1603 (2007)
10) S. Takizawa, H. Echizen, J. Nishida, T. Tsuzuki, S. Tokito and Y. Yamashita, *Chem. Lett.*, **35**,

748 (2006)

11) J. Li, P.I. Djurovich, B.D. Alleyne, M. Yousufuddin, N.N. Ho, J. C. Thomas, J. C. Peters, R. Bau and M. E Thompson, *Inorg. Chem.*, **44**, 1713 (2005)

12) C.-H. Yang, Y.-M. Cheng, Y. Chi, C.-J. Hsu, F.-C. Fang, K.-T. Wong, P.-T. Chou, C.-H. Chang, M.-H. Tsai and C.-C. Wu, *Angew. Chem. Int. Ed.*, **46**, 2418 (2007)

13) L.-L. Wu, C.-H. Yang, I.-W. Sun, S.-Y. Chu, P.-C. Kao and H.-H. Huang, *Organometallics* **26**, 2017 (2007)

14) S.-J. Yeh, M.-F. Wu, C.-T. Chen, Y.-H. Song, Y. Chi, M.-H. Ho, S.-F. Hsu and C. H. Chen, *Adv. Mater.*, **17**, 285 (2005)

15) K. Dedeian, J. Shi, N. Shepherd, E. Forsythe and D. C. Morton, *Inorg. Chem.*, **44**, 4445 (2005)

16) P.-I. Shih, C.-H. Chien, C.-Y. Chuang, C.-F. Shu, C.-H. Yang, J.-H. Chen and Y. Chi, *J. Mater. Chem.*, **17**, 1692 (2007)

17) S. Takizawa, J. Nishida, T. Tsuzuki, S. Tokito and Y. Yamashita, *Inorg. Chem.*, **46**, 4308 (2007)

18) L. Chen, H. You, C. Yang, D. Ma and J. Qin, *Chem. Commun.*, 1352 (2007)

19) C. Adachi, R. C. Kwong, P. Djurovich, V. Adamovich, M. A. Baldo, M. E. Thompson and S. R. Forrest, *Appl. Phys. Lett.*, **79**, 2082 (2001)

20) A. S. Ionkin, W. J. Marshall and Y. Wang, *Organometallics* **24**, 619 (2005)

21) J. Brooks, Y. Babayan, S. Lamansky, P. I. Djurovich, I. Tsyba, R. Bau and M. E. Thompson, *Inorg. Chem.*, **41**, 3055 (2002)

22) B. Ma, P. I. Djurovich, S. Garon, B. Alleyne and M. E. Thompson, *Adv. Funct. Mater.*, **16**, 2438 (2006)

23) S.-Y. Chang, J. Kavitha, S.-W. Li, C.-S. Hsu, Y. Chi, Y.-S. Yeh, P.-T. Chou, G.-H. Lee, A. J. Carty, Y.-T. Tao and C.-H. Chien, *Inorg. Chem.*, **45**, 137 (2006)

24) V. W.-W. Yam, C.-H. Lam and K.-K. Cheung, *Chem. Commun.*, 545 (2001)

25) Y.-Y. Lin, S.-W. Lai, C.-M. Che, W.-F. Fu, Z.-Y. Zhou and N. Zhu, *Inorg. Chem.*, **44**, 1511 (2005)

26) Y.-Y. Lin, S.-W. Lai, C.-M. Che, K.-K. Cheung and Z.-Y. Zhou, *Organometallics* **21**, 2275 (2002)

27) V. W. Yam, K.-L. Cheung, S.-K. Yip and K.-K. Cheung, *J. Organomet. Chem.*, **681**, 196 (2003)

28) H. M. J. Wang, C. Y. L. Chen and I. J. B. Lin, *Organometallics* **18**, 1216 (1999)

29) M. Osawa, M. Hoshino, M. Akita and T. Wada, *Inorg. Chem.*, **44**, 1157 (2005)

30) S. Watase, T. Kitamura, Y. Hasegawa, N. Kanehisa, M. Nakamoto, Y. Kai and S. Yanagida, *Bull. Chem. Soc. Jpn.*, **77**, 531 (2004)

31) V. W.-W. Yam, K. M.-C. Wong, L.-L. Hung and N. Zhu, *Angew. Chem. Int. Ed.*, **44**, 3107 (2005)

32) Q.-M. Wang, Y.-A. Lee, O. Crespo, J. Deaton, C. Tang, H. J. Gysling, M. C. Gimeno, C. Larraz, M. D. Villacampa, A. Laguna and R. Eisenberg, *J. Am. Chem. Soc.*, **126**, 9488 (2004)

33) Q.-D. Liu, R. Wang and S. Wang, *Dalton Trans.*, 2073 (2004)

34) Z. Hong, W. Li, D. Zhao, C. Liang, X. Liu, J. Peng and D. Zhao, *Synth. Met.*, **104**, 165 (1999)
35) (a) A. J. Lees, *Chem. Rev.*, **87**, 711 (1987) (b) V. Balzani, A. Juris, M. Venturi, S. Campagna and S. Serroni, *Chem. Rev.*, **96**, 759 (1996) (c) V. W.-W. Yam, K. K.-W. Lo and K. M.-C. Wong, *J. Organomet. Chem.*, **578**, 3 (1999) (d) N. C. Fletcher, *Annu. Rep. Prog. Chem., Sect. A,* **102**, 274 (2006) (e) M. D. Ward, *Annu. Rep. Prog. Chem., Sect. A*, **102**, 584 (2006) (f) R. C. Evans, P. Douglas and C. J. Winscom, *Coord. Chem. Rev.*, **250**, 2093 (2006)
36) 秋山誠治，FPD・DSSC・光メモリと機能性色素の最新技術と材料開発，中澄博行編，第6編第2章，エヌ・ティー・エス（2007）
37) S. Ranjan, S.-Y. Lin, K.-C.Hwang, Y. Chi, W.-L. Ching, C.-S. Liu, Y.-T. Tao, C.-H. Chien, S.-M. Peng and G.-H. Lee, *Inorg. Chem.*, **42**, 1248 (2003)
38) K. Tani, H. Sakurai, H. Fujii and T. Hirao, *J. Organomet. Chem.*, **689**, 1665 (2004)

第10章 高分子材料
― デバイスプロセス技術と関連して ―

坂本正典[*]

1 はじめに

　Cambridge 大学の R. Friend, J. Burroughes 等により共役系高分子を用いた高分子有機 EL が 1990 年に発明されて以来, 高分子系有機 EL は材料, プロセス, デバイスの総合的観点で継続的に開発されてきた。その理由は, 高分子系材料では溶液プロセスによる大面積の塗布型フィルムが得られる点にある。一方で, 溶液プロセスに適合させるために分子の溶媒可溶性, 得られる膜の製膜性, を有機 EL としての発光特性, 分光特性と両立させる必要があり, 真空蒸着によって薄膜化する低分子材料に比べると開発要素は多くなる。しかし, 有機 EL の将来的な製造プロセスを考えると, 有機基板上に有機 TFT, 有機 EL を Role to Role 工程で塗布製膜することが期待され, 高分子系材料への期待は依然として大きい。

　高分子材料は図 1 に示すように低分子有機 EL に比べて約 5 年遅れて登場したにもかかわら

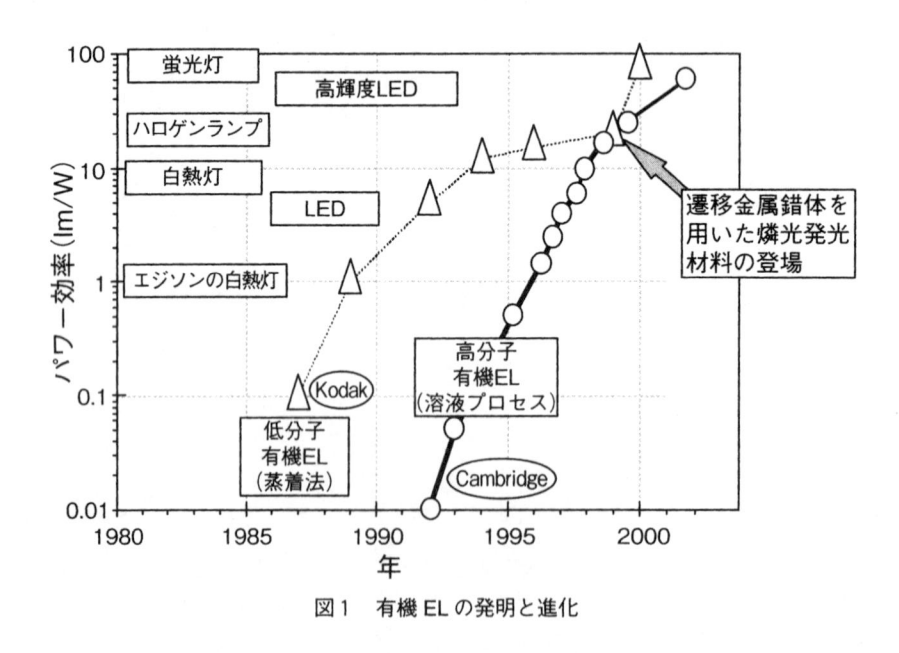

図1　有機 EL の発明と進化

[*] Masanori Sakamoto　東京理科大学大学院　総合科学技術経営研究科　教授

ず，1997年ごろから，低分子有機EL材料と競合する地位を築くに至った。Cambridge大学で開発当初は外部量子効率は0.1%以下，寿命は数分であったという[1]。今では先端材料では5％を越し実用可能な寿命を示すにいたっている。高分子有機ELの元来持っているプロセスが容易で大面積化に向いているメリットを考えてバックライトや光源，装飾照明への応用展開も動き出している[2]。2002年にはPhilips社からCovion社（Hoechst AG系の高分子有機ELメーカー，2004年にE. Merck社に吸収）製の高分子有機EL材料を用いたインジケータを付けたShaver（髭剃り）が発売された。これは高分子有機ELの初応用例でインジケーターはオレンジ色の単色発光であった。

一方，RGBフルカラー用では低分子有機ELが，サンヨーコダック社からデジタルスチルカメラに搭載されて2003年4月から登場し，市場先行した形であるが，本格的アクティブマトリクス型有機ELの開発が進むにつれ，TV用，大型基板用には，RGB色分け用に蒸着マスクを使わずに生産性に優れた高分子有機ELこそ本命との考えが強まってきた。東芝，セイコーエプソンではインクジェット印刷を用いて，RGB素子をパターニングし，2004年には対角40インチの試作パネルも発表している。また，東芝は，東芝松下ディスプレイテクノロジーに継続して高分子系有機ELパネルの開発を展開しており，2007年にも対角サイズ20.8インチのパネルをTV応用として発表している（ピクセル数は1280×768のWXGA）[3]。

もとより高分子・低分子両者は技術的には密接に絡んでおり，低分子有機EL材料で展開される燐光発光材料やエキシトン閉じ込めなどの新しい考え方は，高分子有機EL材料にも素早く展開されている。

高分子有機ELでは図2に示すように，低分子有機ELに比べて素子を構成する層数が少ない。このため駆動電圧が低く素子形成が容易という反面，モノマーの設計，重合過程の設計，コ

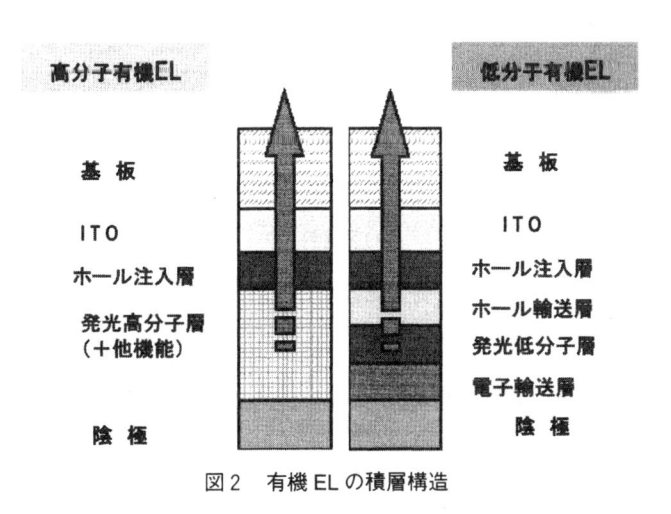

図2 有機ELの積層構造

ポリマー化など材料開発が複雑，高分子材料の高純度化が難しいなどが難点といわれてきた。また，素子ライフについても，高分子型では不良解析，素子のモデル化が難しいとされてきた。低分子有機ELでは図2の様に電子注入，電子輸送，ホール輸送などの機能が多層膜で分離分担している機能分離型素子である。これに比べて高分子有機ELでは，発光高分子材料がいくつかの機能を併せ持つ必要があるため，最適設計が困難と考えられてきた。実際最近の低分子素子の急速な寿命改善は，素子の理解（デバイス物理）とそれに基づく材料最適化に負うところが大である。しかし同時に，その知見は高分子素子の解析と改善に大きく寄与するものであり，高分子有機ELの開発を加速する。現実にデバイス物理の評価解析技術の進展や高分子材料合成法の改良などにより，従来の高分子有機ELの開発が進められている。

2 共役系発光材料

2.1 PPV系材料

PPV系の材料（図3①）は既に実用に供されており前述のように，Covion社製材料がPhilips社のShaverのインジケータの発光材料に用いられている。黄色（Y）材料であるが，発光スペクトルが広いのでカラーフィルターで分光しRとGの表示も可能である。輝度半減寿命は～10^5時間（100 cd/m^2）に達し実用充分な特性を達成している。製膜性も良好であり，スピンコート，

①PPV(ポリフェニレンビニレン)系材料

②PF(ポリフルオレン)系材料

③PF(ポリスパイロ)系材料

④PPP(ポリパラフェニレン)系材料

⑤Ladder PPP系材料

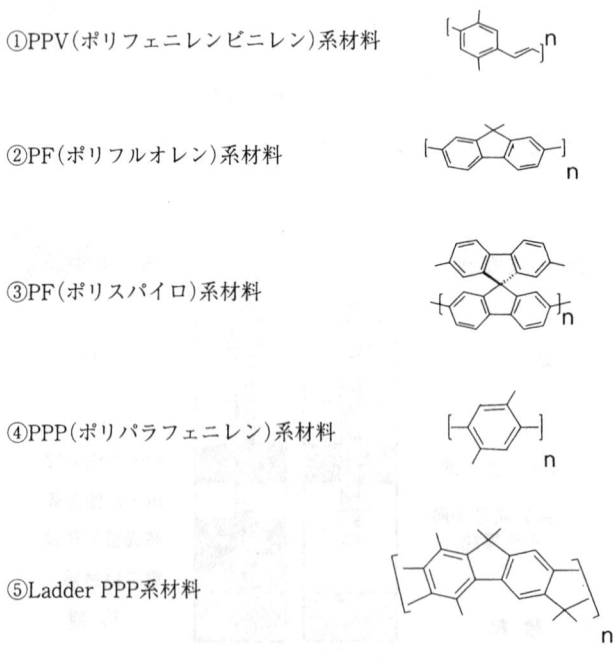

図3　各種高分子有機EL材料

インクジェットやその他の印刷法にも使用可能な使い易い材料である。表示器，案内板，各種標識などの大面積，単純表示への応用展開が予想される。しかしその Band Gap 値から青色（B）発光は無理でフルカラー用には別系統材料が開発されている。

2.2 PF 系材料

PF（ポリフルオレン）系材料[4]（図3②）では，フルカラー用 RGB 三色の調色が可能である。Cambridge 大学から発したベンチャー企業の CDT 社（同社は 2007 年住友化学に買収された）を中心に開発され，Dow Chemicals 社を中心に，開発されてきた。なお同社の高分子有機 EL 材料技術と事業は 2005 年に住友化学に買収された。

2.3 Poly-Spiro 系材料

Poly-Spiro（ポリスパイロ）系材料（図3③）[5] は Covion 社（2005 年，E. Merck に買収された）で開発されており，上下2つのフルオレン環が直交した嵩高いモノマーユニットを特徴とする。

これまで知られている青まで発光可能なポリマーは前記 PF 系のほか，PPP 系[6]，Ladder-PPP 系[7]（それぞれ図3④，⑤）が知られている。しかし，芳香環を延長結合した系では本質的な問題点が存在する。すなわち平面状の構造が，π-π 相互作用に起因する芳香環同士の引力による重なり（スタッキング）を招き易く，溶媒溶解性の低下，時には液晶相を呈する[8] 非晶性の減少，これら会合体形成による深色効果（bathochromic effect），などを引き起こし，薄膜形成，色設計を困難にしてしまう。

Poly-Spiro 系の嵩高いモノマーの立体障害は，芳香環のスタッキングを不可能にしておりこれら従来の青色発光高分子の問題点を解決する。また会合し難くガラス転移温度が高い（T_g＝160〜230 ℃）ため膜の熱安定性が高い。また側鎖のフルオレン環を色度調整や電荷輸送能力改善に利用できる点も優れている。

2.4 フルカラー用材料

現在 PF 系，Poly-Spiro 系で RGB 三色のフルカラーディスプレイ用の材料の開発が行われている。1000 cd/m^2 の初期輝度では，輝度半減寿命は，赤色（R），緑色（G）では2〜4万時間以上。青色（B）では1万時間の現状である。発光効率（cd/A）はそれぞれ，10，16，9 に達している[9]。Poly-Spiro 系では RGB とも CRT とほぼ同レベルが達成できておりこの点ポリフルオレン系に勝っている。青色では，現在のところ寿命が色度と相関しており波長の短い Deep Blue ほど寿命が短いジレンマがある。

共役系高分子材料の分子設計は，モノマー構造，側鎖構造の設計と，ブロック共重合体構造，さらには，ブレンドにより色度調整まで非常に幅が広い。一般に剛直な共役系高分子では溶媒への溶解性が必ずしも良好でなく，適切な側鎖の導入により溶解度の向上を図ることも多い。また側鎖の導入は，発光波長の調整，キャリア移動度調整にも用いられる。ブロック共重合体化することで，高分子量の共役系高分子鎖にヒンジ（屈曲性ジョイント部）を導入することになり，溶解度の向上や，共役鎖の長さを制限することによる，キャリアの閉じ込めの効果で発光効率の向上が起こることもある[10]。このように，構造と発光が種々絡んでおり分子設計を複雑なものにしている。

高分子系発光材料のブレンドでは，一般に長波長成分のみが発光するようになる低分子系のドーピングと異なり，それぞれの高分子は独自の発光を維持して，結果として発光の混合が起こる。これは，キャリアの高分子鎖内（Intra-chain）の移動に比べて，高分子鎖間（Inter-chain）の飛び移りが各段に困難な高分子系の電子状態の特徴を明確に示している。これを利用して，白色発光の実現も低分子系に比べて容易な側面もある。

以上のように，高分子系EL材料はそれ自体発光システムであり，分子量分布やブロック共重合長など含めると，その同定は簡単ではない。詳細設計は，各材料メーカーによる高分子合成とパネルメーカーによる評価結果に基づいて共同的に進められていると考えられる。

3　非共役高分子有機EL材料

低分子有機材料では，発光効率の向上を狙って燐光発光材料の開発が盛んである。Band Gap（E_g）の広い高分子材料をホストに，燐光発光材料をゲストに用いる。共役系高分子では一般にE_gが小さいためとくにB発光燐光ゲストのホストには使い難い。また主鎖が単結合で構成される一般のビニルポリマーではE_gが大きすぎ電荷の注入が困難である。比較的E_gの低いビニルポリマーのポリビニルカルバゾールPVKを用いた例が報告されている。単に低分子燐光発光材料をPVK中に溶解分散させたもの，側鎖に結合させたものなどが試みられている。発光効率は，燐光材料の特性を活かした結果が得られているが[10]，現在のところ，駆動電圧，高輝度発光時の効率低下，素子寿命などの課題があり，実用材料はまだ実現されていないようである。

4　高分子有機EL素子の課題

4.1　カラー

フルカラー用のRGB材料の色度は，ほぼ実用可能領域に到達した。モノカラー用では黄色

(Y),オレンジ色 (O),緑色 (G) 材料が実用可能である。青白いライトブルー (LB) も用途により使用可能である。また表示のほか照明用途でも白色 (W) 発光材料が期待されている。低分子有機 EL では 2 層 (B と Y) 構成が多いが,高分子有機 EL では 1 層型の W の開発も進んでおり,駆動電圧,プロセスの観点では,高分子が低分子に比べて有利である。

4.2 発光効率

前節で紹介した共役系高分子では,駆動電圧は $2 \sim 4 \mathrm{V}$ ($\sim 100 \mathrm{cd/m^2}$) と低分子系に比べて低くアクティブマトリクス駆動には有利である。実用的寿命を持つ材料の電流効率 (cd/A) は,赤色 (R) で $2 \sim 5$,緑色 (G) で $8 \sim 16$,青色 (B) で $3 \sim 7$ である。高効率化の方策については後述する。

4.3 寿命 (ライフ)

現在 RGB 三色を比較すると,青色 (B) の寿命が短い。B ではバンドギャップ (E_g) が大きく赤色 (R) や緑色 (G) に比べて特に電子注入障壁が高い。このためポリマー/陰極の界面の影響をより受けやすく,プロセス履歴,表面状態などの意図しない揺らぎや,通電による電荷蓄積や化学反応などによる界面変化により発光特性が大きく変動する。従い,B の素子寿命は陽極からの正孔注入に対して陰極からの電子注入が不安定で通電と共に電荷バランスが劣化していくのが主要因と考えられる。

これを防止する対策は,

① **電子注入障壁の低下**

陰極と発光高分子の界面に誘電体層を設けその分極により陰極電子レベル (仕事関数) と発光高分子の LUMO レベルを近づける。誘電体層はきわめて薄く設定しトンネル効果で電子を通過させる。誘電体としては分極率の大なフッ化物がよく用いられる。以上は物理的な説明であるが,誘電体上に積層する陰極金属と誘電体との化学反応を考慮する機構も検討されている。いずれによっても注入障壁を下げる効果を狙っている。

② **界面の安定化**

無機半導体素子では安定な接合を得るために LCD 用の TFT においても活性層とソース,ドレイン電極との界面にキャリアを増した n^+ 層を介在させている。同様に陰極と発光高分子の界面にも同様の接合層を設けることにより安定化が可能である。低分子系有機 EL 素子のような電子注入層の導入も広い意味で考えられるかも知れない。

低分子系有機 EL では,各層の役割を分析し,材料を代替することで,寿命を支配する因子が解明されつつある。高分子有機 EL では発光高分子が電荷輸送と励起子形成・発光の多機能を同

時に担っているため解析に時間がかかっている。低分子系素子での知見は，高分子系素子と材料に還元されるので，低分子有機ELで達成されている特性は速やかに高分子有機ELでも実現すると考えられる。

③ ホール注入・輸送材料の改善

高分子有機ELでは，ホール注入・輸送層にPEDOTが用いられている。ポリスチレンスルホン酸とのポリイオンコンプレックスであるPEDOTは優れたホール輸送材料であり，且つ水溶液系であり有機溶媒系の高分子有機EL材料との積層膜形成が可能なため広く用いられている。しかし水溶液系のためイオン性の不純物が入りやすい難点がある。従い，イオンによる信頼性（寿命）低下の懸念があり，純度改善や代替材料の開発も検討されている。PEDOTからのイオン性のマイグレーションにより，青色発光材料が変質し寿命を低下させるので，移動を止めるバッファー層の導入で改善したとの報告もある[11]。

5 高分子有機ELのインクジェット技術

プロセス技術については別章にて詳述されるが，高分子EL材料については，レオロジーなど溶液プロセスとの適合性が重要であるので簡単に触れる。

5.1 インクジェット方式の利点

インクジェット法では基板サイズの制限は事実上無く印刷業界では等身大ポスターなども印刷されている。したがい将来の大型基板を用いた有機ELテレビ用パネルなどの製造には有利である。また，高精細印刷もすでに写真画質のプリンターも実用化されており，200 PPI程度のRGB形成は可能と見られる。一般印刷技術としてすでにかなりの技術ベースが蓄積されている点も有機ELへの展開に有利と言える。低分子有機ELのRBGパタン形成に用いるマスク蒸着法に比べて材料利用効率も高い。

5.2 インクジェット法の課題

実際のインクジェット有機ELのプロセスでは，以下の課題がある。

（1）画素内均一膜形成：インクジェット法で画素上に滴下した高分子溶液を画素内に均一に広げ，均一膜厚の薄膜を形成させる。しばしば周辺の膜厚が厚くなる（Coffee Stain Effectと呼ばれる），画素内に均一に広がらず一部濡れ残る，などの問題を生じる。

（2）画素間均一膜形成：画素ごとの膜厚ばらつきを無くし，粒々感のない均一EL画像を実現する。これはインクジェット液滴の体積ばらつきによる問題であり，体積ばらつきを所定レ

第 10 章　高分子材料

ベル以下に制御しなければならない。

これらの課題の解決にはインク調合技術（Ink Formulation）とインクジェットヘッド技術が必要となる。

5.3　インクフォーミュレーション技術

均一膜形成の問題は，高分子材料の分子量分布によるレオロジー調整，インクジェット溶液（EL 高分子の溶液）の溶媒選定，混合溶媒化，濡れ性調整，表面張力調整などにより，基板表面の性質に合わせて調整する。これはインクフォーミュレーション（インク調合）技術と呼ばれ，インクジェット印刷には欠かせない。

5.4　インクジェットヘッド技術

画素間均一膜形成には，インクジェットヘッド（インクジェット液滴を射出する部品）が鍵である。インクジェットヘッドは 50〜500 の射出ノズルを持つが，ノズル間，および同一ノズルでの射出毎の，それぞれ液滴体積ばらつきを減らすことが課題となる。米国 SPECTRA 社では，これらを解決すべく特別にヘッドを設計し，米国の Litrex 社でこれを有機 EL 用のインクジェット装置に組み上げ販売する。同社は現在 ULVAC 社の完全子会社となっており，大型基板対応も進んでいる。

6　新材料の開発動向

6.1　高効率化

発光効率の向上は，必要輝度を得る上で，印加電圧や電流などの発光動作条件をより緩和することができるので，長寿命化技術としても重要である。低分子有機 EL 材料の高効率化では，遷移金属錯体を使ったリン光発光材料（三重項材料）の開発が盛んである。高分子材料ではリン光発光材料の利用と蛍光材料の改善の二方向で高効率化が追求されている。

6.2　蛍光材料の改善

これまで述べた共役系の EL 高分子，PPV，PF，Spiro-Polymer などは一重項励起子から発光している蛍光材料と分類されている。低分子発光材料の世界では，一重項は全励起子の 25％しかないと理解されている。しかし，共役系高分子では，高分子鎖上の電荷のスピン相関から一重項励起子の生成確率が 25％を上回るとの理論，実験両面からの報告[12,13]があり，共役長，分子構造その他の最適化により，生成確率を最大化することが可能である。

6.3 リン光材料の導入

前述のように低分子リン光材料をビニル高分子（ポリビニルカルバゾール）マトリクスに溶解，分散する，あるいはビニル高分子の側鎖にリン光発光基を導入したリン光発光高分子が発表されている[14]。低分子リン光発光分子の周囲に適切な長鎖分子を結合させ溶媒可溶性を持たせれば，溶液化してインクジェット等の印刷法が適用可能になる。このような材料も，高分子有機EL材料として将来登場してくるであろう。さらには，燐光発光分子を中心に，周囲に電荷輸送基，電荷再結合基，エネルギー移動基を結合配置させた，インテグレーテド分子とも言うべき，デンドリマー（高分子）も提案されている。

7 おわりに

高分子有機ELはモノクロ表示ですでに実用化されている。次の展開はやはりフルカラーディスプレイでありその表示能力をフルに出すためにはTFT基板によるアクティブ方式が主流になるであろう。従来有機ELのアクティブマトリクス駆動にはp-Si（ポリシリコン）TFTアレイが不可欠でa-Si（アモルファスシリコン）TFTでは困難と考えられてきたが，最近ではa-SiTFTで駆動する研究開発が盛んである。a-SiTFTでは基板サイズは拡大の一途であり，近い将来，フルカラーアクティブ表示有機ELでもa-Si基板を用いた大型基板処理が必要になると予想される。

さらに最近では，有機TFTの性能向上も著しくすでに有機EL駆動の発表もなされている[15]。有機TFTの実用化は可撓性の樹脂基板など有機基板の応用を可能にするもので，そのときにはいよいよ，高分子有機EL材料の特性はさらに改善され，インクジェット法や各種印刷法による大型パネル，大型基板適応性とあいまって究極の有機EL技術として本格的展開をみせるものと期待される。

文　献

1) J. H. Burroughes, D. D. C. Bradley, A. R. Brown, R. N. Marks, K. Mackay, R. H. Friend, P. L. Burn, A. B. Holmes, *Nature*, **347**, 539 (1990)
2) C. T. H. F. Liedenbaum, E. I. Haskal, P. C. Duineveld, P. v. d. Weijer, Proc. SPIE, 4105, 1-8 (2000)

3) FPD International 2007 Tokyo フラットパネルディスプレイ展 2007年 東芝松下ディスプレイテクノロジー出展
4) Y.Ohmori, M. Uchida, K. Muro and K. Yoshino, *Jap. J. Appl. Phys.*, **30** (11 B), L 1941-L 1943 (1991)
5) H. Becker, S. Heun, K. Treacher, A. Buesing and A. Falcou, SID-02 DIGEST, p.780 (2002)
6) M. Rehahn, A. D. Schlueter, G. Wegner, *Makromol. Chem.*, **191**, 1991-2003 (1990)
7) U. Scherf, K. Muellen, *Makromol.Chem., Rapid Commun.*, **12**, 489-97 (1991)
8) K. S. Whitehead, M. Grell, D. D. C. Bradley, M. Jandke, P. Strohriegl, Proc. SPIE-Int.Soc. Opt. Eng., 3939, 172-180 (2000)
9) Jonathan Halls CDT Presentation at SID 07 (2007)
10) 黒田新一, 応用物理, **76**, 795-798 (2007)
11) J.H.Burroughes, SID-03 Seminar Lecture Notes M 5 (2003)
12) M. Wohlgenannt *et al., Nature*, **409**, 496 (2001)
13) P. Ho, H. Becker, R. H. Friend, *Nature*, **404**, 481 (2000)
14) S. Tokitoh *et al.*, 応用物理学会 2002年春季
15) SONY Presentation SID-07 (2007)

第11章 光硬化型正孔輸送材料を利用した高分子有機EL素子の高効率化

熊木大介[*1], 時任静士[*2]

1 はじめに

オキセタニル基を有する光硬化型正孔輸送材料のキャリア輸送性と, それを用いた高分子有機EL素子の高効率化について述べる。光重合性のオキセタニル基を低分子正孔輸送材料に導入することで, 塗布成膜後に重合させ高分子化させることが可能になる。オキセタニル基の重合は3次元網目状に進むため, 薄膜は不溶化し積層型の高分子有機EL素子を作製でき, 有機EL素子の高効率化が期待できる。この光硬化型正孔輸送材料の薄膜のキャリア移動度をTime-of-flight (TOF) 法により算出し, 重合開始剤がキャリア輸送性へ与える影響について評価を行った。次に, この光硬化型正孔輸送材料を正孔注入層及び正孔輸送層に用いて作製した高分子EL素子の特性について述べる。

2 光硬化型正孔輸送材料

オキセタニル基は4員環状エーテルの光硬化性官能基であり, 光反応開始剤を添加しUV光照射と加熱処理を行うことによって三次元的に架橋・硬化する材料である。光重合反応はラジカル重合型とカチオン重合型に分類されるが, オキセタン系の光硬化材料はカチオン重合型に属する。環状エーテルの開環によって重合反応が進むため, 熱収縮が少なく密着性が高いという特長を持っている。また, 結合個所に残る水酸基 (OH基) が少ないため, 電気特性や耐湿性に優れており電子部品の封止剤などにも用いられている。こういった光硬化性官能基を有機EL材料に導入することで, 溶液からの塗布成膜とフォトリソグラフィによる微細パターニングが可能になり, 作製プロセス上の大きなメリットが期待できる。しかしながら, 光硬化型の有機EL材料に関する報告例は非常に限られている[1,2]。

[*1] Daisuke Kumaki 東京工業大学 物質電子化学専攻
[*2] Shizuo Tokito NHK放送技術研究所 材料・デバイス グループリーダー
(主任研究員)

第11章　光硬化型正孔輸送材料を利用した高分子有機EL素子の高効率化

　筆者等は，光硬化性有機EL材料の可能性を検討する目的で，光硬化性官能基として優れた特長を有するオキセタニル基を正孔輸送材料に導入し，高分子系有機EL素子の高効率化について実験を行った。図1はオキセタン骨格をトリフェニルアミン系の正孔輸送材料に導入したDHTBOXとそれを重合反応させた後のpoly-DHTBOXの構造式を示したものである。DHTBOXとカチオン性重合開始剤を溶解させスピンコート成膜し，UV光照射・加熱処理を行うことによってDHTBOXが重合・硬化してpoly-DHTBOXとなる。この材料の特長として，DHTBOXが低分子材料であるため初期材料の精製，高純度化が比較的容易であることが挙げられる。

　オキセタン系の光硬化材料はUV光照射と加熱処理によって重合反応が進む。図2は硬化処理

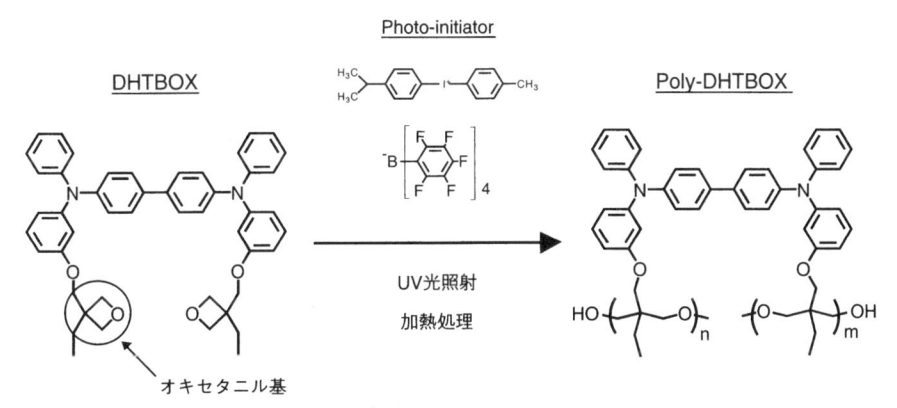

図1　光硬化前後の材料の構造式

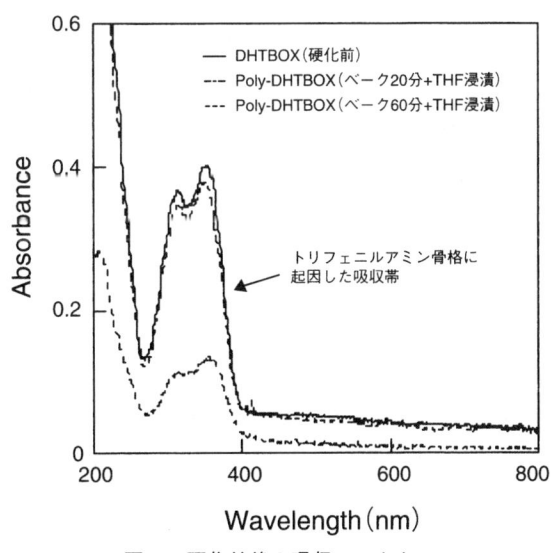

図2　硬化前後の吸収スペクトル

を行う前のDHTBOX薄膜と硬化処理を行ったpoly-DHTBOX薄膜の吸収スペクトルを示している。Poly-DHTBOX薄膜は開始剤濃度1％，加熱処理温度180℃で硬化を行っている。各材料共に300～400 nm付近にトリフェニルアミン骨格に起因した吸収帯が見られるが，硬化不十分の場合，硬化処理を行った後にTHF溶液に浸漬すると硬化していないDHTBOXが溶解するため吸収帯のピーク強度が減少する。加熱処理時間20分では硬化不十分であるため吸収帯のピーク強度が減少している。それに対して，加熱処理を60分間行うことで十分に硬化が進み，THFに浸漬しても膜の溶解が起こらないためDHTBOX薄膜のピーク強度とほぼ同程度の値を保持していることが分かる。THF浸漬後の吸収ピークの変化を観察し硬化条件の最適化を行った結果，Poly-DHTBOXは開始剤濃度，UV光照射時間，熱処理温度，熱処理時間などのパラメータをコントロールすることで耐溶媒性に優れた薄膜を形成できることが分かった。

3 薄膜のキャリア輸送性

3.1 TOF法による正孔移動度の評価

　有機EL素子のキャリアバランス因子を支配する移動度を知ることは材料評価において非常に重要であるが，光硬化型有機EL材料の移動度に関する報告例はない。筆者等はオキセタン系光硬化材料のキャリア輸送性を評価するために，Time-of-flight法によって正孔移動度を見積もった。また，硬化後のpoly-DHTBOX薄膜中には重合開始剤が含まれているため，重合開始剤がキャリア輸送性に与える影響についても検討を行った。図3にDHTBOX，DHTBOXに開始剤を5％添加しただけで硬化処理を行っていない膜，および開始剤を5％添加して硬化処理を行ったpoly-DHTBOXの3つの状態における過渡光電流波形を示した。材料をクロロホルムに溶解させスピンコート法によって成膜し，各試料の膜厚を2～3μm程度になるよう調整した。Log-logプロット中の矢印はキャリアの走行時間を表しており，この屈曲点から移動度を算出した。DHTBOXでは明確な屈曲点が観察できる非分散型の過渡光電流波形であったが，開始剤を添加することで分散型の波形へ大きく変化した。この変化は硬化処理を行うことでより大きく進み，反応開始剤がキャリアトラップとなっていることを示唆している。上記の3つの状態の過渡光電流波形から正孔移動度を算出し，電界強度依存性をプロットした結果が図4である。DHTBOXの正孔移動度は10^{-4}cm^2/Vs程度と比較的高い値を有してる。分子構造が非常に近いTPD蒸着膜で10^{-3}cm^2/Vs程度の正孔移動度が得られており，オキセタニル基を導入しても十分な正孔移動度を保持していることが分かった。開始剤を添加することで移動度は1桁程度低下し，硬化処理を行うことでさらに低下したがどちらも10^{-5}cm^2/Vs程度の値を示した。図5は正孔移動度の重合開始剤の濃度依存性を示した結果である。Poly-DHTBOXはどちらも硬化処理後の値であ

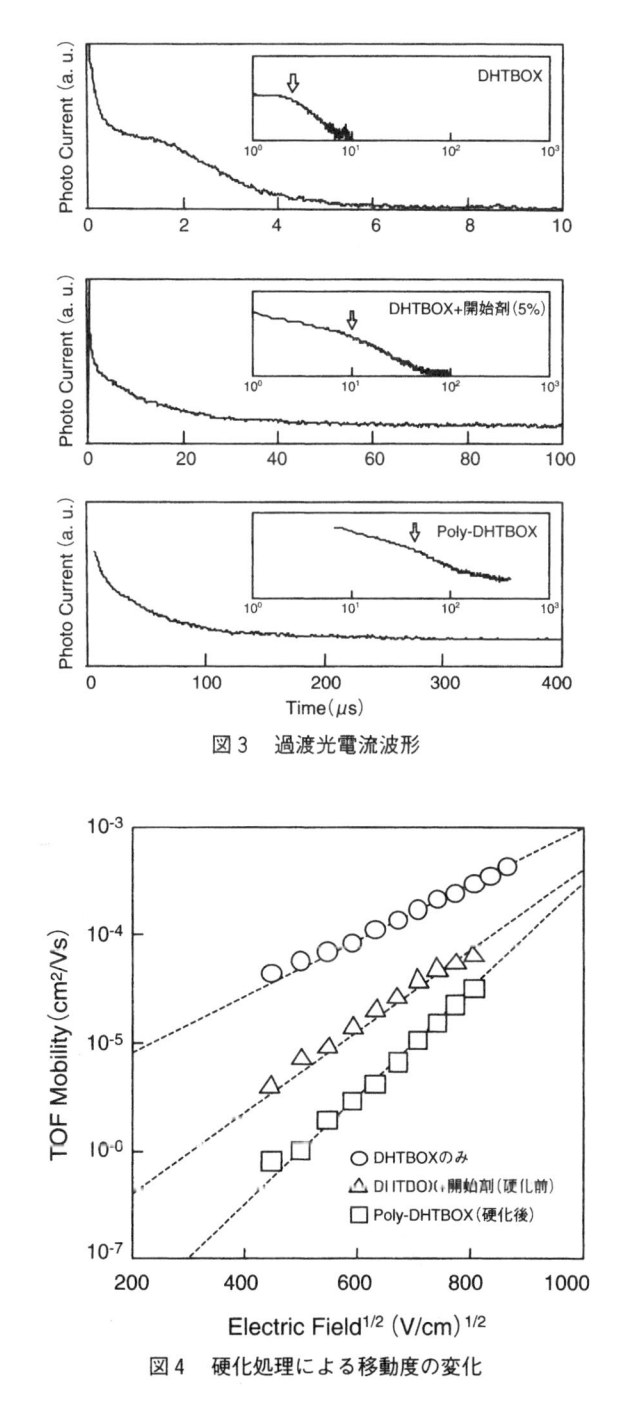

第 11 章 光硬化型正孔輸送材料を利用した高分子有機 EL 素子の高効率化

図 3 過渡光電流波形

図 4 硬化処理による移動度の変化

る。開始剤濃度の低下に従って移動度が向上しており，開始剤濃度を 2 ％に抑えることで 10^{-4}cm^2/Vs 程度の高い移動度を保持できることが分かった。

図5 移動度の開始剤濃度依存性

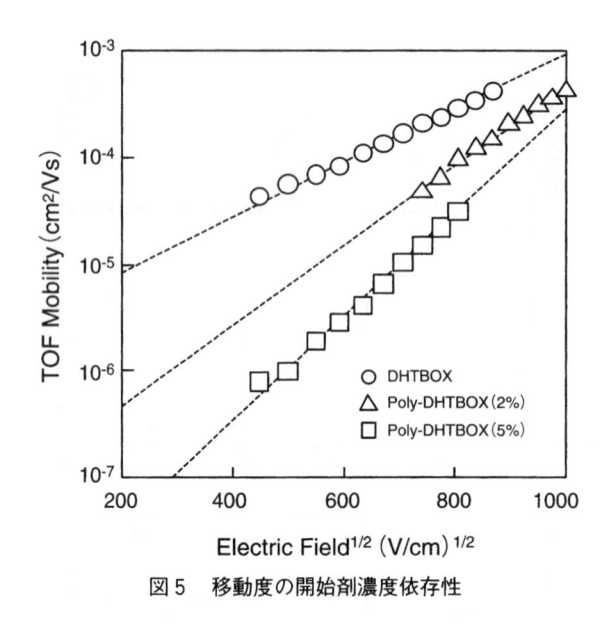

3.2 反応開始剤のドーピング効果

　TOF 測定により poly-DHTBOX のキャリア移動度を見積もった結果，重合開始剤はキャリアトラップとなり，正孔移動度を低下させることが分かった。しかし，実際に poly-DHTBOX 薄膜の I–V 特性を測定した結果，開始剤濃度が高いほど低電圧化する変化が観察された（図6 a)）。素子構造は ITO/poly-DHTBOX or DHTBOX(50 nm)/Al とし，開始剤を加えない DHTBOX（0 %）と重合開始剤濃度を 1～10 % で変化させた poly-DHTBOX をスピンコートにより形成した。開始剤濃度 0 % の DHTBOX 薄膜は，TOF 測定の結果では最も高い正孔移動度を示していたにも関わらず，非常に大きな動作電圧を必要とした。それに対して poly-DHTBOX 薄膜では動

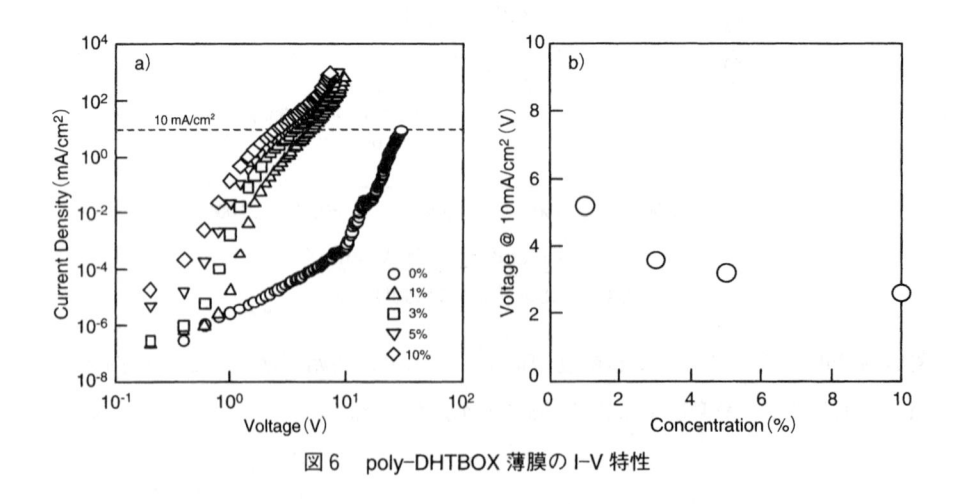

図6　poly-DHTBOX 薄膜の I–V 特性

第11章 光硬化型正孔輸送材料を利用した高分子有機EL素子の高効率化

作電圧が非常に大きく低電圧化した。この変化は重合開始剤の濃度に依存しており，TOF測定の結果とは逆の傾向を示すことが分かった。図6 b）は $10\,\mathrm{mA/cm^2}$ における電圧を開始剤濃度に対してプロットした結果であるが，開始剤濃度の増加に従い電圧が5Vから2.5Vへ低電圧化している。開始剤濃度0％（DHTBOX薄膜）では $9\,\mathrm{mA/cm^2}$ が最大電流密度であり，そのときの電圧は30Vに達していた。

低電圧化の要因として，重合開始剤がpoly-DHTBOXのトリフェニルアミン骨格に対するドーパントとなっている可能性が挙げられる。これまでに報告されているように，トリフェニルアミン骨格はアクセプタの添加によって高い導電性を発現することが知られている[3~6]。アクセプタのドーピングにより薄膜中のキャリア密度の増加し，電極とよりオーミックな接合を取ることができるようになるためと解釈されている[7]。このアクセプタドーピングの手法は有機EL素子において正孔注入層に用いられている技術でもあり，トリフェニルアミン骨格を有する高分子系の材料においても同様の現象が報告されている[3,4]。今回のケースでは，重合開始剤がアクセプタとして働きpoly-DHTBOX薄膜の導電性を高めていると考えられる。

以上の結果から，重合開始剤がpoly-DHTBOX薄膜のキャリア輸送性に大きな影響を及ぼしていることが分かった。開始剤はキャリアトラップとなるため移動度を低下させるが，同時にpoly-DHTBOXに対してアクセプタとして働くためpoly-DHTBOX薄膜の導電性を大きく高める働きがある。開始剤はこの2つの変化を引き起こすが，後者のドーピング効果の方が薄膜の導電性に大きく寄与しており，結果としてpoly-DHTBOX薄膜は高い導電性を発現する。

4　高分子有機EL素子の試作・評価

4.1　正孔注入層としての性能

Poly-DHTBOX薄膜は高いキャリア輸送性を有していることが分かった。Poly-DHTBOXを用いて高分子有機EL素子を作製しEL特性を評価した。図7は作製した高分子有機EL素子の構造と発光材料の分子構造およびELスペクトルを示したものである。DHTBOXと重合開始剤（1～10％）をクロロホルムに溶解させスピンコート成膜し，UV光照射・加熱処理により硬化しpoly-DHTBOX層を形成した。正孔注入層（HIL）としての性能を比較するため，PEDOT:PSSをHILとした素子も作製した。発光層はポリフルオレン系緑色発光材料のADS 125 GEをスピンコートし，Ba/Al陰極をマスク蒸着により形成した。

図8はpoly-DHTBOXをHILとした高分子有機EL素子が示した電圧—輝度特性と電流密度—外部量子効率をプロットしたものである。PEDOT:PSSと比較するとpoly-DHTBOXでは駆動電圧が0.5～2V程度上昇したものの，最大輝度が $6000\,\mathrm{cd/m^2}$（PEDOT:PSS）から $13000\,\mathrm{cd/m^2}$

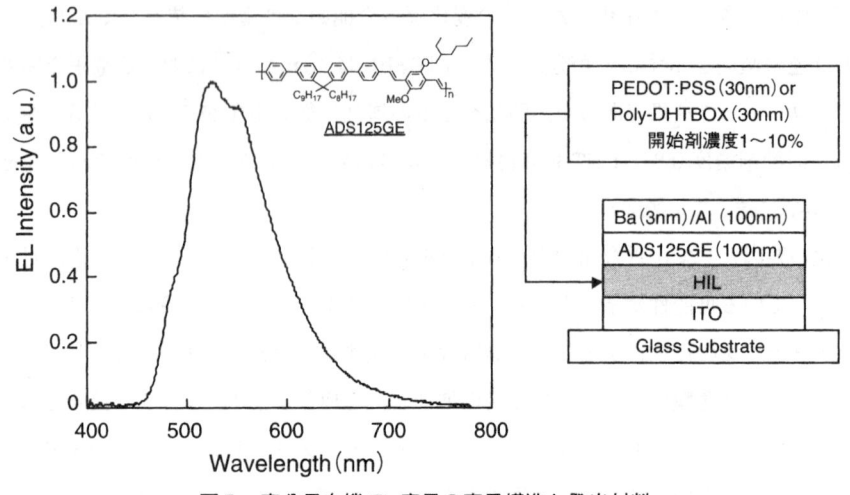

図7 高分子有機EL素子の素子構造と発光材料

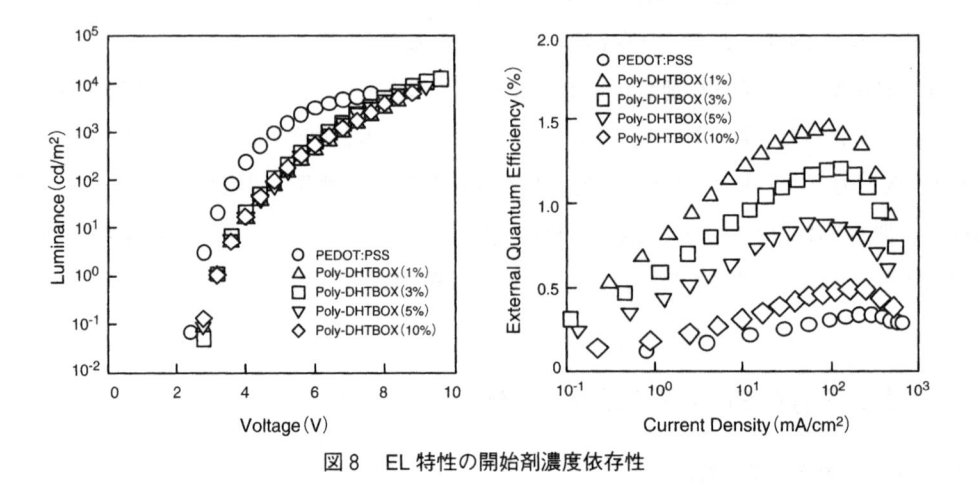

図8 EL特性の開始剤濃度依存性

(poly-DHTBOX) へと約2倍に向上する結果が得られた。Poly-DHTBOX を用いることで素子のキャリアバランスが向上したためと考えられる。また、電圧—輝度特性において開始剤濃度による特性の変化はほとんど見られなかったが、素子の外部量子効率は開始剤濃度に依存して大きく変化した。開始剤濃度が低いほど外部量子効率は上昇し、開始剤濃度10％で外部量子効率が0.5％程度であったものが1％では外部量子効率1.5％と3倍程度まで向上した。PEDOT:PSSは0.3％程度の外部量子効率であり、この結果も poly-DHTBOX によってキャリアバランスが改善されていることを示している。開始剤濃度の上昇に伴って外部量子効率が低下した要因として、重合開始剤が発光層で生じる励起子の消光サイトとなっている可能性が挙げられる。Poly-DHTBOX は PEDOT:PSS と比較すると駆動電圧が0.5〜2V程度上昇してしまうものの、外部量

第11章 光硬化型正孔輸送材料を利用した高分子有機EL素子の高効率化

子効率が0.3％から1.5％（開始剤濃度1％）へ大きく改善されるため，1000 cd/m^{2}におけるパワー効率で換算するとpoly-DHTBOXの方が3倍高く2 lm/Wとなり，HILとして高い性能を有していることが分かった。

4.2 積層構造による高効率化

Poly-DHTBOX薄膜は重合・硬化するため積層型の高分子有機EL素子の作製が可能になる。蒸着法により作製された低分子有機EL素子では機能分離された有機層の積層によって高効率化を達成している。また，高分子系の有機EL素子においてもPEDOT:PSSと発光層の間にインターレイヤーを挿入し，多層化を図ることで高効率化できることが報告されている[8,9]。高効率化のためにpoly-DHTBOXを正孔輸送層（HTL）に用いた積層型の高分子有機EL素子を作製した。発光材料には先ほどのADS 125 GEを使用し，poly-DHTBOXの硬化条件は開始剤濃度1％で行った。PEDOT:PSS(HIL)，poly-DHTBOX(HIL)，PEDOT:PSS(HIL)/poly-DHTBOX(HTL)の3つの素子を作製しEL特性を比較した結果が図9である

Poly-DHTBOXをHTLとした積層構造の素子は，Poly-DHTBOXをHILとした素子よりも動作電圧が低電圧化し，かつ最大輝度がHTLを持たない場合（PEDOT:PSS）の約3倍の18000 cd/m^{2}と非常に大きく特性が向上した。Poly-DHTBOXをHILとした場合と比較すると，外部量子効率は1.5％から2.2％へ，1000 cd/m^{2}におけるパワー効率は2 lm/Wから2倍の4 lm/Wへ向上した。Poly-DHTBOXをHTLとして導入することで，Poly-DHTBOXをHILとした場合よりもキャリアバランスの向上により大きな効果があることを示している。

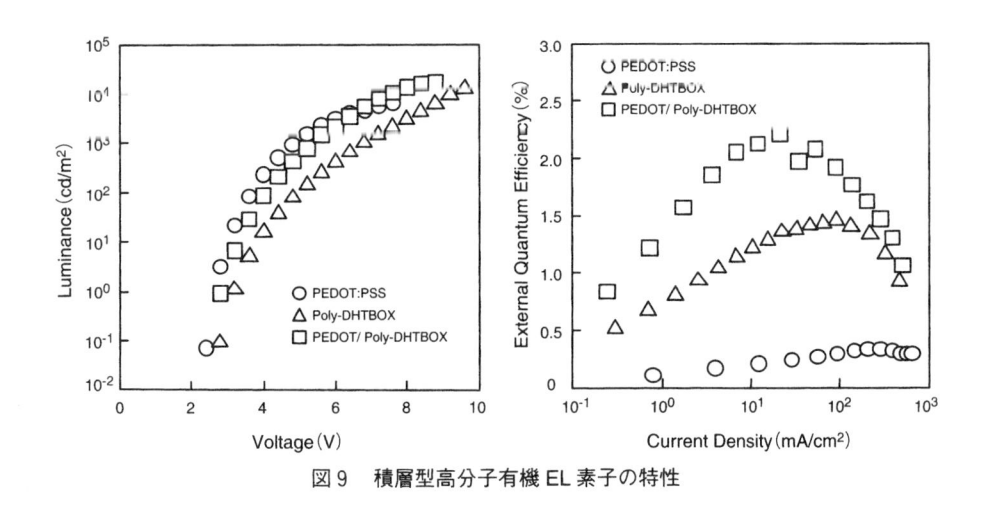

図9　積層型高分子有機EL素子の特性

5　まとめ

　光硬化型正孔輸送材料である poly-DHTBOX のキャリア輸送性の評価と，それを用いた高分子有機 EL 素子の高効率化について述べた。重合開始剤は poly-DHTBOX へのアクセプタとして働き，薄膜の導電性が大きく向上することが分かった。また，HTL に poly-DHTBOX を用いた積層型高分子有機 EL 素子では，外部量子効率，パワー効率共に大きく改善され，Poly-DHTBOX の導入がキャリアバランスの改善に非常に効果的であることが分かった。

謝　辞

　ここで述べた結果は東亞合成株式会社との共同研究の成果であり，材料合成においてご尽力頂いた関係者各位に心よりお礼申し上げます。

文　献

1) C. David Muller et al., Nature, **421**, 829 (2003)
2) H. Becker et al., SID 03 DIGEST, 1286 (2003)
3) A. Yamamori et al., Appl. Phys. Lett., **72**, 2147 (1998)
4) A. Yamamori et al., J. Appl. Phys., **86**, 4389 (1999)
5) X. Zhou et al., Appl. Phys. Lett., **78**, 410 (2001)
6) J. Endo et al., Jpn. J. Appl. Phys., **41**, L 358 (2002)
7) W. Gao et al., J. Appl. Phys., **94**, 359 (2003)
8) W. Su et al., SID 05 DIGEST, 1871 (2005)
9) J. Li et al., Extended Abstracts of the 2005 International Conference on Solid State Devices and Materials, Kobe, p 956 (2005)

第12章　有機／有機界面の相互作用

松本直樹[*1]，西山正一[*2]，安達千波矢[*3]

1　はじめに

　有機EL素子の構造は1987年のTangらによる報告以来[1]，電荷輸送層（正孔輸送層，電子輸送層）と発光層とを組み合わせた積層構造が広く採用されている。ラジカル種（ラジカルカチオン，ラジカルアニオン）や励起子のような活性な分子が絶えず生成している有機EL素子において，異分子が接触している有機／有機界面では様々な相互作用が存在し得る。また，有機／有機界面での化学的，物理的な相互作用が有機EL素子の発光効率や耐久性に影響を及ぼすことは想像に易い。

　有機／有機界面における相互作用として，例えば，電子ドナー分子と電子アクセプター分子間のExciplex形成が挙げられる。Exciplexとは励起状態分子と基底状態分子の電荷移動相互作用により形成する錯体であり $[D^*(A^*)+A(D)\rightarrow(D^+A^-)^*]$，その発光は励起状態分子からの発光より長波長に現れるのが特徴である。有機EL素子において電子ドナー分子，電子アクセプター分子とはそれぞれ正孔輸送材料，電子輸送材料にあたり，正孔輸送層／発光層／電子輸送層から構成される素子では，発光材料が強い電子ドナー性若しくは強い電子アクセプター性を有する場合，何れかの界面でExciplexを形成する可能性がある。これまでに，発光スペクトルが変化するExciplexの特徴を利用した白色発光素子[2~4]や，カラーチューニング[5~8]に関する報告例もあるが，一般的にはEL発光効率の低下原因となるため，Exciplex形成は回避することが好ましい。

　これまでに著者らは，様々な正孔輸送材料を用いてAlq$_3$とのExciplex形成について解析してきた[9,10]。本稿では，正孔輸送材料とAlq$_3$のExciplex形成とその発光特性，またExciplex形成が素子特性に及ぼす影響について述べる。

---

*1　Naoki Matsumoto　東ソー㈱　南陽研究所　ファインケミカルグループ
*2　Masakazu Nishiyama　東ソー㈱　南陽研究所　ファインケミカルグループ
　　　　主任研究員
*3　Chihaya Adachi　九州大学　未来化学創造センター　教授

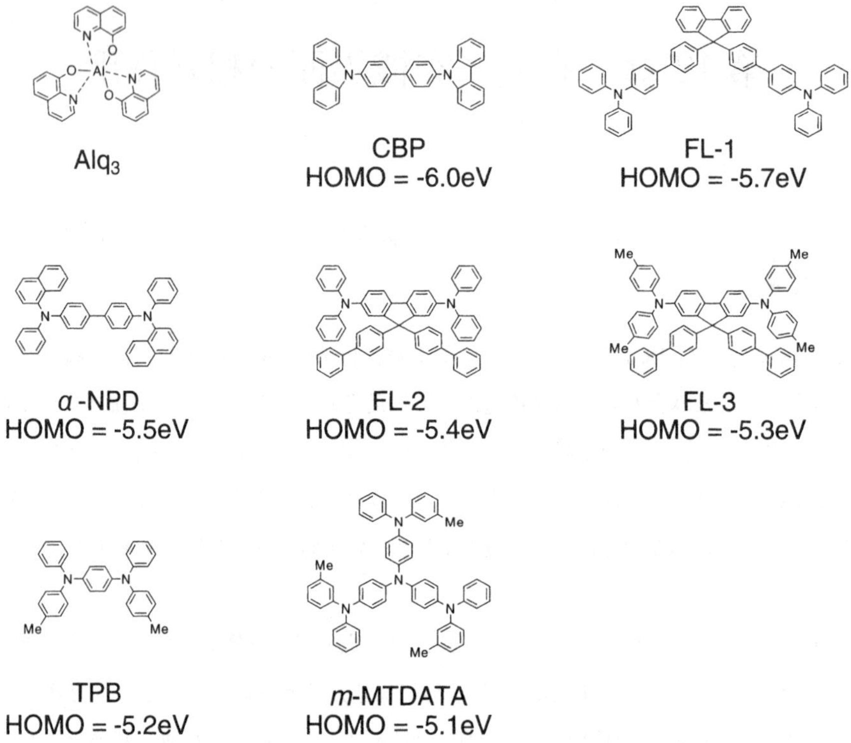

図1　使用した材料の分子構造とHOMOレベル

　本検討で使用した材料の分子構造およびHOMOレベルを図1に示す。電子ドナー材料としてHOMOレベルが−5.1 eVから−6.0 eVの正孔輸送材料（HTM）を選択した。FL-1，FL-2，FL-3はこれまでに著者らが開発したフルオレン系HTMであり，本材料は，130℃以上のガラス転移温度を有し，9,9位のビフェニル基の効果により高いアモルファス性を有する材料である。図1に示したHTMの中で，m-MTDATA[5]はAlq$_3$とExciplexを形成することがすでに報告されている。

2　Alq$_3$と正孔輸送材料のExciplex形成

2.1　Alq$_3$：HTM共蒸着膜のPL特性

　Alq$_3$とHTMのExciplex形成およびその発光特性について，Alq$_3$：HTM共蒸着膜のPL特性から解析した。ここで使用したHTMのエネルギーギャップはいずれもAlq$_3$より大きく，HTMの励起エネルギーはAlq$_3$に移動する。つまり，HTM媒体中でのAlq$_3$のPL特性を解析することが可能である。50 mol%-Alq$_3$：HTM共蒸着膜のPL特性（PLスペクトル，PL量子収率，PL減衰曲

第12章 有機／有機界面の相互作用

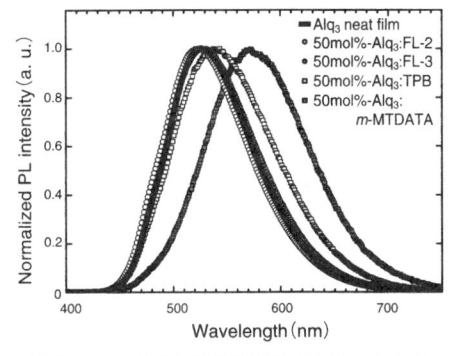

図2　Alq$_3$:HTM共蒸着膜のPLスペクトル

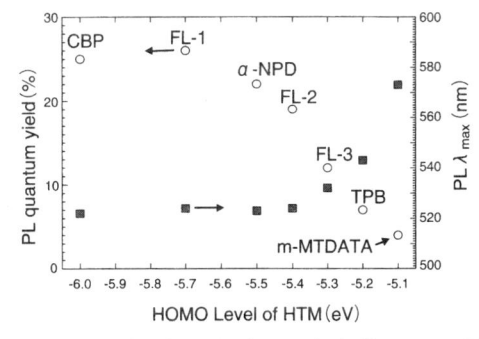

図3　HTMのHOMOレベルとΦ$_{PL}$およびPLλ_{max}の関係

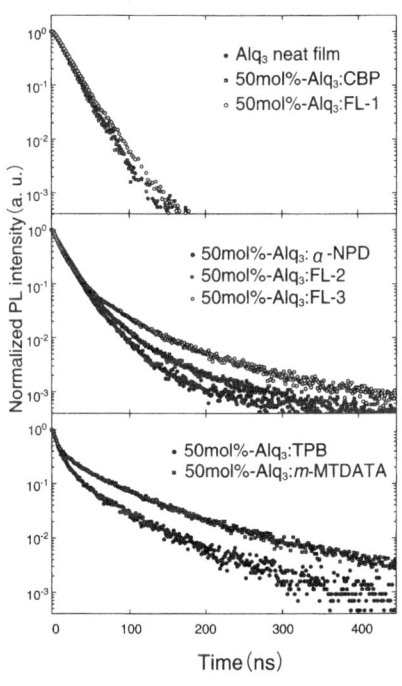

図4　Alq$_3$:HTM共蒸着膜のPL減衰曲線

線）を以下に示す。

図2はAlq$_3$：m-MTDATA，TPB，FL-3，FL-2共蒸着膜およびAlq$_3$ニート膜のPLスペクトルである。前述の通り，Alq$_3$とm-MTDATAの共蒸着膜ではExciplex形成に起因するスペクトルの長波長シフトが確認された。また，m-MTDATAと比較するとその差は小さいが，TPB，FL-3のスペクトルも長波長シフトした。

図3には50 mol%-Alq$_3$：HTM共蒸着膜のPL量子収率（Φ$_{PL}$）およびPL極大波長（λ_{max}）とHTMのHOMOレベルの関係を示す。Φ$_{PL}$およびλ_{max}は共にHTMのHOMOレベルに依存し，Φ$_{PL}$は，HTMのHOMOレベルが－5.5 eVより浅い領域で低下し，λ_{max}は－5.3 eVより浅い領域で長波長化した。Φ$_{PL}$の低下はExciplex形成に伴うAlq$_3$の消光に起因すると考えられ，HTMのHOMOレベルが浅いほどExciplex形成の速度定数が大きくなっていると予想される。しかしながらΦ$_{PL}$が低下したHTMの中で，α-NPDおよびFL-2はスペクトルが変化しておらず，この結果のみでExciplexを形成しているとは言い難い。そこで，ストリークカメラを用いて過渡発光特性を解析した。

図4に50 mol%-Alq$_3$：HTM共蒸着膜のPL減衰曲線を示す。CBP，FL-1はAlq$_3$ニート膜と

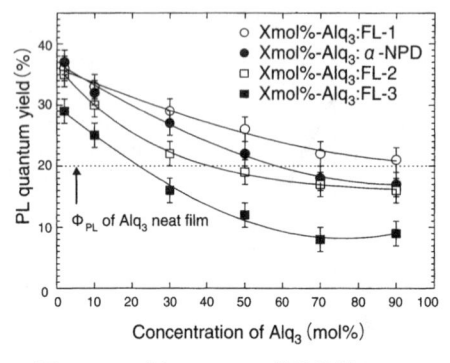

図5　Xmol%-Alq₃:HTM共蒸着膜のΦ_PL

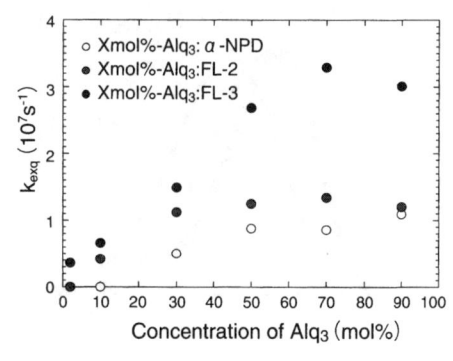

図6　Exciplex形成に伴うAlq₃の消光の速度定数

同様 single exponential で発光が減衰するのに対し，α-NPD，FL-2，FL-3 および TPB では，Exciplex を形成する m-MTDATA と同じく，寿命の長い発光成分が観測された。本結果から，寿命の長い発光成分は Exciplex 発光に由来し，スペクトルが変化しなかった α-NPD および FL-2 についても Alq₃ と Exciplex を形成していると考えられる。

次に，Alq₃ の濃度を変化させた際の発光特性について述べる。HTM には FL-2 および FL-3 を用いた。Φ_{PL} の Alq₃ 濃度依存性を図5に示す。Alq₃ と Exciplex を形成しない FL-1 中では，何れの Alq₃ 濃度においても Alq₃ ニート膜の Φ_{PL}（20 %）より高い値を示した。これは，Alq₃ を FL-1 中に分散することにより濃度消光が緩和されたためである。一方 α-NPD，FL-2 および FL-3 中での Φ_{PL} は，Alq₃ 濃度が高い領域で Alq₃ ニート膜の Φ_{PL} を下回った。図6に Alq₃ 濃度と Exciplex 形成に伴う Alq₃ の消光の速度定数（k_{exq}）の関係を示す。k_{exq} は α-NPD，FL-2 および FL-3 中での Alq₃ の発光寿命（$\tau_{Alq_3:HTM}$）と Exciplex を形成しない FL-1 中での Alq₃ の発光寿命（$\tau_{Alq_3:FL-1}$）を用いて求めた（$k_{exq}=1/\tau_{Alq_3:HTM}-1/\tau_{Alq_3:FL-1}$）。$k_{exq}$ は HTM の HOMO レベルと Alq₃ の濃度に依存し，HTM の HOMO レベルが浅く，Alq₃ の濃度が高いほど大きな値を示すことが明らかになった。

2.2 Alq₃:HTM 共蒸着膜の電界下での PL 特性

Exciplex 形成および Exciplex 発光が電界の影響を受けることはよく知られている[11〜17]。そこで Alq₃:HTM 共蒸着膜についても，電界下での PL 特性および Exciplex の形成挙動を確認した。ITO/90 mol%-Alq₃:HTM（50 nm）/MgAg/Ag 素子を作製し，逆バイアス印加時の PL 特性について解析を行った。励起光として窒素ガスレーザーを ITO 側から照射し，PL 特性解析にはストリークカメラを用いた。HTM には FL-1，α-NPD，FL-2，FL-3，TPB および m-MTDATA を用いた。90 mol%-Alq₃:HTM 膜および Alq₃ ニート膜に 0 から 1.0 MV/cm の電界を印加した際の PL 強度変化を図7に示す。HTM をドープしない ITO/Alq₃（50 nm）/MgAg/Ag 素

第12章 有機／有機界面の相互作用

図7 Φ_{PL} の電界依存性

図8 蛍光寿命の電界依存性

図9 90 mol%-Alq_3：m-MTDATA の PL 減衰曲線

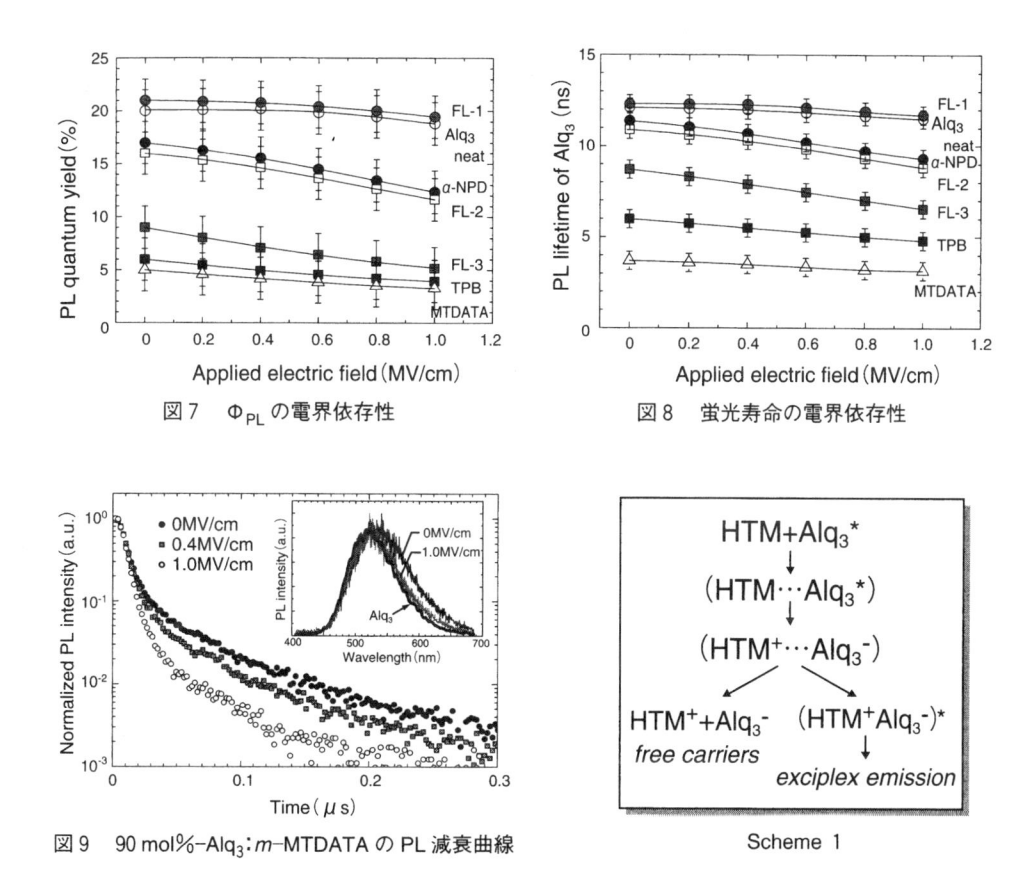

Scheme 1

子では，0.8 MV/cm 以上の電界強度で PL 強度の僅かな低下が確認された。Alq_3 ニート膜における PL の電界消光は，電界によって Alq_3 励起子がラジカルイオン対を形成し，電荷分離するためである[18, 19]。Exciplex を形成しない Alq_3：FL-1 共蒸着膜の電界消光は Alq_3 ニート膜と同様の挙動を示した。一方，Exciplex を形成する Alq_3：HTM の共蒸着膜では低電界域から PL の消光が確認された。図8には Alq_3 の蛍光寿命の電界依存性を示す。Exciplex を形成する α-NPD，FL-2，FL-3，TPB および m-MTDATA については Alq_3 の蛍光寿命成分をプロットしている。蛍光強度と同様，蛍光寿命の電界依存性は Exciplex 形成の有無に応じて異なる挙動を示した。

ここで，電界による Alq_3 の消光のメカニズムについて考察する。Alq_3 ニート膜および Alq_3：FL-1 共蒸着膜の Φ_{PL} および蛍光寿命から，Alq_3 の放射失活速度定数は電界強度によらず一定であった。従って Exciplex を形成する Alq_3：HTM 共蒸着膜における特異な電界消光現象は，HTM から Alq_3 励起子への分子間電子移動が電界によって加速されたためであると考えられる。また，図9には Alq_3：m-MTDATA 膜における PL スペクトルおよび PL 減衰曲線の電界依存性を示す。電界強度の増加に伴い，Exciplex の発光強度（長波長成分）が減少することがわかった。Alq_3：HTM 共蒸着膜の Exciplex 形成および電荷分離の過程は Scheme 1 のように示される。電

界下での Exciplex の発光強度は,Exciplex に隣接するキャリア輸送可能なドナーおよびアクセプター濃度によって変化することが知られており[11,13~16],Exciplex の周囲にキャリア輸送が可能な分子が存在する本系では,ラジカルイオン対の電荷分離も促進されていると考えられる。

以上,電界下での PL 特性解析により,Alq_3 と HTM の Exciplex 形成の有無を明確にすることができた。また,Exciplex を形成する Alq_3:HTM 共蒸着膜の電界消光現象は,電界による HTM から Alq_3 励起子への電子移動の促進とラジカルイオン対の電荷分離の促進に起因していることがわかった。

3 HTM/Alq_3 素子の特性

HTM と Alq_3 の Exciplex 形成が有機 EL 素子特性に及ぼす影響を明らかにするために,以下に示す 2 種の素子を作成した。

Ⅰ:ITO/CuPc(20 nm)/HTM(30 nm)/Alq_3(50 nm)/MgAg(100 nm)/Ag(10 nm)

Ⅱ:TO/CuPc(20 nm)/FL-1(30 nm)/EML(20 nm)/BCP(10 nm)/Alq_3(20 nm)/MgAg(100 nm)/Ag(10 nm)

素子Ⅰでは HTM 層と Alq_3 層の界面における Exciplex 形成の影響,素子Ⅱでは EML に 90 mol%-Alq_3:HTM を用い,Alq_3 と HTM が混合された状態での Exciplex 形成の影響をそれぞれ確認した。

FL-1,α-NPD,FL-2 および FL-3 を正孔輸送層に用いた素子Ⅰの $J-\eta_{ext}$ 特性を図10に示す。FL-2 および FL-3 を HTM として用いた素子の外部量子効率(η_{ext})は FL-1 および α-NPD を HTM として用いた素子と比較して低い値を示した。FL-2 および FL-3 を用いた素子における η_{ext} の低下は,HTM/Alq_3 界面で生成した Alq_3 励起子と基底状態の FL-2 および FL-3 が Exciplex を形成したためであると考えられる。また,EL スペクトルは何れの素子も同一であり,スペクトルの変化を殆ど伴わないという点は,Alq_3:FL-2,FL-3 共蒸着膜の PL 特性と同様の結果を与えた。一方,α-NPD は Alq_3 との共蒸着膜において Exciplex を形成し,Φ_{PL} の低下を示したが,α-NPD/Alq_3 素子では η_{ext} の低下は見られなかった。

ここで,α-NPD/Alq_3 素子において Exciplex 形成に伴う η_{ext} の低下が観測されなかった理由としては次の2点が考えられる。①α-NPD 層と Alq_3 層の界面では Exciplex をほとんど形成していない。②Alq_3 の励起子が α-NPD 層と Alq_3 層の界面から離れた位置で生成している。①については2.1項の図6で示した通り,α-NPD は Alq_3 の濃度が低い状況では Exciplex 形成の速度定数が小さい。従って,α-NPD 層と Alq_3 層の界面では接触面積が小さく,ほとんど Exciplex を形成していない可能性がある。また,HTM の HOMO レベルによって Alq_3 への正孔注入特性

が変化し，②に示したように励起子の生成サイトがシフトしていることも考えられる。

図11に素子IIの$J-\eta_{ext}$特性を示す。EMLには90 mol%-Alq$_3$：FL-1，α-NPD，FL-2共蒸着膜およびAlq$_3$を用いている。素子Iではα-NPDとAlq$_3$の間にExciplex形成は確認されなかったが，90 mol%-Alq$_3$：α-NPD，FL-2共蒸着膜を発光層とする素子においてExciplex形成が原因と考えられるη_{ext}の低下が確認された。つまり，α-NPDもAlq$_3$と混合した状態ではExciplexを形成することが明らかとなった。

図11の挿入図には90 mol%-Alq$_3$：m-MTDATAを発光層とする素子IIのELスペクトルを示している。Exciplex形成により発光は長波長にシフトしているが，印加電圧（8～12 V）によるスペクトルの変化は小さく，本素子構成では電界によるExciplex発光の消光は僅かであることが確認された。従って，Exciplex形成に伴う素子IIのη_{ext}の低下原因は，Exciplexの電荷分離よりもExciplex形成によるAlq$_3$の発光量子収率低下の寄与が大きいと考えられる。

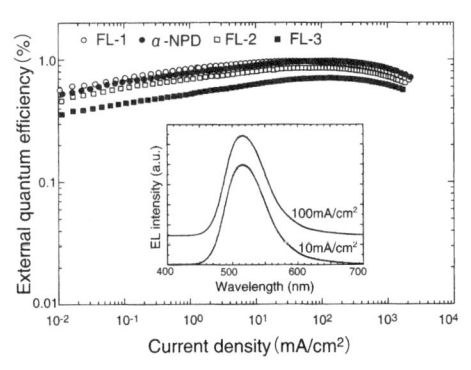

図10　素子Iの$J-\eta_{ext}$特性とELスペクトル 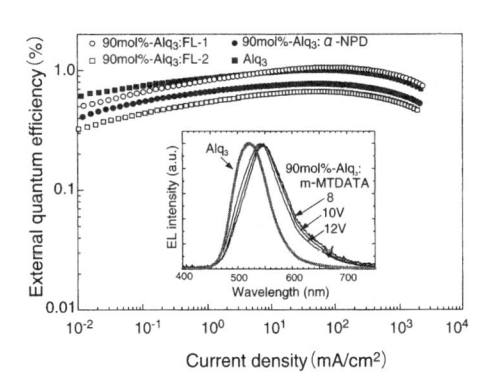　　図11　素子IIの$J-\eta_{ext}$特性とELスペクトル

4　おわりに

有機／有機界面の相互作用として正孔輸送材料とAlq$_3$のExciplex形成に着目して述べてきた。従来，Exciplexとは強い電子ドナー分子と強い電子アクセプター分子の間に見られる相互作用であると認識されているが，本稿では発光スペクトルが殆ど変化せず，Exciplexを形成しているか否かの判断が困難な分子の組み合わせが存在することを示した。このような相互作用は有機EL素子を作製して素子特性を評価するだけでは見逃す可能性もある。材料開発を進める際には，材料自身の特性評価は勿論のこと，材料が接する界面での相互作用についても目を向けることが重要であると考える。

文　　献

1) C. W. Tang and VanSlyke, *Appl. Phys. Lett.*, **51**, 913 (1987)
2) C.-L. Chao and S.-A. Chen, *Appl. Phys. Lett.*, **73**, 426 (1998)
3) M. Berggren, G. Gustafsson and O. Inganäs, *J. Appl. Phys.*, **11**, 7530 (1994)
4) J. Feng, F. Li, W. Gao, S. Liu, Y. Liu and Y. Wang, *Appl. Phys. Lett.*, **78**, 3947 (2001)
5) K. Itano, H. Ogawa and Y. Shirota, *Appl. Phys. Lett.*, **72**, 636 (1998)
6) K. Okumoto and Y. Shirota, *J. Lumin.*, **87-89**, 1171 (2000)
7) T. Noda, H. Ogawa and Y. Shirota, *Adv. Mater.*, **11**, 283 (1999)
8) J. A. Osaheni and Jenekhe, *Macromolecules*, **27**, 739 (1994)
9) 松本，西山，安達，第67回応用物理学会学術講演会, 31 a-ZV-7 (2006)
10) 松本，西山，高橋，安達，第54回応用物理学関係連合講演会, 29 p-P 7-19 (2007)
11) M. Yokoyama, Y. Endo and H. Mikawa, *Chem. Phys. Lett.*, **34**, 597 (1975)
12) H. Sakai, A. Itaya and H. Masuhara, *J. Phys. Chem.*, **93**, 5351 (1989)
13) N. Ohta, M. Koizumi, Y. Nishimura, I. Yamazaki, Y. Tanimoto, Y.Hatano, M. Yamamoto and H. Kono, *J. Phys. Chem.*, **100**, 19295 (1996)
14) N. Ohta, T. Kanada, I. Yamazaki and M. Itoh, *Chem. Phys. Lett.*, **292**, 535 (1998)
15) T. Kanada, Y. Nishimura, I. Yamazaki and N. Ohta, *Chem. Phys. Lett.*, **332**, 442 (2000)
16) T. Iimori, T. Yoshizawa, T. Nakabayashi and N. Ohta, *Chem. Phys.*, **319**, 101 (2005)
17) J. Kalinowski, M. Cocchi, D. Virgili, V. Fattori and J. A. G. Williams, *Chem. Phys. Lett.*, **432**, 110 (2006)
18) W. Stampor, J. Kalinowski, P. Di Marco and V. Fattori, *Appl. Phys. Lett.*, **70**, 1935 (1997)
19) J. Szmytkowski, W. Stampor, J. Kalinowski and Z. H. Kafafi, *Appl. Phys. Lett.*, **80**, 1465 (2002)

第13章 電極／有機界面制御

坂上 恵*

1 電極／有機界面の重要性

　高性能の有機EL素子を得るためには，有機材料の選択に加え，陽極からホールを，陰極から電子を有機発光層に，如何に効率よく安定に注入するかというところが素子構成上での大きな課題となる。有機ELの電極としては，金属材料もしくはITOに代表される透明無機導電膜が用いられているが，これら無機材料と有機材料の界面を安定化させることは有機EL材料の持っているポテンシャルを引き出し，低消費電力で信頼性の高いデバイスを実用化するためには極めて重要である。例えば，陰極の仕事関数を小さくすると駆動電圧が低下していく[1]ことはよく知られている。また，よく知られたダークスポットは主として陰極のアルカリ金属類が水と反応し，有機層との界面を破壊することに起因する要因が大きい[2]。さらに，有機ELの大きな課題である駆動寿命の問題には，電極物質の拡散が関与[3]している可能性が指摘されている。

　このように，電極と有機の界面は有機EL素子の性能にとって重要な役割を持っており，その界面を制御しようという研究は現在も活発に行われている。

2 陽極における界面制御

　ボトムエミッション型（図1）では一般的に用いられるITOはその仕事関数が4.6～4.8 eV

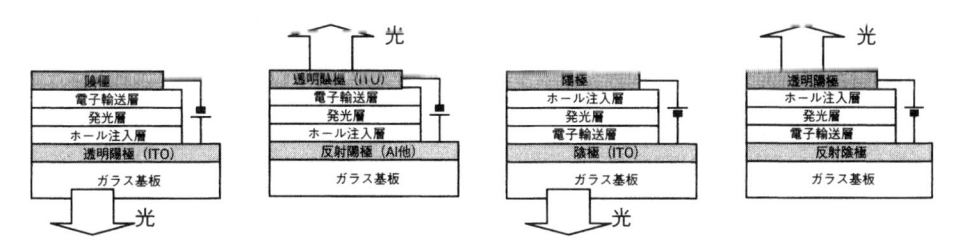

a)通常構造（ボトムエミッション）　b)通常構造（トップエミッション）　c)リバース構造（ボトムエミッション）　d)リバース構造（トップエミッション）

図1　有機EL素子の基本構造

---

* Kei Sakanoue　パナソニックコミュニケーションズ㈱　R&D統括グループ
　材料プロセス研究所

程度であり，一方，有機材料のイオン化ポテンシャルは，約5eVから大きなものでは6eV近いものまである．従って，ITOから有機層に効率よくホールを注入するためには，有機材料の選択以外では，ITOの表面を何らかの処理を施して仕事関数を大きくし，有機層に注入しやすくするか，ITO上に有機物，もしくは無機物からなるバッファー層を設け，そのイオン化ポテンシャル（仕事関数）が有機材料のそれに近くなるようにエネルギー障壁を調整する等の手段の探索が重要になる．その他，実用化の観点からはITOの表面形状の凹凸をなくしてショート等の問題をどう減らすかということも重要であるが，ここでは前者の問題を主に取り上げ種々の取り組みを紹介する．最近の研究では，ホール注入を効率よく行うための方策としては，ITOに種々の処理を行うことにより仕事関数を制御する，ITO上にホール注入層（無機，有機）を設け注入性を改善する，ホール注入層にドーピングをおこない導電性を有するp型構造として陽極とオーミックコンタクトをとる，ITOと共有結合する自己組織化膜（SAM膜）を設け注入性を改善する等の方法が検討されている．

2.1 ITOの表面処理

ITOを改質する試みは以前より多数なされており，仕事関数を大きくして有機層への注入効率を向上させる目的と，ITOの表面ラフネスを小さくしてショートによる素子へのダメージを低減する等の目的で行われている．

Wooら[4]はITO基板を酸素プラズマ処理することによって，発光効率や駆動寿命が延びることを報告している．また，MasonらはITOの表面をアニール処理，酸素グロー放電，UVオゾン処理等により改質し，仕事関数の変化が表面の酸素量と対応することを報告[5]している．ただし，時間とともに仕事関数が変化する[6]という課題も残している．井出らはITO基板をBr_2処理することによって仕事関数が5.8eVと大きくなり注入障壁が下がることを見出している[7]．

上記の方法を含め，現在では，ITO基板に何らかの処理を施すことは一般的になっている．

2.2 ホール注入層

ITOの表面処理によらずにホール注入性を向上させる方法として，ITOよりは大きく発光層よりは大きな仕事関数を有すホール注入材料をITO上に設け，有機発光材料へのホール注入バリアを小さくする方法がある．代表的なものとしては，低分子系においてはCuPc[8]や高分子系におけるPEDT-PSS[9,10]がある．

高分子系で一般的なPEDT-PSSは，ポリチオフェンをポリスチレンスルホン酸にて分散した酸性水溶液であり，有機溶媒を用いる発光材料との積層が可能であるため広く用いられている．しかしながら電子が注入されると分解しスルホン酸イオン等を放出して発光材料を分解させるこ

第13章 電極／有機界面制御

とが知られるようになり[11]，また，表面が水や酸素にふれると仕事関数が減少する等の課題が明らかになってきており[12]，酸性であることに由来するプロセス課題の解決も含め，改良[13,14]が活発に行われている。

一方，ITO 上に，仕事関数が ITO より大きい無機物層を設けることでホール注入性を向上させる試みが近年盛んになってきている。著者らのグループは，以前低分子系において ITO 上にアモルファスカーボンをスパッタすることにより，ホール注入性が向上し長寿命化することを見出した[15]。時任らは，ITO 上に 30 nm 厚の酸化モリブデン（MoO_x），酸化バナジウム（VO_x），酸化ルテニウム（RuO_x），のスパッタ膜をホール注入層として用いると駆動電圧が 2～3 V 低電圧化できることを見出している[16]。この要因としては，これらの酸化物薄膜の仕事関数が ITO (4.7 eV) よりも大きく (4.9～5.4 eV)，TPD (5.5 eV) へのホール注入が促進されたことによると考えられる。同様な例は最近も報告されておりホール注入層に CuPc を用いた場合より 5～10 倍の長寿命化が達成されている[17]。ITO 上に Pt の超薄膜層 (0.5 nm) を設けて TPD へのホール注入性を向上させた例もある[18]。

MoO_x は，蒸着で薄膜の形成がしやすいことや透明性が良いことから注目されている。著者らは，高分子 EL の系の系において ITO 上に設けた MoO_3 の蒸着膜が，通常用いられている PEDT に比べてホール注入を促進しかつ長寿命になることを示した[19,20]。ここで用いた MoO_3 蒸着膜は，as-depo では酸素欠損になっており，このことが良好なホール注入を示す要因と考えられるが詳細はまだわかっていない。J-H. Li 等[21]は，Al/PEDT:PSS/LEP/Cs_2O_3/Ca/Ag の系において，Al と PEDT:PSS の間に 3 nm の MoO_3 層を挿入したところ turn-on voltage が 4.2 v から 2.7 V へ低下した。MoO_3 の蒸着膜は，アモルファスであるが，加熱により結晶化し電子状態が変化する[22]ため結果の再現性には注意する必要がある。

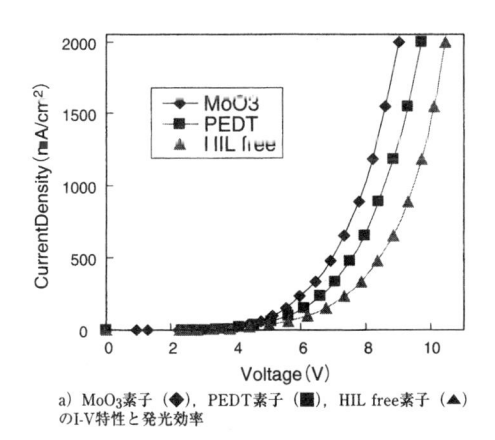

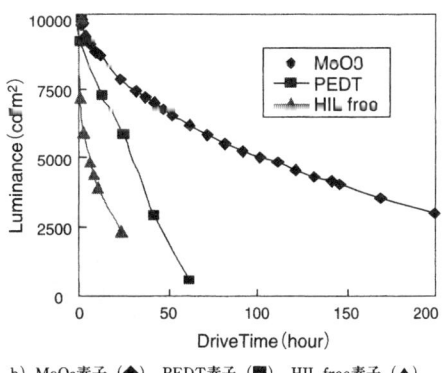

a) MoO_3素子（◆），PEDT素子（■），HIL free素子（▲）の I-V 特性と発光効率

b) MoO_3素子（◆），PEDT素子（■），HIL free素子（▲）の定電流寿命

図2　PEDT，MoO_3，をホール注入層として用いた高分子 EL 素子の特性
　　 a）I-V 特性，b）定電流寿命

MoO$_3$ の同族である WO$_3$ を低分子へ適用した研究がある[23]。ここでは，電子ビーム蒸着を用いているが，最適膜厚は 0.5 nm と，as depo では絶縁体として作用しているが，450 ℃に加熱すると結晶化が起こり半導体として作用し 1.5 nm が最適膜厚となる。いずれの場合も仕事関数が ITO より大きくなるためホール注入が促進される。

W. H. Hu らは ITO 上に 2 nm の Cu を蒸着し，酸素プラズマを施して CuO$_x$ を形成しこれをホール注入層をして用いたところ，駆動電圧が低電圧化することを示した[24,25]。ただし，厚膜化すると CuO$_x$ の吸収が大きくなってくるという問題がある。その他，低分子系に 2～3 nm 厚の Ir，Ru をスパッタし，酸素プラズマにて IrO$_x$，RuO$_x$ に酸化させた例[26,27]や NiO を適用した例[28,29]，PEDT;PSS に Ni，Cu，NiO 等のナノ粒子を混合した層に適用した例[30]など種々の試みがなされている。

これらの無機酸化物を ITO 上に設けることによりホール注入が促進されることは広く試みられているが，それらの酸化物薄膜はどのような電子物性を持っているのか，どの準位をホールが流れているか等の注入メカニズムはまだわかっておらず今後の検討課題である。また実用的には数 nm の厚みのコントロールは容易ではなく膜厚のばらつきにも対応可能な注入層の開発が必要である。

Leo のグループは，無機半導体デバイスで用いられている p-i-n 構造を有機 EL に適用する研究を精力的に進めている[31,32]。彼らは，ホール注入材料として知られている TDATA に強いアクセプターである F$_4$TCNQ をドープしたホール注入層を Alq$_3$ を発光層とした系に適用し大幅な低電圧化と高効率化を達成した（図 3）。これは，ドナーである TDATA と F$_4$TCNQ が C-T 錯体を形成し，非ドープの場合と比べて 2 桁以上導電性が向上しそのためにホール注入層にかかる電場の効果が小さいこと，電極との間に形成される薄い空間電荷層によってオーミックコンタクトが可能になりトンネル機構によって電荷が注入されるとしている。このような p-i-n 構造を有機 EL の系に適用することは興味深く今後の発展が期待される。

同様にアクセプタをドープした例としては，ITO 上に Mg（2.5 nm）および F$_4$TCNQ をドープ

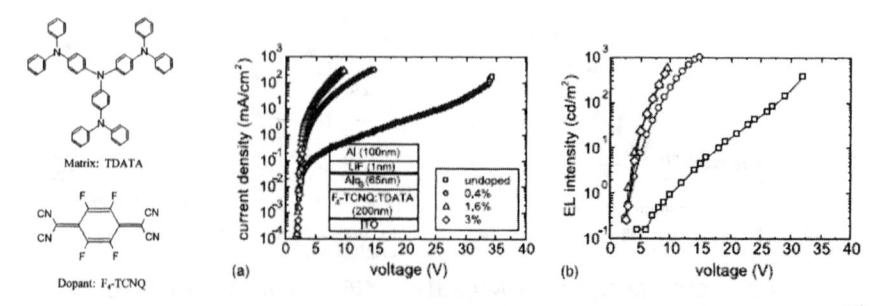

図 3 F$_4$TCNQ をドープした TDATA をホール注入層とした EL 素子の IV 特性と発光効率[31]

第13章 電極／有機界面制御

したNPBをホール注入調整バッファーとして導入し，Alq$_3$系をより高効率，長寿命化にした例があり[33]，その他に，フラーレン（C60）をITO上に25Å蒸着してホール注入が促進されることを示した例がある[34]。これは，元々強い電子アクセプターであるC60がITO，NPBとの間で電荷移動を起こし[35]実質的にITOの仕事関数が大きくなりホール注入が促進されたと考えられている。同様にHanらはAu/C60を陽極として用いた系でAu単独より大きくホール注入が改善され，従来より用いられてきた銅フタロシアニン（CuPc）やスターバーストアミンよりも低電圧側にシフトすることを示した[36]。

上記とは異なったアプローチとして，MarksのグループによるITO上にSAM膜を形成してホール注入を促進する研究がある[37〜41]。これは，ITO上にシリル化したトリフェニルアミンのプレカーサーをディップコートすることによってITOと共有結合させたホール注入層を形成し（図4），その後，通常の蒸着プロセスにて有機EL素子を作製する。これらのSAM膜を形成した素子はホール注入性が大きく向上し，発光輝度も9Vで7000 cd/m^{2}に到達している（図5）。これは，無機酸化物であるITOと有機物であるTPDとの界面を化学的な方法で制御した例と言える。

以上，陽極との界面制御技術としては種々の方法が提案されているが，量産化まで見据えた場合はロバストな設計，工法が可能であることが重要であり，今後この観点で技術が選択されていくであろう。

3 陰極との界面制御

有機ELにおいて陰極および陰極と有機層の界面を制御することは，低電圧化や信頼性を上で

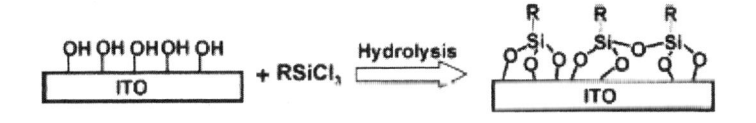

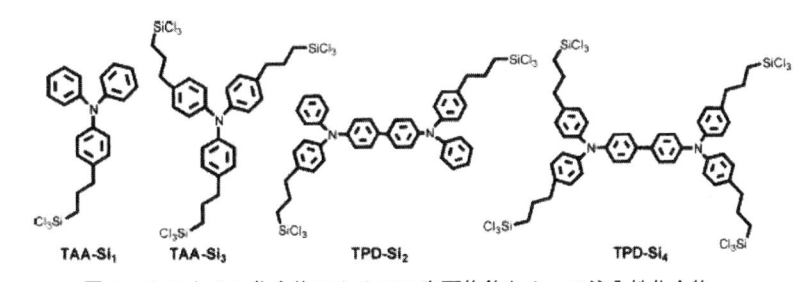

図4 シロキサン化合物によるITO表面修飾とホール注入性化合物

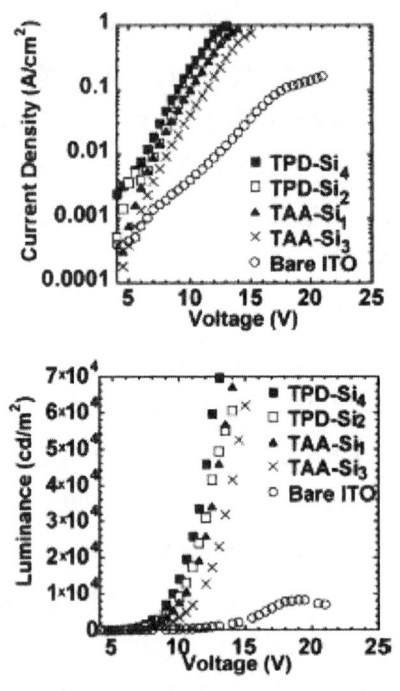

図5 SAM膜を用いたときのEL特性
(ITO/SAM/NPB/Alq:DIQA/BCP/Li/AgMg)

非常に重要である。陰極は有機層のLUMOに直接電子を注入する役割を持つが，冒頭に述べたように有機層のLUMOレベルが2～3 eVのところにあるため，材料としては不安定なアルカリ金属やアルカリ土類金属を用いなければならない。Tangらによるパイオニア的な仕事[42]は，Mgという低仕事関数の金属を陰極に用いたことが重要なポイントである。電子注入しやすい金属とは，酸化されやすいことを意味し，電子注入が容易で安定かつ有機層とも反応しない陰極材料を探索するのは容易ではない。過去には，種々のアルカリ土類金属の探索やLiとAlの合金等が提案されているが，現時点では，低分子系においてはLiF[43]が広く用いられている。LiFは蒸着プロセスにて扱いやすい陰極材料であるが，有機層との界面においてはLiFは分解してLiとして作用していることが示唆されている[44]。

一方，高分子材料系ではLiFよりはCa, Ba等のアルカリ土類金属が一般的に用いられており，LiFを用いるとむしろ電子注入性が劣る場合がある。これは，陰極と有機材料界面の相互作用が高分子材料では小さいことが示唆される。また塗布型を特徴としているため，低分子型のような積層型デバイスが作りにくいことも高分子系での電子輸送層の検討が少ない要因であろう。

低分子材料系において界面での相互作用を積極的に用いることで電子注入を促進しようという考えのもとに行ったのが，低分子系における電子輸送層へのアルカリ金属のドーピングである[45,46]。$POPy_2$にCsをドープした素子では3.9 Vで100 mAのI-V特性が得られている[46]（図

第13章 電極／有機界面制御

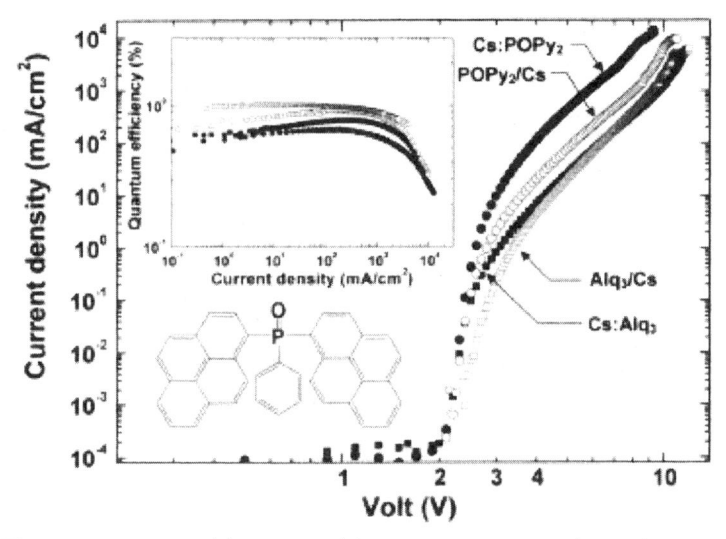

図6 Current density (J) vs voltage (V) characteristics of ITO (110 nm)/α-NPD (50 nm)/Alq$_3$ (30 nm)/ETL (20 nm)/Al (100 nm) devices with ETL (atom: molar ratio) =Cs:POPy$_2$ (1:2) [●] and Cs:Alq$_3$ (2:1) [■]. Control devices (CDs) are ITO (110 nm)/α-NPD (50 nm)/Alq$_3$ (30 nm)/ETL (20 nm)/Cs (0.5 nm)/Al (100 nm) with ETL=POPy$_2$ [○] and Alq$_3$ [□]. (Inset) External quantum efficiency (η_{ext}) vs Current density (J) characteristics of these devices and molecular structure of POPy

6）。上述の LiF 系とともに，アルカリ金属と有機材料との相互作用をうまく利用した系となっている。

Leo のグループでは，上述した p-i-n 構造の概念の具体例として電子輸送材料として，Bphen（4，7-diphenyl-1，10-phensnthroline）に Li または Cs を高濃度でドープし，ホール注入材料としては F$_4$TCNQ ドープ系を用い，さらに電子ブロッキング，ホールブロッキング層を設けることによって 2.9 V で 1000 cd/m^2 という低電圧で高輝度の EL 素子を得ており[47]，さらにこれをトップエミッション構造に適用している[48]。安達らはこれを発展させ，2.8 V で 10,000 cd/m^2 という低電圧駆動の EL 素子を得ている[49]。

近年は，有機 EL を用いたディスプレイの開発が加速されており，その駆動方式としてはアクティブ方式が主流になりつつある。従来のボトムエミッション型では基板上に設けた画素トランジスタにより有効発光面積が小さくなってしまうという欠点があり，その分，一画素あたりの発光強度を上げる必要が出てくる。そのために光を基板と反対側から取り出すトップエミッション方式の開発が活発になっている。トップエミッション方式には，基板側を陽極とする構造と，基板側を陰極とする構造（リバース構造）（図1）がある。どちらの構造をとるにせよ，有機材料が形成された後に，透明な上部電極を形成する必要があり，ITO や IZO 等をスパッタで形成しデバイスを形成しなければならない。一般に有機層の上からスパッタを行うと有機材料がダメージ

を受け,電子注入しにくくなる。そのため,バッファー層が設けられる。バッファー層としては,陰極金属を薄く蒸着して透過率はある程度を確保した上でITOスパッタ時のダメージを減らす方法がよく用いられる。この場合は金属による透過率のロスに加え,陰極による光の反射のために共振器と作用し,発光スペクトルが変化するという課題を内包している。これを解決するためには,反射光が少ない陰極の検討が必要になってくる。古くは,プリンストン大のForrestらによる銅フタロシアニン（CuPc）上にITOをスパッタした例がある[50]。CuPcが電子注入層として作用するメカニズムは明確になっていないが,CuPcが有機発光層に対するスパッタダメージのバリア層になっているとともにCuPcがダメージを受け多数のダングリングボンドができることが要件となっている。同様な考えでマグネシウムアセチルアセトネート（$Mg(acac)_2$）を使用した例もある[51]。

上記の例は,低分子型のEL素子においてAlq_3との相互作用を含めて良好な電子注入性を達成した例であるが,最近になって,高分子系の発光材料を用い,TiO_2を電子注入層としたEL素子が発表された[52〜54]（図7,図8；文献52）より）。文献52),53)では,いずれもTiO_2ナノ粒子（メソポーラス粒子）を電子注入層に用いたもので,ガラス基板上にITO/TiO_2ナノ粒子/ポリフルオレン系高分子発光材料（F8BT）/陽極の層構成を用いたリバース構造のボトムエミッション型となっている。リバース構造を用いた理由はナノ粒子を焼結する温度が450℃と高く,通常の構成は困難であるためであろう。文献52)によると,駆動電圧が約1Vと発光材料のバンドギャップより小さくなっているのに加えて封止がなくとも安定に動作するということであり,メカニズムを含めた検証と今後の発展が期待される。TiO_2の導電帯は4.2eVであり,F8BTのLUMOは3.8eVであるから通常のエネルギーモデルでは説明がつかない。TiO_2とF8BTとの間の相互作用等が考えられるが,このような酸化物から十分な電子注入が起こることが立証されたのは興味深く不安定なアルカリ金属,アルカリ土類金属を除く足がかりになろう。

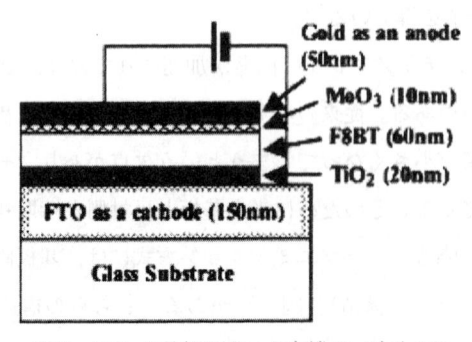

図7　TiO_2を陰極に用いた有機ELデバイス

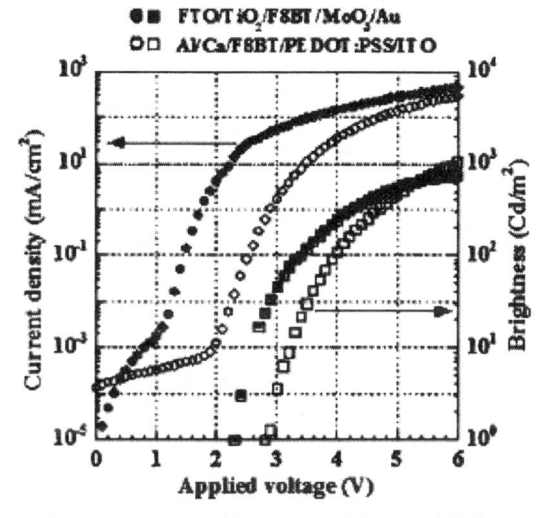

図8　FTO/TiO2陰極とAl/Ca陰極での特性比較

4　おわりに

　電極と有機層の界面における電子移動の問題は科学的にも実用的にも重要な課題である。このような課題が近年盛んになってきたのも有機ELや有機トランジスタ，有機太陽電池等の有機デバイスの実用化がビジネスとしても重要になってきていることの証だと考えられる。

　現在の有機ELデバイスの原型が発表されてから，約20年を経過した。その間，世界中で多くの研究開発がなされ，発光効率は飛躍的に上昇し，駆動電圧も下がり，封止や量産設備も整備されつつある。また，モノカラーに始まって小型のフルカラーディスプレイは量産が開始され，一部には大型テレビに向けての開発が加速されようとしている。しかしながら有機ELがそのポテンシャルを十分に発揮しているかというとまだまだ発展途上である。その大きな理由としてあげられるのは，駆動寿命の短かさに加え，水分に対しての弱さ，nmオーダーの薄膜量産工法が十分確立していない等のいずれもロバスト性にまつわる課題を残している。これらのうちのいくつかは有機／電極界面の課題が大きく関与していると思われ，現象の科学的な理解をベースに安定な界面を形成するとともに，実質的に界面の数を減らしたデバイス設計をすすめることが今後重要になってくると考える。

　更に，Pusan大のグループはTiO_xプレカーサーを高分子発光層上にスピンコートし80℃に加熱することによってTiO_x（x=1.39）を形成し，その後Alを蒸着したデバイスを作成した[54]。このデバイスは大気中でもある程度安定に動作するという特徴を有する。これらの報告は有機ELデバイスの課題である耐湿性を克服する試みとして興味深い。

文　献

1) I. D. Parker, *J. Appl. Phys.*, **75**, 1656 (1994)
2) S. Y. Kim, *et. al.*, *Appl. Phys. Lett.*, **89**, 132108 (2006)
3) E. I. Haskal, *et. al.*, *Appl. Phys. Lett.*, **71**, 1151 (1997)
4) C. C. Woo *et. al.*, *Appl. Phys. Lett.*, **70**, 1349 (1997)
5) M. G. Mason *et. al.*, *J. Appl. Phys.*, **86**, 1688 (1999)
6) J. Olivier *et. al.*, *Synth. Met.*, **122**, 87 (2001)
7) 井出伸弘ほか，第3回有機EL討論会予稿集, S 8-3 (2006)
8) S. A. Vanslyake, *et. al.*, *Appl. Phys. Lett.*, **69**, 2160 (1996)
9) Y. Shen *et. al.*, *Adv. Mater.*, **13**, 1234 (2001)
10) P. C. Jukes, *et. al.*, *Adv. Mater.*, **16**, 807 (2004)
11) A. W. Denier van der Gon, *et. al.*, *Org, Electron*, **3**, 111 (2002)
12) N. Koch, *et. al.*, *Appl. Phys. Lett.*, **90**, 043512 (2007)
13) C-H Hus, *et. al.*, *SID 06 digest*, **37**, 5-4, 49 (2006)
14) C. Tengstedt, *Org. Electron.*, **6**, 21, (2005)
15) A. Gyoutoku *et. al.*, *Synt. Met.*, **91**, 73 (1997)
16) S. Tokito, *et. al.*, *J. Phys. D: Appl. Phys.*, **29**, 2750 (1996)
17) H. You, *et. al.*, *J. Appl. Phys.*, **101**, 026105 (2007)
18) Y. Shen, *et. al.*, *Adv. Mat.*, **13**, 1234 (2001)
19) T. Hamano, *et. al.*, *MRS 2005, Symposium* M 7.5 (2005)
20) 坂上恵ほか，第2回EL討論会予稿集，S 3-2 (2005)
21) J-H Li, *et. al.*, *Appl. Phys. Lett.*, **17**, 3505 (2007)
22) T. S. Sian, *et. al.*, *Sol. Energy Mater. Sol. Cells*, **82**, 375 (2004)
23) J. Li, *et. al.*, *Synt. Met.*, **151**, 141 (2005)
24) W, Hu, *et. al.*, *Appl. Phys. Lett.*, **80**, 2640 (2002)
25) W. Hu and M. Matsumura., *Appl. Phys. Lett.*, **81**, 806 (2002)
26) S. Y. Kim, *et. al.*, *J. Appl. Phys.*, **98**, 093707 (2005)
27) S. Y. Kim., *et. al.*, *Appl. Phys. Chem.*, **86**, 133504 (2005)
28) I-M Chan and F. C. Hong., *Thin solid films*, **450**, 304 (2004)
29) I-M Chan, *et., al*, *Appl. Phys. Lett.*, **81**, 1899 (2002)
30) C. C. Oey, *et. al.*, *Thin Solid Films*, **492**, 253 (2005)
31) M. Pfeiffer, *et. al.*, *Org. Electronics*, **4**, 89 (2003)
32) X. Zhou, *et. al.*, *Appl. Phys. Let.*, **81**, 922 (2002)
33) Y. Luo, *et. al.*, *J. Apply. Phys.*, **101**, 054512 (2007)
34) I-H. Hong, *et. al.*, *Apply. Phys. Lett.*, **87**, 063502 (2005)
35) N. Hayashi, *et. al.*, *J. Appl. Phys.*, **92**, 3784 (2002)
36) S. Han, *et. al.*, *J. Appl. Phys*, **100**, 074504 (2006)
37) J. Cui, *et. al.*, *Langmuir*, **18**, 9958 (2002)
38) Q. Huang, *et. al.*, *Appl. Phys. Lett.*, **82**, 331 (2003)

39) Q. Huang, *et, al., J. Am. Chem. Soc.*, **127**, 10227 (2005)
40) Q. Huang, *et. al, Chem. Mater.*, **18**, 2431 (2006)
41) J. G. C. Veiot, *et. al., Acc. Chem. Res.*, **38**, 632 (2005)
42) C. W. Tang and S. A. Vanslyke, *Appl. Phys. Lett.,* **51**, 913 (1987)
43) L. S. Hung, *et. al., Appl. Phys. Lett.,* **70**, 152 (1997)
44) P. He, *et. al., Appl. Phys. Lett.,* **82**, 3218 (2003)
45) J. Kido and T. Matsumoto, *Appl. Phys. Lett.,* **73**, 2866 (1998)
46) T. Oyamada, *et. al., Appl. Phys. Lett.,* **86**, 033503 (2005)
47) J. Huang, *et. al., Appl. Phys. Lett.,* **80**, 139 (2002)
48) Q. Huang, *et. al., Appl. Phys. Lett.,* **88**, 113515 (2006)
49) T. Matsushima and C. Adachi, *Appl. Phys. Lett.,* **89**, 253506 (2006)
50) G. Parthasatathy, *et. al., Appl. Phys. Lett.,* **27**, 2138 (1998)
51) A. Yamamori, *et. al., Appl. Phys. Lett.,* **78**, 3343 (2001)
52) K. Morii *et. al., Appl. Phys. Lett.,* **89**, 183510 (2006)
53) S. A. Haque, *et. al., Adv. Mat.,* **19**, 683 (2007)
54) K. Lee, *et. al., Adv. Mat.,* published on line (2007)

第14章　デバイス封止材料

飯田隆文*

1　はじめに

　有機ELの市場としては，ディスプレイ市場が最も有望であると見られ，その次には，照明市場である。ディスプレイ市場では，携帯電話用，カーオーディオ用，ミュージックプレイヤー用などの小画面型ディスプレイ用途で実用化されている。現在は，カーナビゲーション用，ノートパソコン用などの中画面型ディスプレイや，屋外大型スクリーン用，大型平面テレビ用などの大画面型ディスプレイおよびフレキシブルディスプレイ用途への検討が進んでいる。表1に，主な有機ELデバイスの用途を示す。また，同時並行で，白熱灯，蛍光灯代替えの有機白色照明用途への実用化も進んでいる。主な照明用途は，カードライト，室内灯，外灯，店舗用局所照明，電飾，などである[1]。

表1　有機ELの主な用途

駆動方法	基本特性	用　　途
パッシブタイプ	小型 低精細	携帯電話サブディスプレイ， ミュージックプレイヤー， カーレーダー，カーオーディオ
アクティブタイプ	高画質 高精細	携帯電話メインディスプレイ， デジタルカメラ，携帯ゲーム機， カーナビゲーション，PDA

　封止技術および，封止材料としては，有機ELデバイスの性能，用途に左右されるものではなく，基板材料の種類，基板の大きさ，およびその生産効率に大きく左右される。封止技術の分別化は，未だ確立されておらず，様々な封止プロセスが検討されている。
　しかしながら，すべての用途において，共通する封止材料に求められる特性は，次のとおりである。
（1）短時間硬化が可能なこと。
（2）基板材料との接着性が優れていること。

＊　Takafumi Iida　ナガセケムテックス㈱　電子構造材料本部　課長

第14章 デバイス封止材料

（3） 透湿性が低いこと。
（4） 発生するアウトガスが少ないこと。

以上の四点の要求特性以外にも，封止プロセスとの最適化に必要な特性が重要視される。

現在，小画面型ディスプレイ用途で実用化されている封止技術および，その封止材料を中心に，今後，中・大画面型ディスプレイ用途へ適応する場合の新規封止技術の可能性について報告する。

2　有機ELディスプレイの構造

現在の有機ELディスプレイの構造は，図1に示すように，中空構造で，キャビティを有するガラス基板と平坦なガラス基板との貼り合わせである。封止材料によるシール部分は，パネルの周縁部のみであり，中空部には乾燥窒素が封入されている。

この方法では，パネル外部からの水分やガスの浸入は，必ず封止材部分を経由する。よって，封止材の特性が，有機ELの寿命に大きく影響することは明らかである。パネル外部から侵入する水分は，封止材により遮断することができるが，パネル内部のわずかな残留水分やガラス表面，金属缶に付着した水分，封止材に含まれる水分が封止内部に揮発し，カソードが酸化したり，有機膜の特性が著しく低下したりし，最終的には，ダークスポットと呼ばれる非発光部が生じ，暗欠陥となる。そのため，パネル内部では，水分を1ppm以下に保たなければならず，吸着乾燥剤などの併用が考えられている。この吸着乾燥剤の成分は，BaOやCaOのが主流であり，

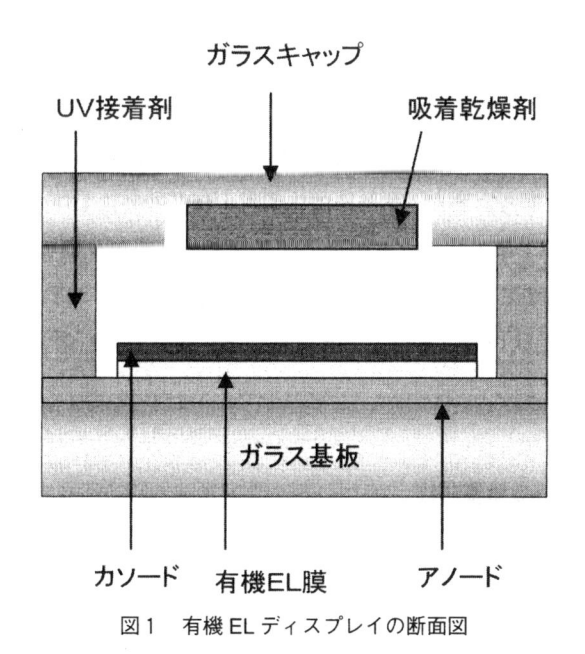

図1　有機ELディスプレイの断面図

種類，形状によりその吸着性能が異なり，現状は，シート化された CaO が主流である。

この吸着乾燥剤は，外部から進入する水分だけでなく，シール材および，その他の構成材料から発生するアウトガスも吸着することができ，有機 EL の高寿命化に寄与している。この吸着乾燥剤を用いる場合，キャップガラスにキャビティ（掘り込み）を作らなければならないため，量産コストの低減が十分にできない状況である。

3　現行の封止材料の概要

3.1　実用化されている封止材料

現在，実用化されている封止材料は，紫外線硬化型エポキシ樹脂をベースにしており，取り扱いの簡便さ，耐熱性，耐湿性，接着性など極めてバランスが採れている。また，硬化性においては，一液性でありながら，室温で硬化でき，かつ，紫外線のエネルギーレベルが極めて高いため，短時間硬化が可能となる。このように紫外線硬化型エポキシ樹脂は，有機 EL 用封止材料としても最適である。表 2 に，各ディスプレイ用途において実績のある封止方法とその封止材料を示す。

表 2　各ディスプレイでのシール技術

ディスプレイの種類	封止方式	封止材料
LCD	周辺シール／熱硬化，UV 硬化	エポキシ樹脂
PDP	周辺封止／熱融着	低融点ガラス
有機 EL	周辺シール／UV 硬化	エポキシ樹脂
無機 EL	全面封止／熱硬化，UV 硬化	エポキシ樹脂

現在，有機 EL ディスプレイ用の基板材料は，ガラスが用いられている。ガラスの場合，300 nm 以下の紫外線がカットされてしまうため，300 nm 以上の長波長の紫外線で硬化が可能な封止材料であることが必要である。また，紫外線硬化型封止材料の硬化条件の最適化を考える場合，被着材料の紫外線透過率と紫外線ランプの出力波長域と紫外線硬化型封止材料の活性波長域のマッチングを十分に考慮する必要がある。紫外線硬化用ランプとしては，主に，メタルハライドランプが使用されているが，300 nm 以上の各波長域で，強い出力を示すランプであれば，適応可能である。

3.2　封止材料に求められる重要特性

求められる重要な特性をまとめると，次のようになる。
（1）塗布形状保持性，脱泡性が良いこと。

(2) 低温での短時間硬化性が可能なこと。
(3) ガラス，金属への接着性が良いこと。
(4) 透湿性が低いこと。
(5) 発生するアウトガスが少ないこと。

3.3 標準的な環境試験条件

標準的な環境試験条件は，次のとおりであり，この条件下での特性変化が少ないことが重要である。
(1) 常温作動試験：25 ℃/10000 hr 以上
(2) 高温高湿保存試験：60 ℃/90 %/500 hr 以上
(3) 高温保存試験：80 ℃/100 hr 以上
(4) 低温保存試験：-30 ℃/100 hr 以上
(5) 熱衝撃試験：-30 ℃/80 ℃（100 サイクル以上）

3.4 現行の封止構造の問題点

現行の封止構造の問題点を掲げると，以下のようになる。
(1) ディスプレイサイズが大きくなると，ガラス基板がたわみ易い。
(2) 落下試験にて，ディスプレイが割れやすい。
(3) キャビティ付きガラスが高価である。
(4) 吸着乾燥剤の装着工程が煩雑で，コストが掛かる。

4 新規封止構造とその工法の基本概念

新規封止構造として，現行の封止構造の問題点を克服することができることが原則である。更に，構造および生産工程の更なる簡素化が必要であり，従来の中空構造ではなく，素子全体を全面封止する構造が最も有望であると言われ，実用化に向けて進んでいる[2]。

全面封止構造に用いられる封止材としては，液状封止材料の全面塗布，液状シール材の周辺塗布と液状充填材の充填の併用（LCD 用途に用いられている液晶滴下工法／One Drop Filling 工法と同じ発想），シート状接着剤の貼り付け，などが提案されている。表3に，各工法の長所と問題点を示す。

また，液状の有機系封止材料が有機 EL 素子に直接接触すると，発光層に暗欠陥を生じやすくなる。図2に，全面封止構造における正常な発光面を，図3に，外部からの水分浸入による発光

表3　新規封止工法の比較

	液状封止材の全面塗布	ODF工法 (One Drop Filling)	シート状封止材の全面貼り付け
長　所	①熱硬化，UV硬化樹脂とも適応可能である。 ②塗布される封止材のムダがない。	①熱硬化，UV硬化樹脂とも適応可能である。 ②従来の周辺シール材が，適応可能である。	①貼り付けが簡便である。 ②液状封止材のような汚れの問題がない。
問題点	①塗布量の精密コントロールが必要である。	①二種類の封止材が必要である。	①熱硬化樹脂のみ適応可能である。 ②封止材のムダが出やすい

図2　正常な発光面

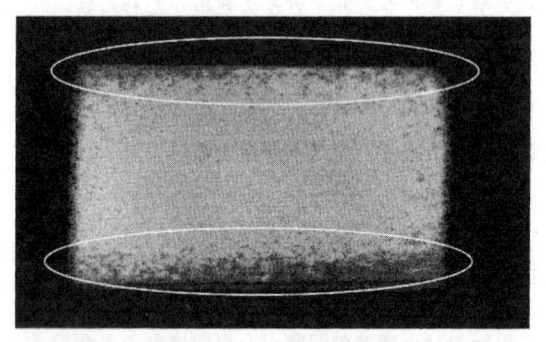

図3　水分浸入による発光面の不良モード

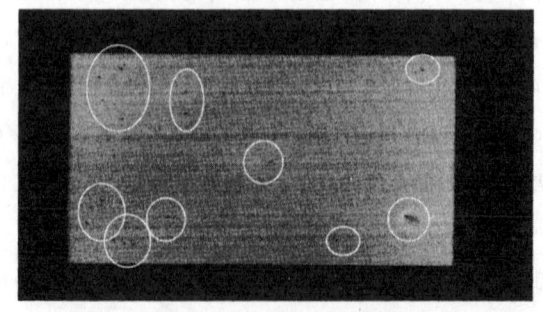

図4　アウトガスによる発光面の不良モード

第14章 デバイス封止材料

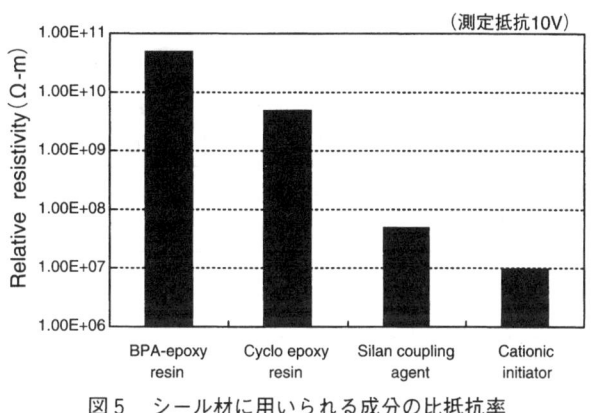

図5 シール材に用いられる成分の比抵抗率

面の不良モードを，図4に，封止材料からの発生したアウトガスによる発光面の不良モードを示す。この不良発生の要因は，発光部の陰極の構造と材質に大きく影響される。また，封止材料の要因としては，比抵抗率の低い素材が影響しやすいと推定される。図5に，封止材料の原料として用いられる可能性のある，BPA型エポキシ樹脂，脂環状エポキシ樹脂，シランカップリング材，カチオン重合開始剤の比抵抗率の測定結果を示す。

そこで，無機質のバリア膜を併用することが提案されている。このことにより，基本的には，無機質のバリア膜により，水分の浸入を遮断し，封止材にて，貼り合わせ，ガラス基板および，無機質のバリア膜を保護し，完全に水分の遮断を行う役目を担う。

実用化の可能性のある封止用成膜材料は，無機材料としては，SiO_2，Si_3N_4，Al_2O_3，ITO，SiO_xN_yなどであり，有機材料としては，エポキシ樹脂を初め，アクリル樹脂，ウレタン樹脂などである。また，フレキシブルディスプレイ用プラスチックフィルム材料としては，ポリカーボネート，ポリエーテルスルファイド，ポリエチレンテレフタレート，環状非晶ポリオレフィン（COP），ポリエチレンナフタレートなどの熱可塑性樹脂が検討されている。有機質封止材料の硬化方法としては，やはり，紫外線による短時間硬化が望まれているが，紫外線による有機EL素子へのダメージが懸念される場合もある。その場合の対策としては，低温速硬化タイプの熱硬化型封止材料が

表4 無機材料の成膜条件とそのバリア特性

無機材料	SiO_x	SiO_2	Al_2O_3	SiO_2/Al_2O_3
成膜方法	蒸着	PF-CVD	反応蒸着	蒸着
厚み(Å)	400–800	150	250	500/25
色相	黄色	透明	透明	透明
酸素透過率	1–2	1	2–4	2–3

酸素透過率の単位：$(cc/m^2/day/atm)$

表5 無機材料による成膜PETフィルムのガスバリア性

	酸素透過率 ($cc/m^2/day/atm$)	水蒸気透湿度 ($g/m^2/day$)
測定時の条件	20℃/65 %	40℃/90 % RH
PET(25 μm 厚)	40–50	20–60
SiO	5	5
SiO_2	45	25
Al_2O_3	5	4
$MgAl_2O_4$	9	15

有望である。また,表4に無機材料の成膜条件とそのバリア特性[3]を,表5に無機材料による成膜PETフィルムのガスバリア性[4]を示す。

4.1 封止材料の検討課題
（1） 更なる高純度化。
（2） 更に高いバリア性。
（3） フレキシブル基板への対応。

4.2 封止材料の周辺技術の検討課題
（1） 封止方法の簡略化。
（2） 貼り合わせ用装置の簡素化。

現在,最も可能な次世代の有機ELの構造は,無機材料と有機材料の多層化構造によるシステムであると言われている。特に,図6に示すガラス―無機―有機―ガラスの二層構造,および,図7に示すガラス―無機―有機―無機―有機―ガラスの四層構造である[5]。

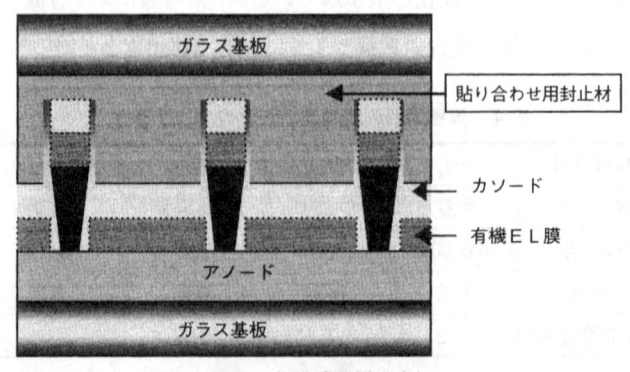

図6 薄膜積層構造(1)

第14章　デバイス封止材料

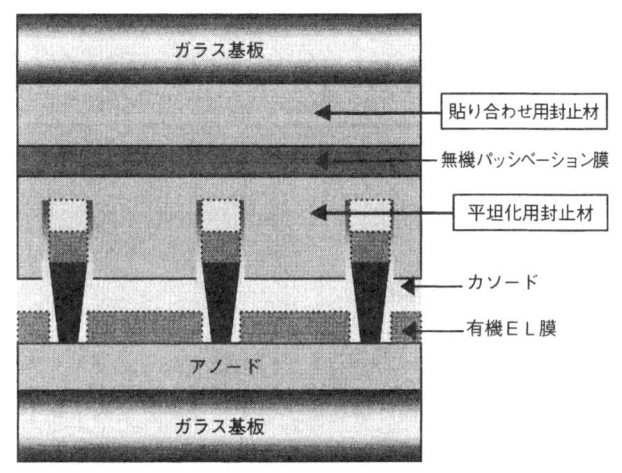

図7　薄膜積層構造(2)

5　おわりに

　有機ELデバイスは，省エネルギー性，省資源性，環境適合性の観点から，将来を有望視されている。これらに使用される封止材料も，同様に，省エネルギー性，省資源性，環境適合性が求められるべきであり，その観点では，有機ELデバイスの封止材料が完成し，汎用化されるまでには，まだまだ変遷を経ると思われる。

　また，有機ELデバイスは，従来のデバイスの代替えとして，スムーズに進まない理由は，水分に弱く，信頼性の確保が得られないという致命的な欠点があるためである。水分を完全に遮断するためには，有機材料ではなく，無機材料にて，デバイスを構成すべきであり，有機材料の長所を生かすためには，如何に有機材料の欠点をカバーできるかが重要である。今後，封止材料においても，有機封止材料だけではなく，無機封止材料との併用が主流になると思われる。

文　　献

1) 財団法人光産業技術振興協会，有機ELテクノロジーロードマップ報告書 (2000)
2) 宮寺，月刊ディスプレイ，2001年7月号，P 11～15
3) 鈴木，月刊マテリアルステージ，2(6)，P 34～37 (2002)
4) 稲川，月刊マテリアルステージ，2(6)，P 13～19 (2002)
5) 飯田，月刊マテリアルステージ，2(12)，P 52～57 (2003)

第15章 有機EL向けバリアフィルム

江澤道広[*]

1 バリアフィルム開発の目的

1.1 市場ニーズ

　極めて軽く，衝撃にも強くかつ折り曲げ自在なフレキシブルディスプレイを可能とする高性能のプラスチック基板へのニーズはエレクトロニクス業界において大きなものがある。特にフラットパネルディスプレイ業界においては，ガラス基板代替の材料としてのプラスチックフィルムは，フレキシブルディスプレイといったまったく新しいアプリケーションをもたらすことが可能となる。特に近年，開発の進捗により有機TFT技術と組み合わせた有機EL（OLED）デバイスは，フルカラーのフレキシブルディスプレイを可能とし，アプリケーションの多様性を更に広げることを可能とする[1]。更に，フレキシブルディスプレイ自身がもたらすデバイス上の利点に加え，プラスチック基板により現行のプロセスと比較して次元の違う量産性と低コスト化が可能となる製造プロセスであるロールツーロール（R2R）工程が採用可能となる。むろんそのプラスチック基板は，高透過率をもち，温度に対する優れた安定性を保ち，折り曲げ伸ばし自在な上，OLEDや有機TFT等薄膜エレクトロニクスのため完璧なバリア特性をもつことが必要とされる。

　これまで商品化されることのなかったこのプラスチック基板の開発にGEは取り組み，そして高耐熱「レキサン」ポリカーボネート（PC）フィルム基板と，高透過率を保ちつつ優れた水蒸気浸透防止特性を持つバリア膜の双方の技術を組み合わせたバリアフィルム基板の開発を成功させた。このバリアは酸素，および水蒸気双方の浸透に対する極めて高いバリア特性をもち，かつ耐薬品特性にも優れたものがある。このバリアのベースとなる技術は，無機帯と有機帯が互いに連続して積層され一体化した構造を有する薄膜層の設計とその製造方法である。このバリアにより水蒸気浸透率（Water Vapor Transmission Rate：WVTR）は，ほぼ4×10^{-6}g/m^2/dayを確保することが可能となった。このバリア性能は，プラスチック基板によるフレキシブル有機ELディスプレイを実現可能とするレベルである。

---

　[*] Michihiro Ezawa　SABIC イノベーティブプラスチック　グローバルマーケティング　プロジェクトマネージャー

第15章 有機EL向けバリアフィルム

1.2 開発のターゲット

フレキシブル有機ELディスプレイを実現させるためのプラスチック基板に必要とされるニーズは多様なものがある。酸素や水蒸気に対する高いバリア特性，耐高温特性，高透過率に加え，耐衝撃特性，耐擦傷性，表面平滑性，その他多数が挙げられる。それらのうちいくつかはベースとなるプラスチックフィルムに起因するものであり，また他のいくつかはフィルム上にコートされる機能性薄膜に起因するものである。これまで幾つかの開発が業界にて行われてきたが，それらもどちらか一方に対するものであり，同時に両者の解決を図り製品化しようとする効果的な開発はなされていなかった。今回GEにおいては，プラスチック素材自体の開発から，そのプラスチックをフィルム化するプロセスの改善，さらにはバリア膜自体の開発とそれをコーティングするプロセスすべてを一体化して開発した。

ところでフレキシブル有機ELのためのプラスチック基板には高度なバリア特性が必要とされるが，それは有機ELの各構成要素が水蒸気や酸素との接触により容易に劣化してしまうのが原因である。特に一般的に陰極ないしはバッファ材として利用されるCaやLiは，水蒸気に曝されることにより容易に劣化してしまう。この劣化現象によりバリア層無しのプラスチック基板を利用した場合，有機ELディスプレイの寿命は製品としての実用化レベルに遥か遠く及ばない。

図1で示されているように，バリアコート無しのプラスチックフィルムのWVTRは通常$10^{1～2}$ g/m^2/day程度であり，水蒸気等に対する十分なバリア特性を持っているとは言い難く，室温環境下でも有機ELデバイスはダメージを受け劣化してしまう。また現在食品や薬品のパッケージ用途として利用されているバリア膜付きフィルムにしても，そのバリアはシリカないしはアルミナ系の単層構造が多く，通常バリア性能は10^{-1}g/m^2/day程度であるため，これもフレキシブル有機ELに十分なバリア特性があるとは言い難い。ガラス基板と同等の寿命を得るためのバリア

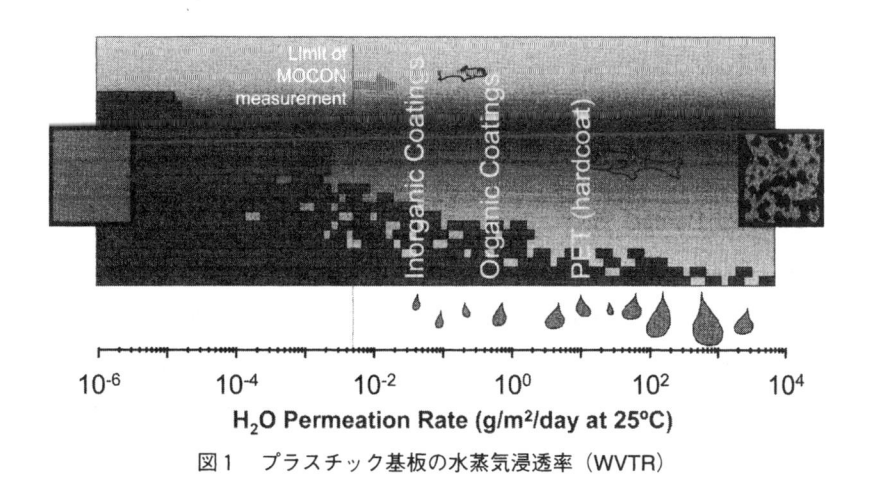

図1 プラスチック基板の水蒸気浸透率（WVTR）

特性のレベルとして，WVTR において $10^{-6}\mathrm{g/m^2/day}$ が必要とされている[2]。

また有機 EL の製造プロセスにおいて基板が高温環境下におかれる場合が多く，特に蒸着プロセスでは基板に対してかなりの耐熱性が要求される。ガラス基板においてはこの耐熱性というのは大きな問題にはならないが，プラスチック基板においては極めて大きな問題になる。これまでプラスチック基板として使われてきた PET/PC フィルム等のガラス転移点（T_g）はおよそ 100 ℃ から 140 ℃ 前後であるが，有機 EL の製造プロセスは時として 200 ℃ 前後の耐熱性を必要とすることがある。このプロセスに耐えうる高耐熱性，すなわち高い T_g を持ったプラスチックフィルムもこの有機 EL 用バリアフィルムにおいては必須構成部材となる。高精細のディスプレイデバイス製造プロセスついては，さらにプラスチックス自体の優れた寸法安定性，すなわち熱膨張係数（CTE）もガラスに近いもの必要とされる事もある。さらに有機 EL デバイス自体の構造特性に起因するものとして，プラスチック基板表面は極めて平滑である必要がある。

これらのフレキシブル有機 EL デバイスを可能とするプラスチック基板の要求仕様として，GE が目標として挙げたものは表1のとおりである。

表1 バリアフィルムのスペック

水蒸気バリア特性（WVTR）	$>10^{-6}\mathrm{g/m^2/day}$
耐化学薬品特性	酸，溶剤，アルカリに侵食されないこと
透明電極抵抗値	<40 ohm/sq
透過率（バリアフィルム全体）	>80％以上（全可視光領域，ITO 膜含む）
折り曲げ特性	2.0 cm 円/100 回の折り曲げにも耐えること
高温時安定性	200 ℃温度下で一時間変化ないこと
バリア膜密着性	>4 B
形状安定性	<20 ppm/hr@150 ℃
表面平滑性	<5 nm（Ra）

2 バリアフィルムの構造・技術

2.1 UHB（Ultra High Barrier）技術

GE GRC では，このフレキシブル有機 EL を可能とするに十分な特性をもったバリア層のバッチモードでの製造プロセスを 2004 年に確立した。このプロセスは PECVD（Plasma Enhanced Chemical Vapor Deposition）によりプラスチックフィルムの上にバリア層を積層したものである。このバリア層は有機帯と無機帯の積層構造からなっているが，図2に示されているようにそれぞれのゾーンには明確な境界線がなく一体化された連続構造となっている。このバリア層によ

第15章 有機EL向けバリアフィルム

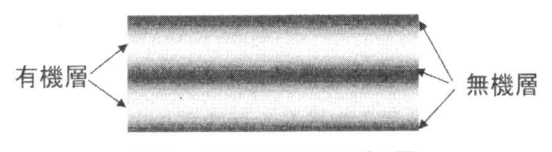

図2 GEの連続UHB断面図

りWVTRで10^{-6}g/m^2/dayというプラスチック有機ELデバイスが可能なレベルを達成することが可能となる。この無機帯は一般的に利用されているSiO$_x$N$_y$系素材から構成されており、また有機帯は同様に一般的に利用されているSiO$_x$C$_y$系の素材から構成されている。無機帯は主に水蒸気や酸素等の浸透を防止するバリアとしての主な役割を果たす。また有機帯は、無機帯に生じるピンホール等の欠陥をカバーし、折り曲げ時のストレスの緩和等、柔軟性を確保する上で重要な役割を果たしている。

　この連続一体型構造は、これまで発表されている多層バリアのコンセプトよりもユニークな利点を有している。まず連続的に一体化コーティングが行われることでそれぞれのゾーンが物理的に密着しており、それぞれのゾーンが剥離を起こす可能性を限りなく少なくしている。それは無機・有機帯の間に明白な境界が無いことから生じる利点である。実際TEMにて連続積層されたバリア層を見てみると、写真1のとおり有機帯と無機帯に明確な断面が生じることなく、無機帯から有機帯、そして無機帯に段階的・連続的に変化していることが認められる。逆に従来の多層バリア構造だと、無機層・有機層がそれぞれまったく別のプロセスにて作成ないしは成膜されることにより、各層の間に明確な境界線が生じる事となる。それぞれの有機層・無機層の線膨張係数が異なることから、特にヒートサイクルを繰り返すデバイス作成工程において、それぞれの境界線において層間剥離を起こす危険性がある。連続一体化された構造においては中間層が存在することによりその線膨張係数の違いが緩和され、バリア層自体の膜密着性や折り曲げ特性向上に

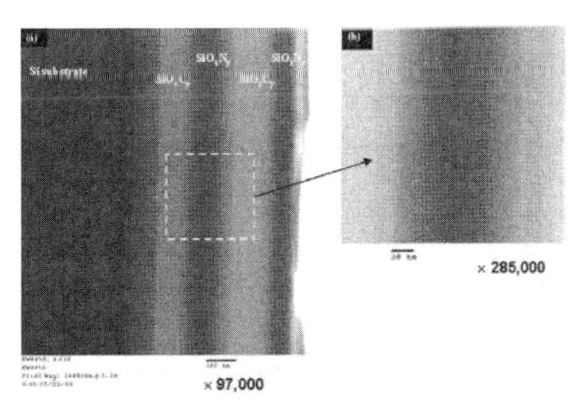

写真1 GEの連続UHB断面 TEM写真

重要な役割を果たしている。

またPECVDプロセスの特徴を最大限生かす事，つまりナノメーターレベルでの膜厚のコントロールにより，各バリア層の膜厚を各層固有の屈折率とマッチするようデザインすることで，90％以上の高い透過率と無色透明といった重要な光学的要素を保つことを可能としている。またPECVDでの成膜プロセスを採用していることにより，シングルチャンバー内で有機・無機層を一体化させた連続成膜が可能となっている。これは今後の生産性向上のためのR2Rプロセスの採用を考えるにあたり，極めて大きなアドバンテージとなっている。

2.2 高耐熱プラスチックフィルム

現在ディスプレイ用途向けに一般的プラスチック基板として利用されているのはポリエステル系のPETないしはPENフィルムがほとんどである。これらは光学的に優れた特徴をもつものの，レジン自体の特性により，高耐熱性を付加することは極めて困難であった。GEはバリア技術の開発と同時に独自のポリカーボネート（PC）樹脂の技術開発を行い，高耐熱性を持つ「レキサン」PC樹脂を開発し，それをフィルム化する製造プロセスを確立した。「レキサン」PC樹脂自体がもつ極めて優れた光学特性をロスすることなく，高耐熱性，つまりこれまでの通常のPC樹脂とくらべ高いガラス転移点（T_g）を達成することに成功している。有機ELの製造プロセス，特に低分子系のプロセスにおいては成膜時に蒸着方法が採用されており，その蒸着プロセスにおいて基板は200℃程度の高温環境下に曝される。よってプラスチック基板においてはT_gをいかにその高温域まで持ってゆき，当該プロセスにおける温度に耐えうるフィルムを確保するか，ということが重要なテーマであった。

図3そして図4により，今回開発された高耐熱「レキサン」フィルム（写真2）が良好な可視光透過率を保つとともに，従来のPC樹脂のT_g（120〜140℃）よりも極めて高いT_g＝240℃程度を保っているのが示されている。この高耐熱「レキサン」フィルムのT_gは200〜240℃の中で

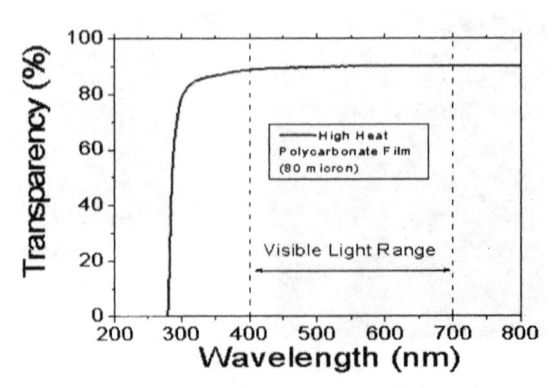

図3　高耐熱「レキサン」フィルム可視光透過率

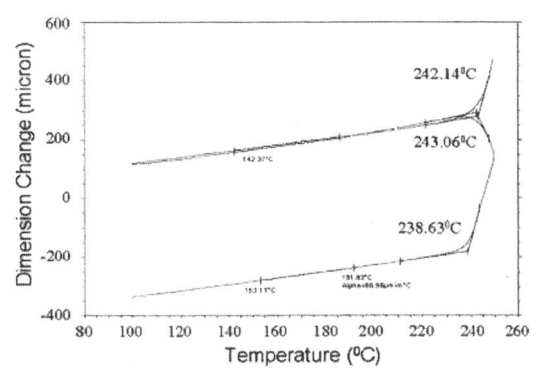

第15章 有機EL向けバリアフィルム

図4 高耐熱「レキサン」フィルム温度安定性

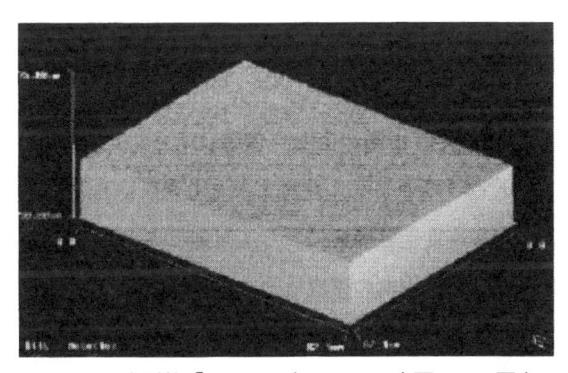

写真2 高耐熱「レキサン」フィルム表面 SEM 写真

アレンジが可能となっており，高耐熱に加え光学的特性の付加，またフィルム製造工程まで考慮に入れたフィルムとしてはT_g＝220℃のものが標準品となる予定である。この高耐熱「レキサン」フィルムは，高温域の寸法安定性において，200℃にて25 ppm/hr 程度の良好な値を示している。これは低分子系有機ELの製造プロセスに大幅な変更を加えることなく，プラスチック基板をそのまま使用することも可能としている。しかしながら熱膨張係数（CTE）においてはPC自体が非晶質ということもあり，50～60 ppm/℃レベルである。これはTFT等の高精細プロセスに利用するためには改善の余地があり，今後の開発が待たれる点でもある。

　有機ELデバイスにおいては，各レイヤーがそれぞれ数十～百ナノメーターレベルで構成されていることからも，基板の表面平滑性に対する要求は極めて高い。今回開発した高耐熱「レキサン」フィルムにおいてもプロセス面まで含めた改善を図ることで，有機ELデバイスの基板としても十分に適当なRaで＜0.5 nm，Rpで＜10 nmレベルの十分な平滑性を保っている。これはフィルム自身の平滑性を極限まで高めてゆく，という方向性ではなく，標準的な表面コーティングの手法を改善することにより平面性の確保を図っている。またこのコーティング層は同時に耐

化学薬品特性を備え，通常のエッチングに対する耐性，特に ITO エッチング時の耐性において十分満足なものとなっている。

偏光光学系システムを活用する LCD パネルとは若干異なり，有機 EL デバイスの場合プラスチック基板に対する低複屈折の要求は必ずしも大きなものではない。しかしながら有機 EL デバイスの色再現性を考慮するとプラスチック基板自体の複屈折率は低いに越したことはない。さらに将来このプラスチック基板の LCD パネルへの展開を考慮するとなると，なおさらである。この高耐熱「レキサン」フィルムはプロセス面の検討を行うことにより，PET/PEN 系樹脂と比べ低複屈折である「レキサン」・PC 樹脂の特徴を最大限に生かしている。フィルムの複屈折の指標となる Plain Retardation の数値は＜5 nm 程度に抑えられている。

3　次世代に向けて

有機 EL ディスプレイ技術は FPD 市場の厳しい競争にも十分に比肩しうる低コスト化の余地が大きいと考えており，それはフレキシブル化によってもたらされる基板の大面積化の容易さ，そして R2R プロセスによる高速度連続操業によって可能とされるものである。この可能性を実現させるためには，R2R プロセス技術の確立とともに，有機 EL デバイスの基板として安定した品質を持つバリアフィルムの供給体制確立が必須となる。

R2R プロセスによってもたらされる高い効率性は将来的に，従来のガラス基板ベースの製造プロセスと比較してより低コストでの有機 EL デバイス作成を可能とする。そのためにも早期のバリアフィルム技術確立，そして量産体制の整備が求められるところである。そのために現在パイロットラインの検証，およびパイロットラインを通した業界へのサンプル供給体制の整備に努めているところである。

文　　献

1) I. Yagi *et al.*, SID'07 Digest 63.2 (2007)
2) US Display Consortium, USDC Flexible Display Report, 6.2 (2004)
3) US Display Consortium, USDC Flexible Display Report, 6.1 (2004)

デバイス作製・応用技術編

第16章　生産用真空成膜装置

松本栄一*

1　はじめに

　パイオニアから1997年に世界で初めて有機ELディスプレイを搭載した車載機器が発売され，有機ELディスプレイの本格生産が始まった。以来，携帯電話のサブ・ディスプレイやMP-3プレーヤの表示などモバイル製品を中心に製品化が進んだ。これらは主に低分子材料を使用したパッシブ駆動型のディスプレイである。それから10年を経た今年2007年，KDDI社からアクティブ駆動型の有機ELディスプレイをメイン画面に搭載した携帯電話が発売され，アクティブ駆動型有機ELディスプレイの本格生産が始まった。

　本稿では生産用真空成膜装置として，現在生産が行われている低分子材料を用いた有機ELデバイスの量産製造装置，製造技術について説明する。大気圧プロセスである封止技術・装置については別項にて詳説されているのでここでは省略する。

2　有機ELデバイスの構造

　有機ELデバイスの構造は，簡単にはガラス基板上に陽極，有機発光層，陰極を積層した構造であるが，発光特性や寿命を向上させるために有機層を正孔注入層，正孔輸送層，発光層，電子輸送層などと機能分離した構造が採られる。

　図1に代表的な有機ELデバイスの種類，構造を示す。カラー化は単色あるいはエリアカラーの他，フルカラー化ではRGB塗分け方式，白発光＋カラーフィルタ（CF）方式，色変換方式などの種類がある。

　照明用の素子構造としては，オレンジ＋青発光の2層構造やマルチフォトン構造[1]が検討されている。照明用途では製造コストを下げることが大切であり，安価な製造方法が求められる。

　陰極形成法としては陰極隔壁法[2]が用いられる。これは基板に予め逆テーパの隔壁を形成しておき，陰極電極をパターニングする方法である。陰極形成に高精細な蒸着マスクを省略できる。また，高分子材料ではRGBの塗分け方法としてバンク構造を用いる。予め基板にバンクを形成

---

　*　Eiichi Matsumoto　トッキ㈱　R&Dセンター　課長

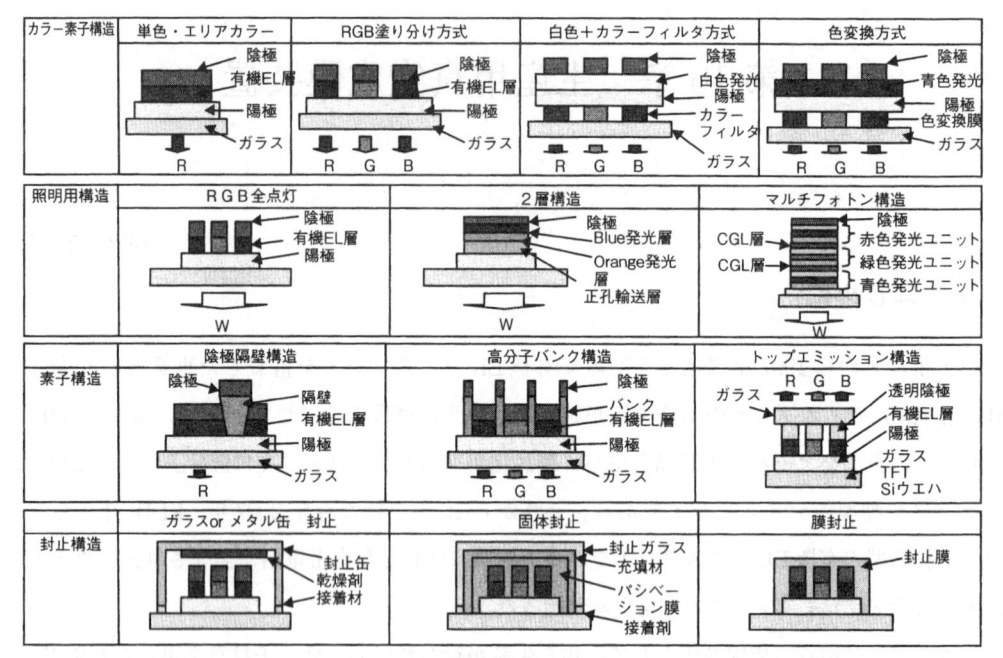

有機ELのデバイス物理・材料化学・デバイス応用

図1　有機ELデバイスの構造

しておき，インクジェット法でバンクの中にインクを滴下する方法である。アクティブ基板を用いる場合では，開口率の減少を回避するため光を陰極側から取り出すトップエミッション構造が採られる。この場合陰極は透明な材料で形成する。

　封止方法は，ガラスやメタル缶で封止する方法，固体封止，膜封止などがある。現在生産されている殆どがガラス封止やメタル缶封止を採用している。トップエミッション構造では固体封止構造が主に採用される。膜封止は有機ELデバイスの更なる薄膜化，軽量化，あるいはフレキシブル化を実現する方法である。

　以上，有機ELデバイスには多くの構造が考案されており，それぞれの構造によって製造方法，装置が異なる。

3　有機EL生産装置

3.1　製造工程

　図2に有機ELディスプレイの製造工程を示す。ITO陽極を形成したガラス基板を洗浄した後，真空チャンバに導入する。まずO_2プラズマやUV照射などの前処理を行い，基板のドライ洗浄と仕事関数の調整を行う。次に正孔注入層，正孔輸送層，発光層を順次成膜していく。発光層はRGB塗分ける場合はシャドーマスクを用いてR，G，Bの3色を塗分けて形成する。ま

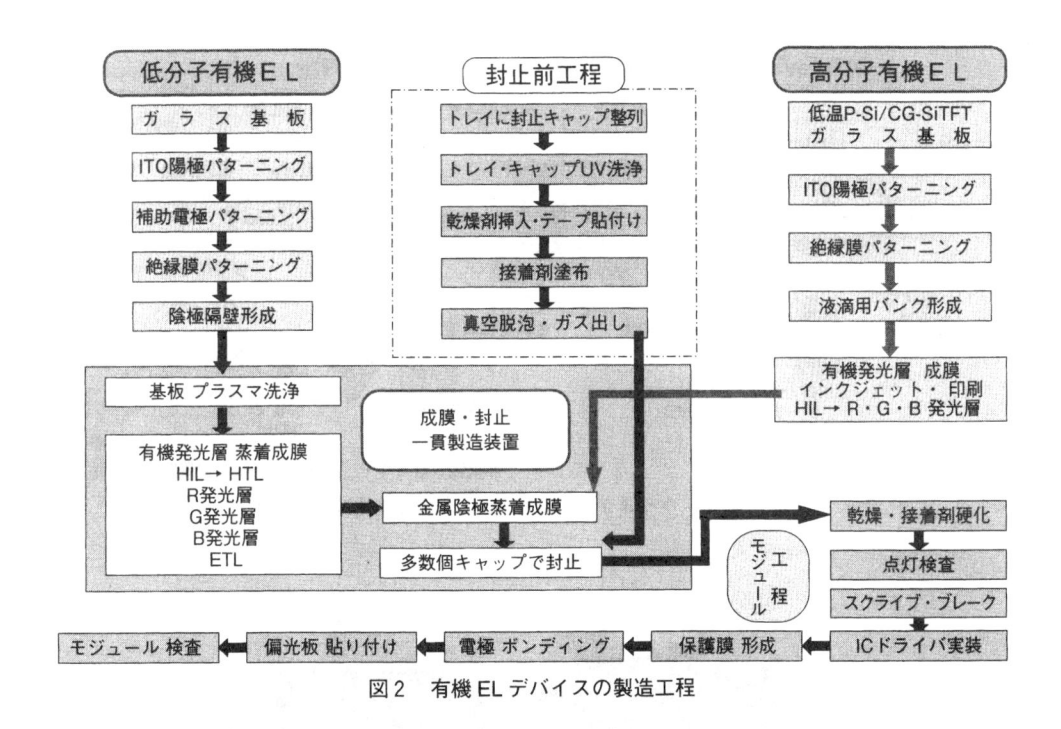

第16章　生産用真空成膜装置

図2　有機ELデバイスの製造工程

た，2層で白色発光を得る場合はオレンジ層，青色層を形成する。そして電子輸送層，電子注入層，陰極電極層を形成して成膜を完了する。

高分子材料を用いる場合は，PEDOT層，発光層などをインクジェット法や印刷法で形成する。電極層は真空環境下で蒸着法で形成する。

一方封止側は，封止前工程として封止缶に乾燥剤と接着材を塗布する。これはN_2の大気圧環境化において全自動で行う。成膜したガラス基板と封止缶を封止室に搬送して両者を貼り合わせ封止を完了する。封止完了後，ガラス基板は装置から排出され，スクライブ，外部配線処理などを行い製品となる。

3.2　装置構成

量産装置の構成としては，クラスター型，インライン型がある。現在生産に使用されているのは主にクラスター型で，その構成を図3に，外観を図4に示す。搬送室を中央にして，各処理室を周囲に配置した構成である。基板はロボットで一枚一枚処理室に搬送され，各処理室で基板一枚ずつ処理を行う。クラスター型には図3に示した蒸着から封止まで連続一貫した方式の他，個々のクラスターを接続せず，クラスター間をキャリーボックスで基板を搬送する方法もある。インライン型はプロセスが決まっていれば最も生産性の優れた構成である。

蒸着法によるディスプレイの製造ではRGBの微細パターニングを行うためクラスター型が，

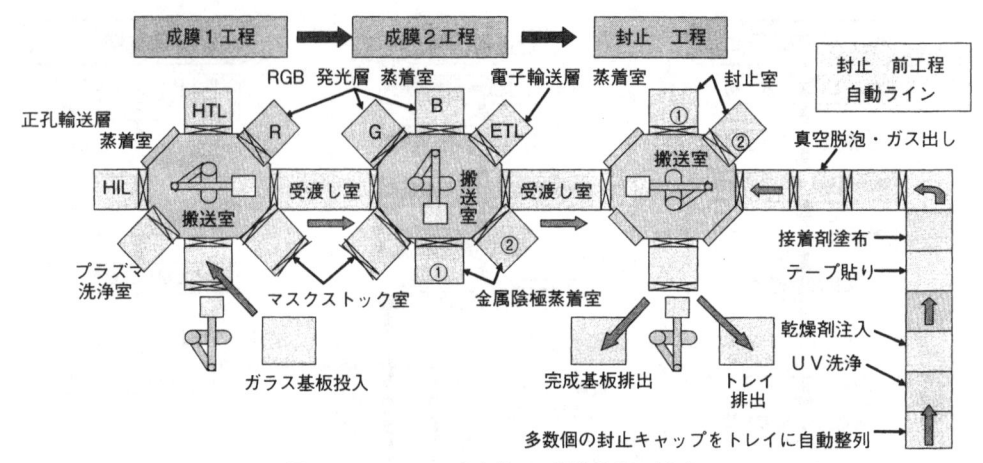

図3　クラスター式有機EL製造装置の構成

図4　クラスター式有機EL製造装置の外観

また照明など生産性重視の製品はインライン型が多く採用される。

3.3　基板サイズの推移

図5に有機EL製造におけるガラス基板サイズの推移を示す。有機ELディスプレイの量産製造は，第2世代（370×470 mm）の基板サイズからスタートし，その後第3世代，第3.5世代と大型化していった。基板サイズの大型化は，多数個取りによる生産性の向上，あるいは大画面の製造が目的である。現在生産されている製品はモバイル製品用の小型ディスプレイであるから，基板サイズの大型化は生産性の向上，低コスト化を目指している。低温ポリシリコン（LTPS）の基板サイズが第4世代までであるため，この先LTPS基板で行くのか，アモルファス・シリコン（a-Si）基板が採用されるかで，今後の基板サイズの動向が変わってくる。

第16章　生産用真空成膜装置

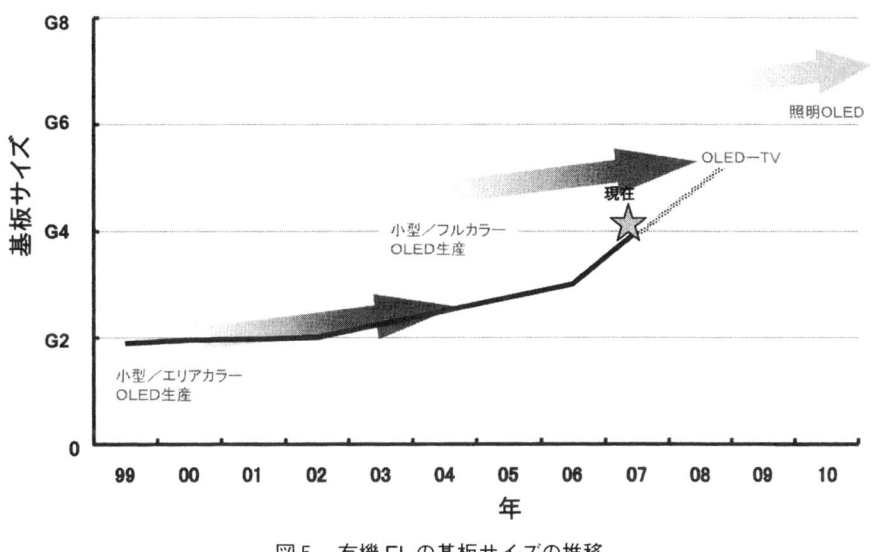

図5　有機ELの基板サイズの推移

3.4　量産装置の課題

　有機ELの製造の課題は，低コスト化と大画面化への対応である。ディスプレイとして液晶との競争は避けられない状況で，現在生産されているモバイル用途の有機ELディスプレイも低コスト化が課題である。3.3項で述べたように生産性を上げるため基板サイズを大型化していく方向である。また照明用途としても低コスト化が必須であるため，特に高スループットな装置が必要である。更に有機EL-TVを目指した10インチ以上の大画面化の要求がある。現在，基板サイズはG4以上，タクトタイムは2分以下の要望がある。

　基板サイズの大型化には特に蒸着マスクの問題がある。高精細の大型マスク，および大画面のマスクは現在マスクメーカが開発中である。蒸着マスクを用いないレーザ転写法なども検討されている[3]。蒸発源は，高スループット化や大画面化に対してはそれほど困難ではないが，新しい有機材料や活性な電極材料を用いるような場合，長時間の安定成膜が課題となる。

　また封止については，低コスト化，高スループット化が必要である。その一つとして成膜で封止を完了する膜封止技術が開発されている[4]。

3.5　量産装置の方向性

　基板の大型化，高スループット化のために現在の基板水平搬送式クラスター装置から，基板縦型搬送式インライン装置の方向になると考えられる。現在，水平搬送方式のインライン装置は既に完成している。大型の蒸着マスクが製造できれば，縦型搬送方式により蒸着マスクの撓みの問題も緩和される。

4 有機ELの量産製造技術

4.1 真空成膜装置

蒸着チャンバは蒸発源，基板チャック機構，シャッター，蒸着レートモニタなどを内蔵している。成膜時の真空度は 10^{-4}～10^{-5} Pa 程度で，水分の排気に優れたクライオポンプで排気する。チャンバ内の水分や有機物などの残留ガスは，有機膜に影響を与えるため少なくする必要がある。

量産装置では材料供給やチャンバ内洗浄などのメンテナンスを1週間に1回行う。チャンバへの材料付着を防ぐため防着板を設け，メンテナンス時に洗浄する。特に安定した素子を生産するには真空装置の維持・管理が重要である。

4.2 有機材料用蒸発源

4.2.1 有機材料の蒸発特性

有機材料は，①蒸気圧が高く，②粉末状で熱伝導が悪く，③突沸が起こりやすい。また④過熱で分解・変質などが起こりやすく扱い難い材料である。図6に Alq_3 の材料温度と蒸着レートの測定結果を示す。有機材料に不純物が混在していると突沸が起こり易く，また膜特性にも影響を与えるため，通常精製して純度の高い材料を用いる。

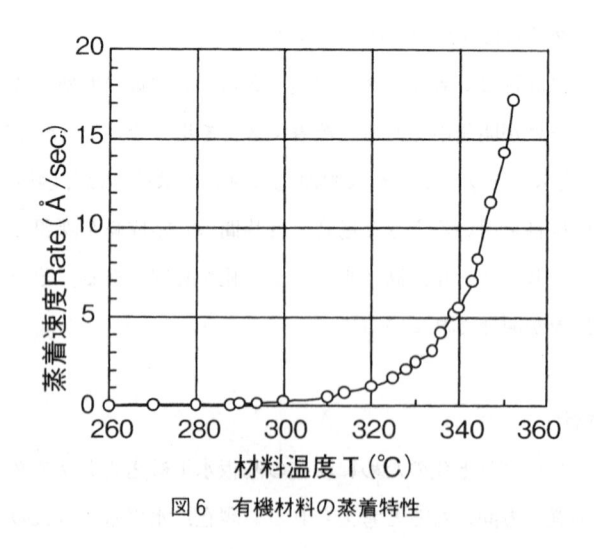

図6 有機材料の蒸着特性

4.2.2 有機材料用蒸発源

図7に有機材料用に用いられる蒸発源を示す。抵抗加熱蒸発源は突沸防止用に蓋付きの金属ボートが使用される。安価で簡単な方法であるが，充填量が少ないため実験用途に用いられる。セル式蒸発源は数10cc程度のるつぼを使用し，実験・少量生産用途に用いられる。量産用の蒸発源は，突沸対策したポイントソース蒸発源（1点の穴から蒸発粒子を噴出させる方式）を用いる。長時間の蒸着を行うため，複数個を搭載して切り替えながら1週間程度の長時間蒸着を可能にしている。

有機材料用の蒸発源では，突沸の他，材料の熱劣化に注意が必要である。熱劣化すると膜性能が得られない場合があることと，蒸着レートが不安定になる。特に有機材料を長時間加熱する量産装置では，有機材料に過剰な熱を加えない蒸発源の設計が必要である。

4.2.3 レート安定化

水晶モニタによるフィードバック制御により蒸着レートを長時間安定に保つ。量産装置では水晶片を定期的に交換し，1週間連続して蒸着できるようにしている。図8に6日間（144時間）連続蒸着時のレート測定データの一例を示す。この結果では±1％以下のレート安定性が得られているが材料により前後し，通常は±1～5％の安定性である。

カラー化のためホスト材料に色素材料をドーピングする。ホスト材料に対してドーパント材料の比率は2％程度と微量である。2種類の材料の蒸発温度が異なるため一つのチャンバ内で蒸発源を分けて，それぞれレート制御を行い所定の比率で混合させる。例えばホスト材料を2Å/s

種類	形状例	主な用途
抵抗加熱蒸発源	 蓋付きボート	研究・開発用実験機
Cell式蒸発源	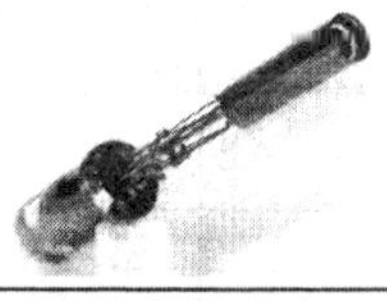 低温セル蒸発源	研究・開発用実験機 小・中量生産機
量産用蒸発源	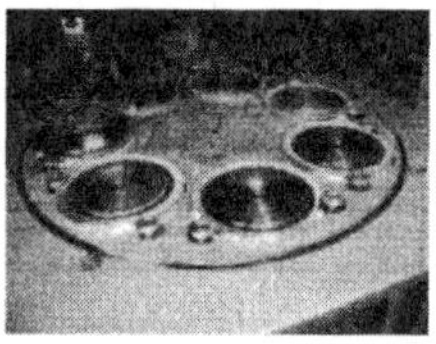 大容量多点蒸発源	量産機

図7　有機材料用の蒸発源

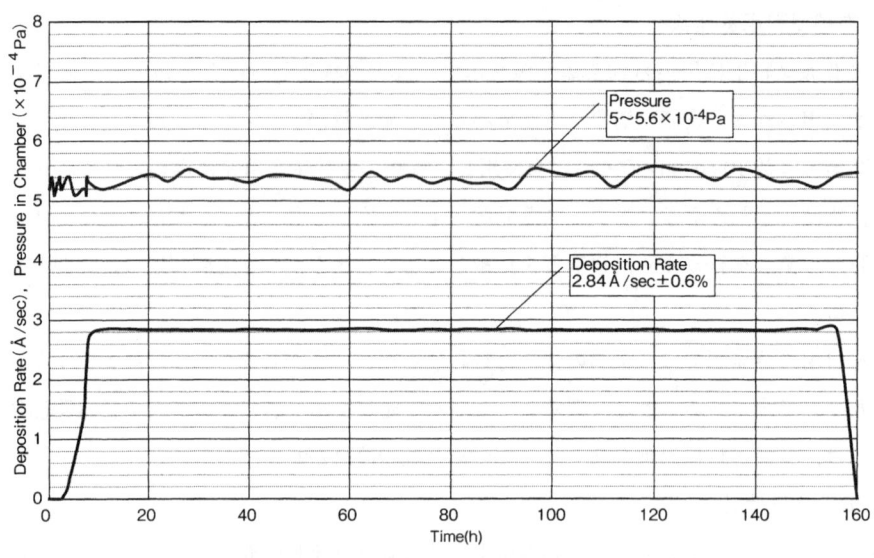

図8 有機材料用の長時間（144時間）蒸着レート安定性

でレート制御する場合，比率2％を得るためにドーパント材料は0.04Å/sで制御する。特にドーパント材料を制御する水晶モニタへの，ホスト材料の混入を避ける様注意する。

4.2.4 膜厚均一化

膜厚の均一性は，基板と蒸発源の位置関係と蒸発源からの粒子の飛び方でほぼ決まる。ポイントソースでは蒸発粒子はクヌーセンのCOS則に従い球状に広がり基板に到達する。基板を回転し，蒸発源と基板の距離を離すことで膜厚均一性は±5％以下が得られる（図9）。ただしこの方式では材料の使用効率が悪くなる。特に大型基板用装置では膜厚分布と材料使用効率を考慮し，蒸発源と基板の配置を最適化することが必要である。最近特に白色発光などでは膜厚分布による色味の違いが顕著なため，更に±2％以下の均一性が要望される。

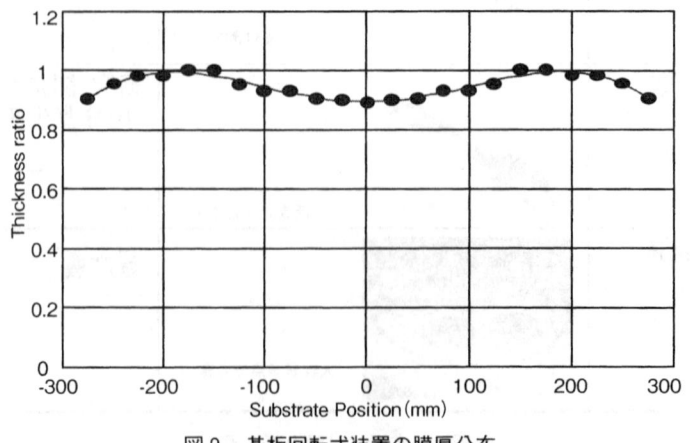

図9 基板回転式装置の膜厚分布

4.2.5 量産用蒸発源

量産用の蒸発源の種類を図10に示す。現在生産に主に採用されているのは，4.2.2項で述べたポイントソースと基板回転を組み合わせた方式で，上述した通り蒸着安定性に優れ，膜厚均一性にも優れた方法である。

ただし，この方式では基板サイズが大きくなると，膜厚分布と材料の使用効率が悪くなる。そのため，現在ラインソース[5]や面状ソース[6]，ホットウオール蒸発源[7]など幾つかの方式が開発されている。ラインソースはインライン装置にも適用でき，照明用途にも適する。

当社では大型基板用の蒸発源としてパラレルショット蒸発源を開発した[8]。図11に蒸発源の構造を示す。従来のポイントソースを複数個レール上に配置し，そのレールを基板幅に対し増やすことで第4世代のガラス基板にも対応可能である。基板と蒸発源間の距離およびレールの配置を最適化することで，有機材料によって違いがあるが材料使用効率は15～20％，膜厚分布は±5％以下が得られる。

方式	ポイントソース	ラインソース	面状蒸発源
構成			
特徴	◎レート安定性 ◎膜厚分布 ◎基板温度	◎大型基板対応 ◎ピクセル内分布 ◎インライン化可能 ◎HotWallで高材料使用効率化	◎大型基板対応 ◎ピクセル内分布 ◎バルブセルで高材料使用効率化

図10 低分子材料の量産用蒸発源

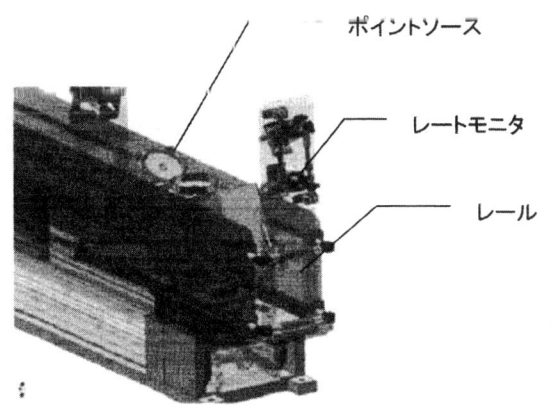

図11 パラレルショット蒸発源の構成

4.3 金属材料用蒸発源

4.3.1 アルミニウムの蒸発特性

カソード電極材料として主にアルミニウムが用いられる。アルミニウムは①溶融から蒸発までの温度差が大きく，②溶融材料は濡れ性が良く，るつぼの這い上がりが起こり易い。また③るつぼ材料との反応性が高く，熱膨張率も高いことから加熱・冷却によるるつぼを破壊し易い。④蒸発粒子は他の気体分子（酸素）の影響を受け易く，高速蒸発が必要である。などの特性がある。

4.3.2 量産用蒸発源

アルミニウムの量産用蒸発源は，①セル式蒸発源と②EB蒸発源がある。

セル式蒸発源の量産用として THP（Tokki High Performance）蒸発源を開発した[9]。4.3.1項で示した蒸発特性を考慮したるつぼ材質と形状を設計し，アルミニウム材料を自動供給し6日間（144時間）連続蒸着を可能にしている（図12）。

EB蒸発源は蒸着レートの立ち上げ時間が短く，高レートが得られるため生産用途に適するが，溶融面から2次電子やX線などが発生し有機材料を劣化させるため対策が必要である。当社では2次電子対策したEB蒸発源を提供している。図13に有機EL特性への影響を示す。2次電子対策をしていない有機EL素子は殆ど発光しないまでに劣化するが，対策することで通常の輝度が得られる。TFT基板を用いる場合はX線による特性劣化の有無を確認することを薦める。

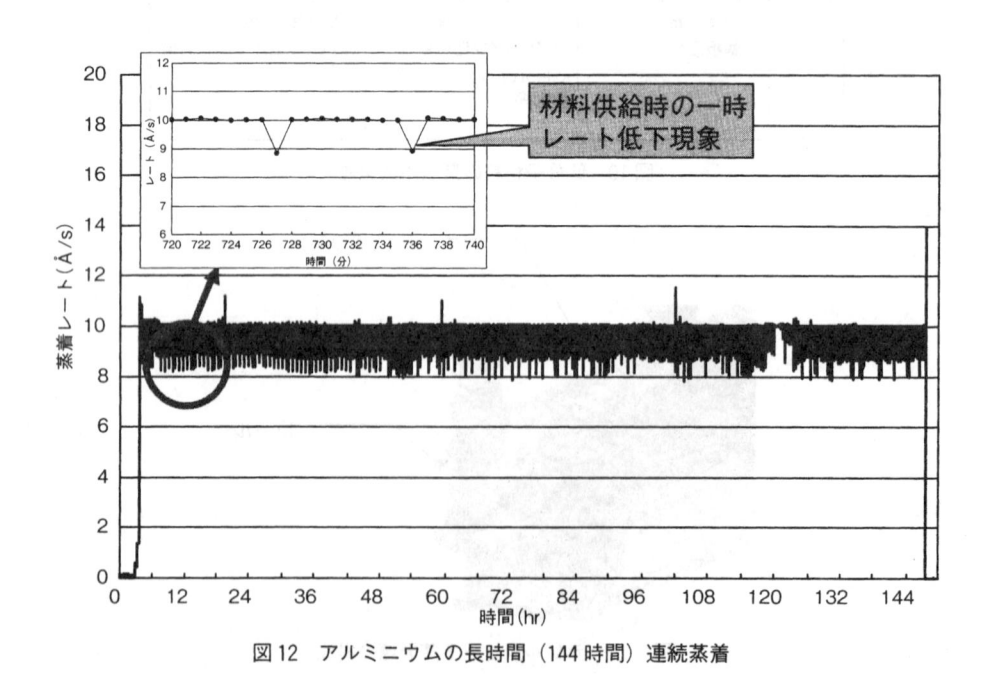

図12　アルミニウムの長時間（144時間）連続蒸着

第16章　生産用真空成膜装置

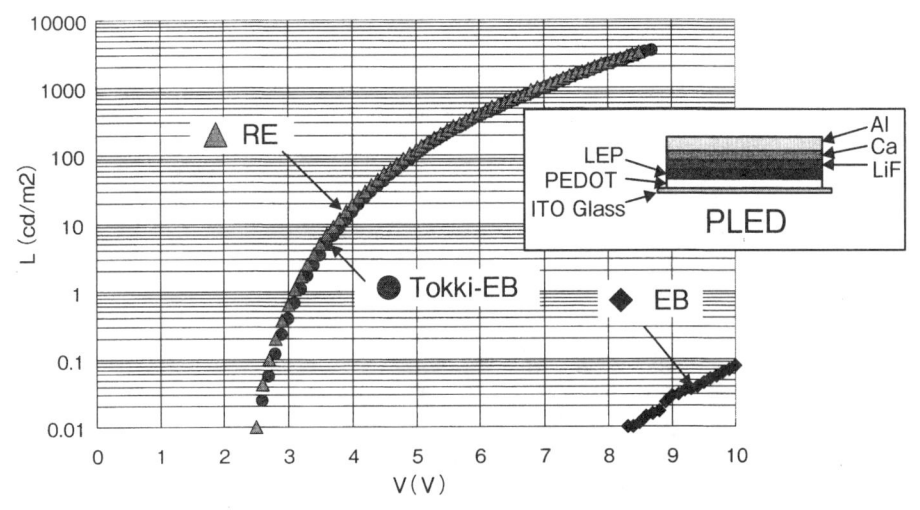

NEDO平成15年課題設定型産業技術開発(助成事業)
「高分子有機EL発光材料開発プロジェクト」の成果
図13　EB蒸着法のダメージ対策結果

4.3.3　アルカリ金属用の量産蒸発源

電子注入層としてLiやCaなどのアルカリ金属，LiFやLiO$_2$などの材料が用いられる。これらの材料は突沸が起こり易く，レート安定化が難しい。膜厚が薄いことから量産用でも大容量のるつぼは必要なく，蒸発源としてはセル式蒸発源が主に用いられる。突沸対策としてるつぼに工夫が必要であるが，当社では連続蒸着が可能なセル式蒸発源を提供している。

4.4　パターニング技術

有機材料は成膜後にウェット式のパターニングができないため，蒸着時にシャドーマスクを用いて成膜範囲をパターニングする。

4.4.1　アライメント機構

ガラス基板の所定に位置に有機膜を成膜するため，シャドーマスクを用いて成膜領域を制限する。図14にRGB塗分けのイメージ図を示す。図15にガラス基板とマスクのアライメント方式を示す。アライメント精度が100μm以上の場合はピンアライメント方式でも良いが，高精細なアライメントが必要な場合はCCDカメラを用いたアライメント機構が必要である。CCDアライメント機構では真空チャンバ内で±5μm以下の精度が得られる。ディスプレイの精細度が上がっている現在は更に±2μmの高精度アライメントの要求もある。

4.4.2　マスク蒸着

蒸着マスクを使用する場合，ガラス基板とマスクの密着性に注意する。ガラス基板とマスクの

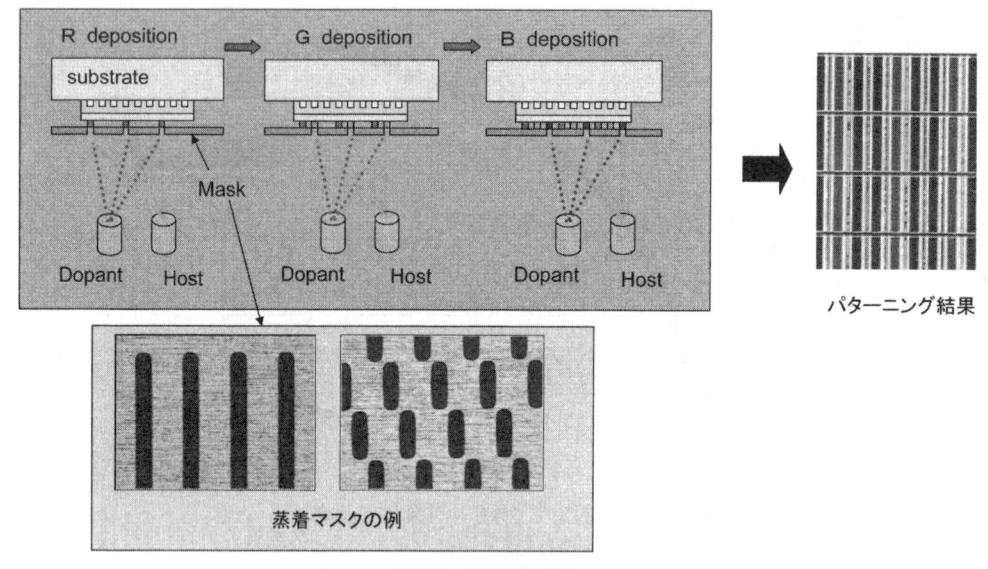

図14 RGB塗分け

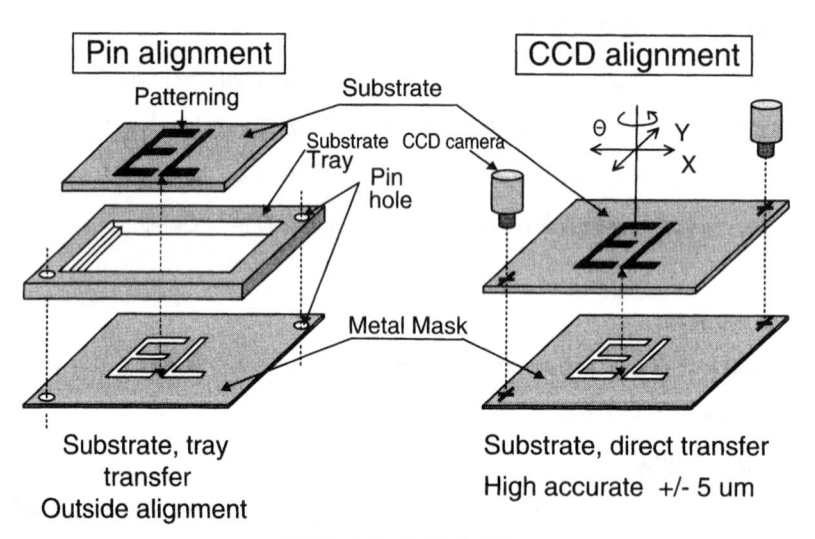

図15 アライメント方法

間に隙間があると，蒸発粒子が隙間に入り込み，成膜形状は所定の範囲より大きくなる（膜のエッジがぼやけるので膜ボケと呼んでいる）（図16）。これを避けるためテンションマスク法や磁場吸引法などが用いられる[10]。

またピクセル内の膜厚分布が大きいとピクセル内の発光分布が均一でなくなるため，ピクセル内の膜厚形状も重要である。これは蒸発粒子の入射角度とマスクの開口エッジの形状を考慮して

第 16 章　生産用真空成膜装置

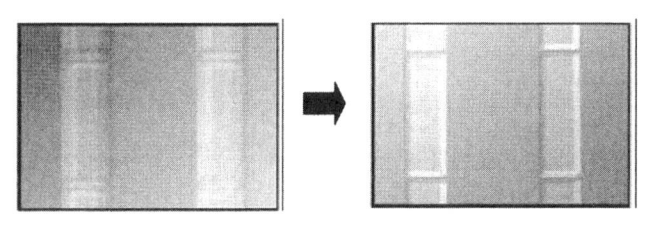

マスクの浮きあり　　**マスクの浮きなし**

図16　マスクの浮きによる膜ボケ

蒸発源と基板の位置を最適化する必要がある。

　蒸着マスクの材質は熱膨張率がガラス基板に近いインバー材などが用いられる。製法はエッチング方式や電鋳方式がある。

　量産装置では蒸着マスクに多量の蒸着材料が付着する。これはマスク開口部を小さくすること，マスクの重量を増加させ撓みを増やすこと，パーティクルの発生確率が増えるなど問題が起こる。したがって量産装置では定期的にマスクを交換している。クラスター型装置ではマスクストック室を設け，定期的に交換する。使用したマスクは洗浄し再利用する。インライン装置でもマスクの交換，洗浄を行う。

5　おわりに

　有機 EL デバイスは，材料や TFT 基板などの開発の進歩により，現在，アクティブ駆動型有機 EL の本格生産が開始し，更に有機 EL-TV の可能性もでてきた。製品パフォーマンスは競合デバイスに対し優位である（例えば，液晶に比べ省電力で薄く軽量，高コントラストなど）ものの価格競争は免れず，低コスト化が重要課題である。また現在開発が進められている有機 EL 照明や有機 EL-TV の製造装置として，高スループット化，基板の大型化が必要である。

　それぞれの有機 EL デバイスに合った最適な製造装置を構築し提供していき，将来有望な有機 EL 業界の発展に尽力していきたいと思う。

文　　献

1） J. Kido *et al.*, SID 03 Digest, p. 964 (2003)
2） 仲田，有機 EL 素子とその工業化最前線，エヌ・ティ・エス, p. 250 (1998)
3） T. Hirano *et al.*, SID 07 Digest, p. 1592 (2007)
4） R.J.Visser , 有機 EL 材料技術, シーエムシー出版, p. 141 (2004)
5） U. Hoffmann *et al.*, S D 03 Digest, p. 1410 (2003)
6） M. Shibata *et al.*, SID 03 Digest, p. 1426 (2003)
7） E. Matsumoto *et al.*, SID 03 Digest, p. 1423 (2003)
8） 平賀，月刊ディスプレイ, **11** (9), p. 32 (2005)
9） 松本，FPD 2004 実務編，日経 BP 社, p. 238 (2004)
10） 松本，有機 EL ハンドブック, リアライズ理工センター, p. 297 (2004)

第17章　研究用真空製膜装置

青島正一[*1]，八尋正幸[*2]

1　はじめに

　有機ELディスプレイの本格的な実用化を控え，有機電界効果型トランジスター（Organic Field Effect Transistor）や，有機太陽電池（Organic Solar Cell）など有機半導体を用いたデバイスの研究開発が積極的に展開されている。これら有機半導体を用いたデバイスの作製には，ピンホールなどが無く厳密に制御された100 nm以下の超薄膜を，再現性よく製膜できる技術が必要となる。現在，有機半導体デバイスの作製に用いられる薄膜の製膜方法は，真空蒸着法と塗布法の二つに大別できる。真空を必要とせず低コストで大面積化が期待される「印刷」によってデバイス作製が可能となる塗布法は，有機半導体デバイスのさらなる展開に必要な手法であり，材料開発や技術開発が盛んに行われている。しかし，大きな基板上への均一な超薄膜の形成や，高度に機能分離した有機半導体薄膜の積層構造の導入，さらに有機材料や溶媒に由来する不純物の混入によるデバイスの駆動寿命の低下など克服すべき課題も多い。一方，真空蒸着法は，製膜コストなど不利な面も多くあるものの，実用化されたほとんどの有機ELディスプレイが，真空蒸着法によって製造されていることからも分かるように，信頼性の高い有機半導体デバイスを比較的容易に作製できる。さらに，大気中の水分や酸素に敏感な有機半導体の本質を知るためにも，非常に有効な製膜手法となる。本稿では，研究用もしくは小型真空製膜装置と有機半導体デバイスの作製には必要不可欠となった昇華精製法を紹介する。

2　製膜に必要な真空度

　今では，真空蒸着装置があれば，有機ELの作製は簡単に行うことができる。ここではまず，真空を利用して薄膜作製を行う上で重要な基本概念である平均自由行程と入射頻度について述べる。平均自由行程λ（m）とは，ある圧力下で残存する気体分子と衝突することなく分子が飛ぶ

---

*1　Shouichi Aoshima　㈱エイエルエステクノロジー　代表取締役
*2　Masayuki Yahiro　九州大学　未来化学創造センター　光機能材料部門　安達研究室　助教

ことのできる距離の平均値を表し，圧力 P（Pa），温度 T（K）および分子の直径 D（m）との間には次のような関係がある[1]。

$$\lambda = 3.1 \times 10^{-24} T/PD^2 \tag{1}$$

ここで，有機 EL に発光層として一般的に用いられる Alq_3 を例に計算してみる。参考文献 2)から Alq_3 の分子密度は 2×10^{21} 個/cm^3 程度なので Alq_3 分子を球と仮定すると，Alq_3 の直径をおよそ 1.4 nm と算出できる。室温（300 K）で製膜した時，1 Pa での λ は～0.5 mm，10^{-3}Pa では λ は～50 cm となる。しかし，平均自由行程はあくまで「平均値」であることを考慮すると，10^{-3}Pa で蒸着源から熱エネルギーを受け飛び出した高いエネルギー状態にある分子が，途中酸素などの残留気体分子と衝突せずに 50 cm 直進できる割合は，わずか 3 割に満たないため，蒸着源と基板間距離が 30 cm 程度ある一般的な真空蒸着装置では，10^{-4}Pa 以上の高い真空度に保つことが必要になる。また，入射頻度 Zn（個/m^2·s）は，基板に衝突する気体分子の頻度を表す。圧力 P（Pa），温度 T（K），気体の分子量 M（g/mol）の間には次の関係がある[1]。

$$Zn = 2.6 \times 10^{24} P/(MT)^{1/2} \tag{2}$$

10^{-4}Pa において 300 K での残存酸素（$M_{O_2} = 32$）の入射頻度は，2.7×10^{18} 個/m^2 程度となる。先に算出した直径 1.4 nm の Alq_3 分子が基板最表面に単分子層を形成したとすると，基板表面には約 6.5×10^{17} 個/m^2 の分子が並んでいることになるので，1 秒も経たないうちに表面にあるすべての分子が酸素分子の衝突を受けてしまうことになる。そのため，より高真空状態の実現が必要となることがわかる。

また，有機半導体分子は酸素存在下で加熱すると，酸化反応が進み炭化してしまうことが多い。しかし，高真空下では沸点降下現象により沸点（昇華点）は低下するが，有機分子を構成する C-C 結合などの化学結合を解離・分解するエネルギーは影響を受けない。そのため，大気中で分解することなく昇華（蒸発）することができない有機半導体材料も，酸素も取り除かれた高真空状態で加熱することによって，容易に昇華させ基板上へ薄膜を製膜することが可能となる。

以上より，有機半導体デバイスの作製には，真空度は高ければ高いほど好ましいが，一般的には，比較的簡便な装置構成で，清浄な雰囲気を実現できる 10^{-4}Pa 程度の真空度で製膜を行うことが多い。しかし，製膜時の真空度は，10^{-3}Pa 以上の高真空下ではデバイスの初期特性にはほとんど影響を与えないものの，製膜時の雰囲気によって有機材料の結晶化が促進される H. Aziz らの報告や[3]，製膜時にデバイスに取り込まれた酸素や水分が，駆動に伴う電圧の印加によってデバイスを構成する材料と不可逆な電気化学的な反応を引き起こすため，駆動寿命へ大きな影響を与えるとする T. Ikeda らの報告[4]などに留意する必要がある。

第17章　研究用真空製膜装置

3　研究用真空製膜装置の基本的構成

　有機デバイスは，電極のパターニング，基板の洗浄，真空蒸着法による複数の有機層の製膜，陰極形成，封止の工程を経て作製される。真空蒸着には 10^{-4} Pa オーダーの真空度を得るため，安価で比較的メンテナンスも容易な油拡散ポンプとロータリーポンプを組み合わせた排気系が数年前まで用いられていた。しかし，オイルミストや熱分解したオイル成分が，きわめてわずかであるが真空チャンバー内へ混入して不純物として振る舞うために，現在では，水分を効果的に除去できるクライオポンプや，メンテナンスがほぼ必要のないターボ分子ポンプと液体窒素トラップを組み合わせたドライな排気系が主流となっている。また，真空ポンプだけではなく，真空チャンバーの構成部品には，シャッターの開閉や基板回転機構，基板搬送機構など，直線運動や回転運動を必要とするものがある。これらの機構にも，ベローズや磁気結合式駆動伝達機構を設け，潤滑油を必要としない装置構成とするなどの注意が必要である。

　蒸着装置は，1台でも有機デバイスを作製することは可能であるが，有機物用と金属用に2台の装置を準備し，ゲートバルブで接続することが好ましい。これは，融点の高い金属電極を製膜する際，金属材料の加熱による輻射熱の影響を受け，チャンバー内部に付着した有機物が再蒸発し，コンタミネーションの原因となることを防ぐためである。図1にマルチチャンバー型有機デバイス製膜装置の概念図と装置写真を示した。最近では，チャンバー間をゲートバルブで接続し，真空搬送機構を設け，基板投入から製膜，グローブボックスまで一度も大気に曝すことなくデバイスの作製と封止を行える装置構成が一般的になりつつある。真空一貫で作製したデバイスを，大気に曝すことなく酸素や水分濃度が 0.1 ppm 以下のグローブボックスへ取り出し，ガラ

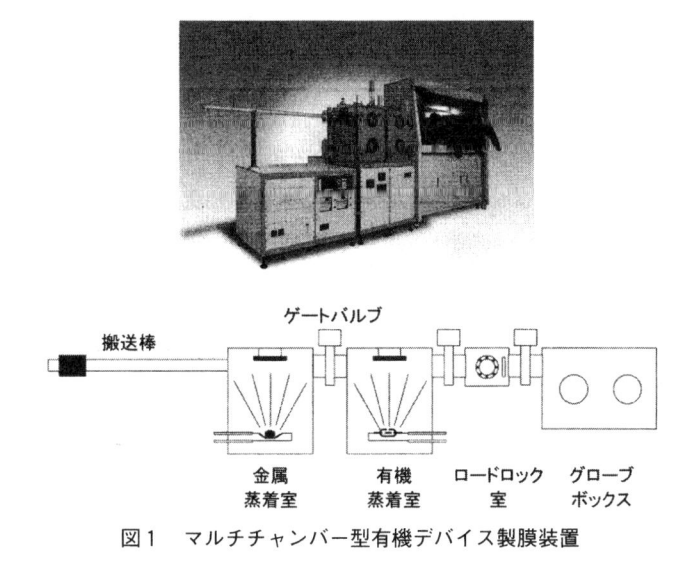

図1　マルチチャンバー型有機デバイス製膜装置

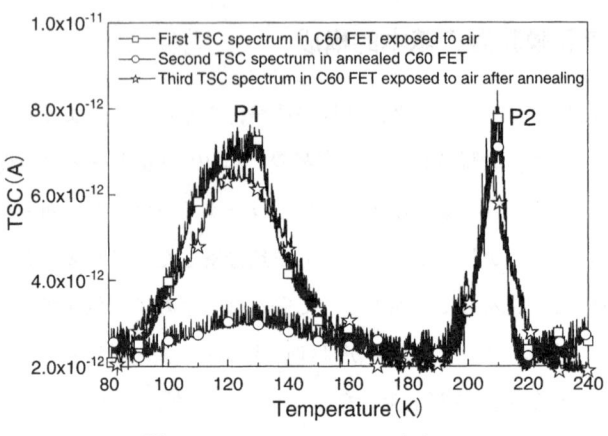

図2 C_{60}FET の TSC スペクトル
□；First scan，大気暴露後
○；Second scan，真空アニール後
☆；Third scan，再度大気暴露後

スやアルミ缶などのガスバリア性の高い封止缶と UV 硬化樹脂を用いて封止まで行うことは，デバイス作製直後の初期特性に影響を与えることは少ないが，デバイスの長寿命化や信頼性確保のために必要となる。特に，雰囲気に非常に敏感な有機 FET デバイスに関する研究には必須の装置構成となる。有機 FET は，半導体層への酸素や水の吸着，半導体／絶縁層界面の状態によって半導体層中のキャリアトラップ密度が変化し，このキャリアトラップが素子性能（FET 移動度）に大きな影響を与えると考えられている。Thermally Stimulated Current (TSC) 法を用いて，n 型 FET 特性を示す C_{60} を半導体層とした FET の電子トラップ準位の測定を行った結果を図2に示した[5]。TSC スペクトルには2種類の電子トラップに起因するピークが観測された。トラップ深さを算出すると，低温側の電子トラップの深さは〜0.23 eV，高温側の電子トラップの深さは〜0.42 eV であった。一方，C_{60} の FET 特性は，一度大気を経由することによって C_{60} 薄膜中に水や酸素が吸着し FET 特性は得られなくなったが，真空中 100 ℃で1時間加熱することによって C_{60} 薄膜から酸素や水が放出され FET 特性（飽和領域の電子移動度 $\mu = 1.6 \times 10^{-4}$ cm^2/Vs）が観測できるようになった。再び大気に暴露すると水や酸素が吸着し FET 特性が消失した。また，TSC スペクトルにおいて，低温側のピークが熱処理によって減少し，大気暴露によって増加していることから，低温側の電子トラップは C_{60} 薄膜に吸着した水や酸素によって形成されたと考えられる。本 TSC 測定では，TSC と製膜装置を真空で接続できないため，大気暴露と真空中アニールによる効果を検証した結果であるが，大気暴露によって有機薄膜の電子状態が変化する一例と理解できる。さらに，図1の写真に示した装置には接続されていないが，ロードロック室を設けることもある。ロードロック室は，チャンバーの大気開放数を減らすことができるだけ

第17章 研究用真空製膜装置

でなく，基板のUV/オゾン処理室やマスクのストックルーム室など幅広い応用が可能となる。

4 研究用真空製膜装置の内部構成

本節では，真空製膜装置内部の主要な構成について述べる。現在の有機ELは，高度に機能分離された積層構造やドーピングが必要不可欠なため，多元蒸着源が必須となる。さらに，限られた空間の中に蒸着源を多数設置することから，互いに干渉をしないためにも，相互の蒸着源を汚染しないためにも蒸着源の間は仕切板で分離される必要がある。また，2種類の有機材料を共蒸着法により製膜できるように，2つの蒸着電源及び膜厚計がホスト材料用とゲスト材料用にそれぞれ必要となる。実際には，基板近傍に設置されたホスト用膜厚計に，ゲスト材料が入射しないようにすることは困難であり，基板用膜厚計と同一になるように設計しても良い。さらに，蒸着源は輻射熱の影響を避け，基板近傍で有機材料の蒸気を均一化するためにも，経験的に基板から30 cm以上離れた位置に配置する。しかし，蒸着源が複数設置される場合には，蒸着源を基板直下に集中することができないため，膜厚のムラが危惧されるが，10～12 rpm程度の速度で基板を回転させるだけで，10 cm角の基板を用いても，膜厚やドーピング濃度のムラを数％以下まで抑えることができる。

有機材料の蒸着源には，Ta，Mo等金属製の昇華ボートに材料を投入し，金属製ボートに電流を流し，その金属の抵抗により発熱させる単純な抵抗加熱方式や，石英や黒鉛，BN等でできたるつぼをタングステンヒーターで加熱する簡易K-セルタイプが一般的に用いられる。しかし，一般的に有機材料の熱伝導率は悪く，加熱されやすい蒸着ボート壁面から材料は蒸発するため，有機材料の突沸やボート内での材料の崩落により蒸着速度が大きく変化することがある。最近で

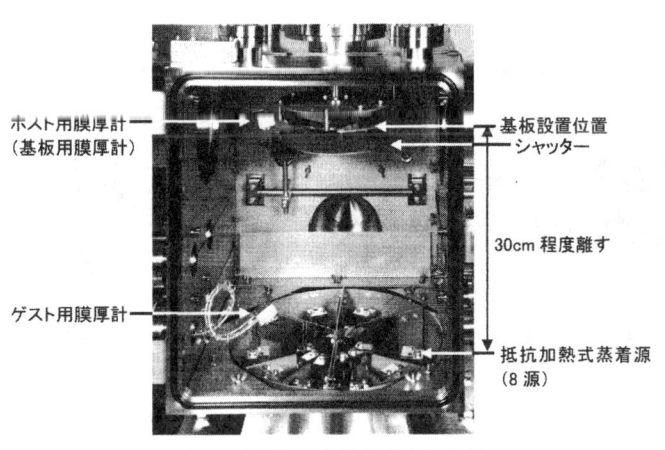

図3 典型的な有機蒸着室の内部

は，有機材料とともにサーモボールと呼ばれる化学的に安定な良熱伝導性の無機材料を混合して加熱することにより，蒸着速度を安定化させる手法も提案されている[6]。金属の蒸着源にも様々なボートが市販されているが，蒸着ボートと合金を作る金属もあり，ボートの材質の選択が必要なものがある。有機デバイスに一般的に用いられるMgやAg，Ca，電子注入層に用いられるLiFなどは，WやTaと合金を作らないため，粉末状の材料であればボックス型ボート，ある程度の固まり状であれば，安価なV字型W製ボートなどが便利である。ところが，Alは様々な金属や酸化物と合金を作るため，蒸着には困難を伴う。そのため，Alの蒸着は，電子ビーム蒸着法を用い，ハースライナーを使用せず十分に水冷されたCu製るつぼに直接投入し，E型電子銃で加熱し蒸発させるか，Alと合金を形成するもののW製スパイラルボートを使い捨てで用いる。Li，Csなど活性の高いアルカリ金属は，サエスゲッターズ・ジャパンから入手できるアルカリディスペンサー[7]を用いることが多い。蒸着電源は，共蒸着ができるように，有機，金属用共に2式以上準備することが望ましい。抵抗加熱方式の場合，蒸着電源は10 V，100 A程度の出力パワーがあれば，PtやTaなど高融点金属材料を除いたほとんどの金属材料や450 ℃以上の昇華温度を有する有機物も蒸着できる。

　真空蒸着の場合は，蒸発源の電流（もしくは蒸着ボートの温度）を一定に保持しても蒸着速度は一定になることはない。また微量のゲスト材料をホスト材料に共蒸着させるには，精密に蒸着速度を制御しなければならない。そのため，膜厚の測定には，真空下で使用でき，オングストロームオーダーの膜厚計測が可能な水晶振動子式膜厚計を用いる。水晶振動子は日常生活で使われる時計に広く使われており，その固有振動数は非常に安定している。このような性質を持つ水晶振動子に交流電場を印加すると，水晶振動子の固有振動数と交流電場の振動数が等しくなったところで共振現象が起こる。この水晶振動子表面に物質が蒸着されると，水晶振動子の固有振動数は低い振動数の方向に変化する。この変化量は蒸着物質の質量に比例する。つまり，共振周波数の

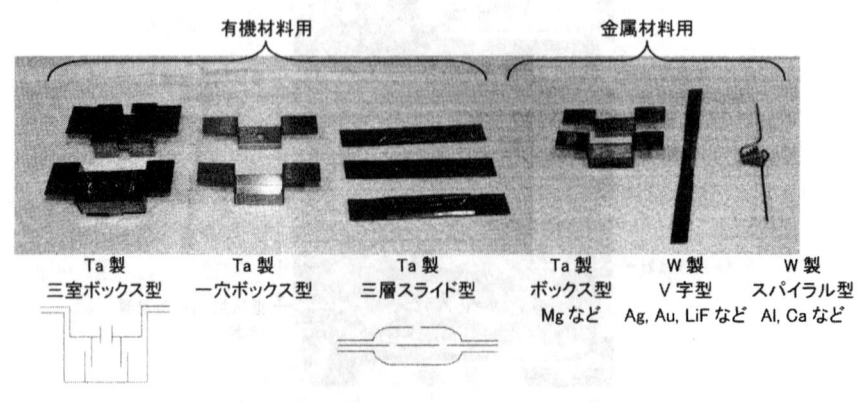

図4　様々な蒸着ボートの種類と一部の断面図

第17章　研究用真空製膜装置

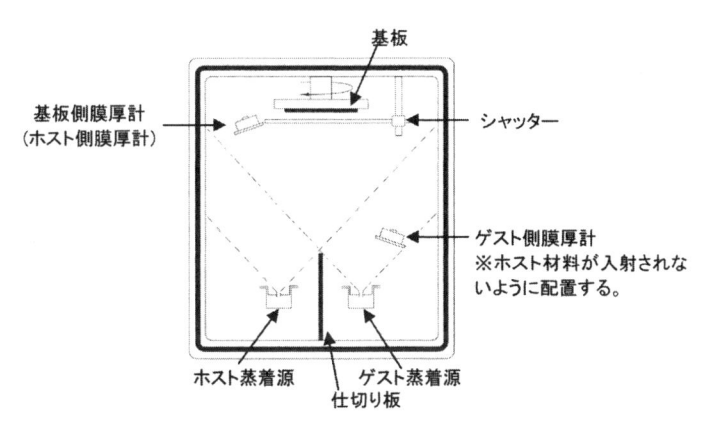

図5　水晶振動子式膜厚計の配置

変化を精度よく検出すれば，蒸着物の付着質量を膜厚に換算して膜厚が測定できることになる。水晶振動式膜厚モニターは，蒸着物の密度を入力し，Z-ratio と呼ばれる水晶振動子と蒸着物質の音響インピーダンスの補正を行うパラメーターを入力，さらに，触針式の膜厚計やエリプソメーターによって膜厚を実測し，水晶振動子式膜厚計のモニター値のズレを補正（Tooling Factor）する必要がある。実際に水晶振動子に付着した蒸着物の質量を，オングストロームオーダーの膜厚として検出できる水晶振動子式膜厚計は，水晶振動子に入射する蒸着材料の量に非常に敏感になるため，膜厚補正した水晶振動子検出器の位置や角度の固定には十分に注意を払い，定期的に Tooling Factor の再補正を行う必要がある。

ここで，共蒸着法の蒸着速度の算出法と実験レベルでの複数の膜厚計の使用法について触れておく。ゲスト材料を X mol%の濃度でホスト材料にドープしたい場合，ホスト材料の分子量を M_{host}，質量を W_{host}，蒸着速度を R_{host}，ゲスト材料の分子量を M_{gest}，質量を W_{gest}，蒸着速度を R_{gest} としたとき，ホスト材料の蒸着速度に対するゲスト材料の蒸着速度は，以下のように計算できる。

$$\frac{\dfrac{W_{gest}}{M_{gest}}}{\dfrac{W_{host}}{M_{host}}+\dfrac{W_{gest}}{M_{gest}}}\times 100 = X \quad (\text{mol\%}) \tag{3}$$

$$W_{gest} = \frac{M_{gest}}{M_{host}} \times \frac{X}{100-X} \times W_{host} \tag{4}$$

水晶振動子では，単位時間あたりの質量を測定しているので，

$$W_{host} : W_{gest} = R_{host} : R_{gest} \tag{5}$$

$$R_{\text{gest}} = \frac{M_{\text{gest}}}{M_{\text{host}}} \times \frac{X}{100-X} \times R_{\text{host}} \tag{6}$$

上式より,ホストとゲスト材料の分子量が既知であり,設定したい濃度(X)を決めると「比」の形で表すことができる。有機ELでは,ホスト材料の蒸着速度がおよそ1〜5Å/s内に収まるよう設定することが多いので,適当な値を代入することによりゲスト材料の蒸着速度を求めることができる。言うまでもないが,重量比(wt%)でドープ濃度を設定する場合には,蒸着速度比をそのまま重量比として読み取ればよい。ここで,分子量M_{host}=459.44 g/molのAlq$_3$へ,M_{gest}=303.36 g/molのDCMを1 mol%ドープする場合の膜厚計の使い方について考えてみる。式(6)より,

$$R_{\text{gest}} = 6.67 \times 10^{-3} \times R_{\text{host}} \tag{7}$$

なので,仮にAlq$_3$を基板用膜厚計でR_{host}=5Å/sの蒸着速度となるように製膜することを考えると,同じく基板用膜厚計でR_{gest}=0.033Å/sの蒸着速度になるように制御する必要がある。つまり,10秒間に0.33Åの蒸着速度に相当するが,膜厚計の有効数字から考えてもまだ遅すぎるため調整ができない。この時Tooling FactorがY%であるならば,モニターのパラメーター入力値を3×Y%と3倍してみる。すると,見かけ上の蒸着速度は,R_{host}=15Å/s,同じくR_{gest}=0.099Å/s,つまり,10秒間に〜1Å製膜されるように制御すればよいことになる。そこで,Tooling Factorを3倍にした基板側膜厚計でR_{gest}〜1Å/10sとなるように,ゲストの蒸着速度を調節し,この時のゲスト側膜厚計での蒸着速度を読み取る。この時,基板側の膜厚計とゲスト側の膜厚計には比例関係が成立しているので,ゲスト側膜厚計で膜厚補正をする必要はなく,パラメーターも蒸着速度を読み取りやすいように任意の値でよい。この後,ホスト材料の蒸着を始めると,基板側でゲスト材料の蒸着速度が制御できなくなることから,ゲスト材料の蒸着速度の管理は,ゲスト側膜厚計での読み値を参考に制御する。このゲスト用の読み値は,蒸着ボートのわずかな設置位置のズレによって,大きく変化するので実験ごとに取り直した方がよい。ゲスト材料の蒸着速度を厳密に制御しながら,ホスト材料の蒸着速度調整を始め,見かけ上R_{host}=15Å/sになるように調整して製膜する。この時,Tooling Factorを3倍しているので,実際に基板上へ製膜された膜厚はモニター出力値の1/3になっていることに注意する。

5 Cylindrical型スパッタターゲット[8]

近年,透明OLED(TOLED),Top emission type OLEDの研究が活発に行われ,フレキシブルディスプレイ,有機レーザーダイオードなどへの応用が期待されている。これらのデバイスは,

第17章 研究用真空製膜装置

Indium tin-oxide (ITO), Indium zinc-oxide (IZO) に代表される透明電極を陰極電極として用いることによって, 基板側の電極に対して上部ITO透明電極からの光取出しを可能にしたものである。これまでの研究では, ITO透明電極の製膜にはmagnetron sputtering法が多く用いられてきた。しかし, この一般的な製膜方法ではターゲットの正面5～10 cmの位置に有機薄膜を製膜した基板がセットされるため, InとSnの組成比の角度依存性が大きいこと, On-axis配置のスパッタとなるためO-イオンによるダメージが大きく, 蒸着膜の再スパッタを引き起こすなどの問題を抱えている。このため, ターゲットの正面位置に基板を配置した場合, OLEDは大きなダメージにより良好なOLED特性が得られない。そこでこれらの問題を解決するために, 有機層と透明電極の間に有機層保護層としての超薄膜金属層の挿入, 対向型ターゲット法などの特殊な方法を用いた低ダメージでの有機層への製膜が活発に検討されている。

これらの製膜技術を調査する中で, 著者らは小型研究用途として, プラズマダメージのない透明陰極が作製可能な特殊なCylindrical型のsputteringモジュール (図6 (a), (b)) を見出した。本節では, 特殊Cylindrical型モジュールを用いて有機層上への陰極ITOの製膜を行い, 従来用いられてきたPlanar型モジュール (図6 (c)) との比較を行った。この特殊Cylindrical型モジュールは高温超電導体であるYBCO酸化物などの製膜に用いられ, 高い組成比の制御が実現されている。今回用いたCylindrical型モジュールでは, 円柱の底から円柱内にArとO_2を流し, RFスパッタ法により円柱内部でプラズマを発生させる。そして, 円柱内でスパッタされたインジウムとスズはCylindrical型モジュール内に閉じ込められるが, 一部は上部の基板方向へ比較的緩やかに飛んでいくため製膜時のダメージを抑える事ができる。さらにPlanar型モジュールで問題となっているO-イオンによる基板上での再スパッタもCylindrical型モジュールでは抑制されるため, 低ダメージでのITO製膜が可能である。

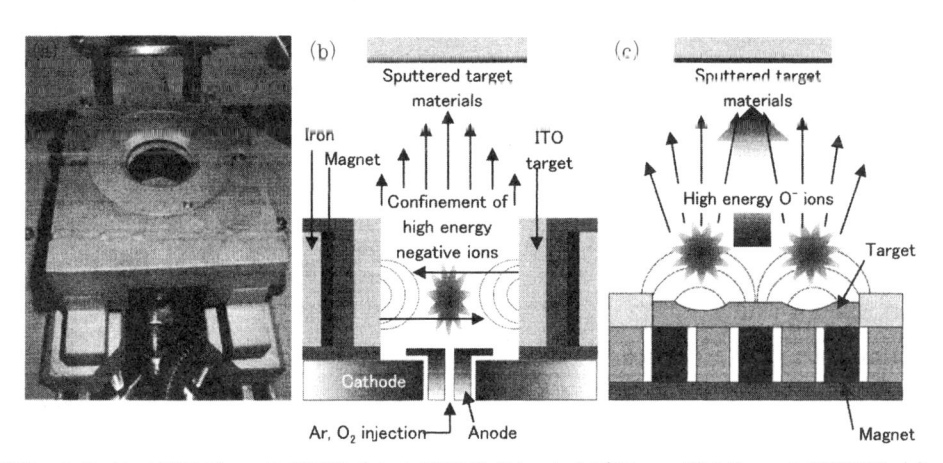

図6 Cylindrical型モジュールの写真 (a) と断面図 (b), およびPlanar型モジュールの断面図 (c)

表1に製膜したITO薄膜の組成比の角度依存性と膜厚の角度依存性の結果を示した。Planar型モジュールの$\theta=40°$の位置では，In_2O_3が78％程度とターゲットの組成に比べて20％近いInの減少が確認され，最も組成比変化が小さい$\theta=90°$の位置でも73％と10％近いInの減少が確認された。これに対してCylindrical型モジュールにおいては，$\theta=30°\sim90°$の範囲において製膜されたITOの組成比の変化は，ターゲットの組成と比べて2％程度しか変化していない事が確認された。これはPlanar型モジュールでは，基板位置がターゲットに対してon-axisの配置になる正面の位置であるため，O-イオンによる基板上での再スパッタ速度が大きいことが影響していると考えられる。そのため，SnO_2に比べ再スパッタされやすいIn_2O_3が一度基板上へ製膜されたITOから取り除かれ，組成比が変化したと考えられる。一方，Cylindrical型モジュールでは，モジュール内部でIn_2O_3とSnO_2が均一に混じり，その後基板へ製膜され，さらにoff-axis配置のためにO-イオンの飛翔が少なく，基板上での再スパッタが生じにくいためIn_2O_3とSnO_2の組成比は一定に保たれていると考えられる。よって，表1より，Planar型モジュールでは$\theta=40°$，Cylindrical型モジュールでは$\theta=90°$を最適製膜角度とした。仕事関数は，Planar型モジュール，Cylindrical型モジュール共に全ての角度においてWF＝4.2～4.5 eVの範囲の仕事関数を有していることから，In_2O_3の濃度が73～92％の間では，仕事関数とITOの組成比の間には大きな相関はないことがわかる。また，通常市販されている製膜時の基板温度200～300℃で製膜されたITO薄膜の仕事関数は4.7 eV程度であることより，室温で製膜を行ったこれらのITO薄膜は仕事関数が小さく，陰極電極に適したITOであると考えられる。

次に，図7に最適角度で製膜したITOのシート抵抗のスパッタガス中のO_2濃度依存性について検討した結果を示した。膜厚は100 nmに統一した。Planar型モジュールでは，Sheet抵抗値はO_2濃度に大きく依存する傾向が観測され，Arに対するO_2濃度が5％（Ar：11.4 SCCM，O_2：0.6 SCCM）の時に最も低いsheet抵抗値52Ω/□が得られた。しかしながら，O_2濃度が5％よ

表1　Planar型とCylindrical型モジュールを用いて作製したITO薄膜の物性値

	Planar type				Cylindrical type			
Angle θ (°)	40	55	70	90	30	50	70	90
Distance (cm)	5	8	12	16	13.5	13.5	13.5	13.5
In_2O_3 conc. (%)	78	77	74	73	89	92	88	89
SnO_2 conc. (%)	22	23	26	27	11	8	12	11
Thickness (nm)	166	128	101	100	66	86	90	100
WF (±0.1 eV)	4.3	4.3	4.3	4.5	4.2	4.4	4.2	4.3

スパッタ条件
　製膜圧力：～0.1 Pa，スパッタガス：Ar＋O_2，RF power：Planar型　20 W，Cylindrical型　50 W

第17章 研究用真空製膜装置

図7 ITOのシート抵抗のO$_2$濃度度依存性
Planar型モジュール（a），Cylindrical型モジュール（b）

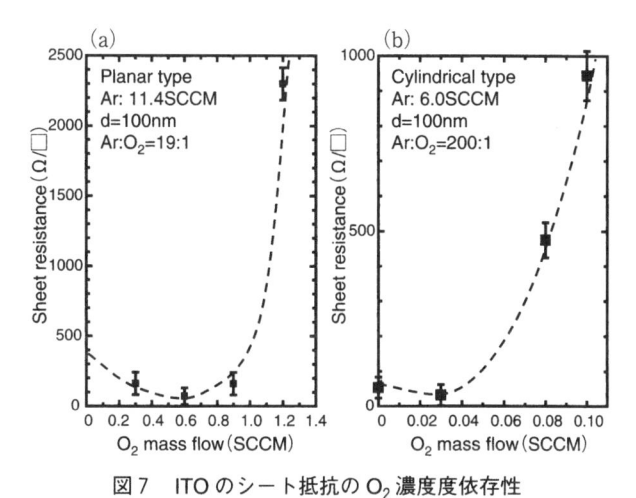

り濃くても薄くても，Sheet抵抗の増加が確認された。一方，Cylindrical型モジュールにおいても，Sheet抵抗値のO$_2$濃度依存性が観測され，O$_2$濃度が0.7％（Ar：32.0 SCCM，O$_2$：0.23 SCCM）の時に最も低いsheet抵抗値32Ω/□が得られた。また，0.7％以上のO$_2$濃度になると，急激なSheet抵抗値の増加が観察されたが，0.7％以下ではO$_2$を導入しなくても48Ω/□と比較的低い値を示すことから，スパッタガスには，O$_2$を混合せずArだけでの製膜も可能であることがわかった。この方法は，酸化が問題となるアルカリ金属などを用いた電子注入層の上に製膜を行うときには有効な方法であると考えられる。このようにCylindrical型モジュールでは，Planar型モジュールと比べて製膜時のO$_2$の脱離が非常に少ないため，プラズマ内部でのO−イオンの閉じ込め効率が良いCylindrical型モジュールでは，製膜時のO−イオンによる有機薄膜や電子注入層へのダメージを抑制できると考えられる。

そこで，ITO製膜時に有機膜へ与えるダメージの影響を調べるため，ITO薄膜の最適製膜条件においてTOLEDを作製し，Cylindrical型モジュールにより作製したTOLED特性のスパッタ出力依存性について検討を行った。その結果，出力50 W，100 W，200 Wと出力が大きくなるにつれて，印加電圧5 V程度までの低電流密度域にリーク電流が大きく見られるものの，5 V以上の印加電圧での高電流密度域では，すべて同等の特性が得られ，Cylindrical型モジュールでは比較的高出力においても低ダメージでの製膜が可能であることが確認された。

次に，モジュールによる製膜時の有機層へのダメージの影響についてデバイス特性より検討を行うために，Csドープ電子注入層を導入した，glass/ITO（110 nm）/α-NPD（50 nm）/Alq$_3$（30 nm）/Cs：BCP[1：1]（20 nm）/ITO（100 nm）デバイスを作製した。陰極ITOはCylindrical型モジュール（a），Planar型モジュール$\theta=40°$（b），$\theta=90°$（c）の3つの条件で製膜し検討した。

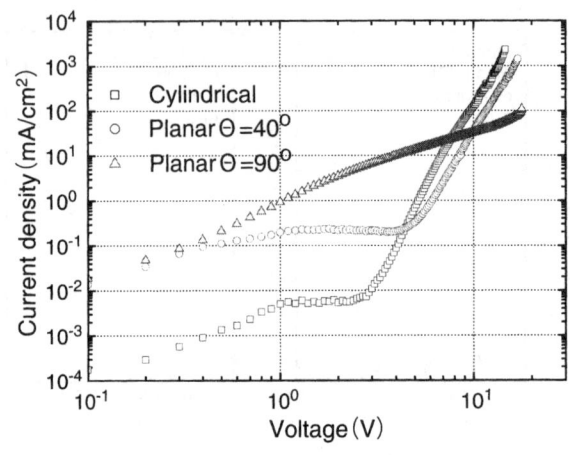

図8 製膜法の異なるITO透明陰極を有するTOLEDのJ-V特性
Cylindrical型（□），Planar型（θ=40°（○）），Planar型（θ=90°（△））

図8に3種類のTOLEDのJ-V特性を示した。その結果，印加電圧10Vにおける電流密度値（J）は，Cylindrical型モジュールでJ=123 mA/cm^{2}と非常に高い値を示したのに対して，Planar型モジュールθ=40°では，J=35 mA/cm^{2}とCylindrical型モジュールの1/3程度の電流しか流れなかった。一方，Planar型モジュールθ=90°では，再スパッタやO-イオンなどによるダメージが大きいため，他の2つのデバイスと比べて非常にリーク電流が大きく，正常な駆動は確認できなかった。外部量子効率は，Cylindrical型モジュールでは0.77％であったのに対して，Planar型モジュールθ=40°では0.50％であり，外部量子効率でもCylindrical型モジュールの方が良好な特性が得られた。これは，Planar型モジュールθ=40°では，製膜時に有機層が電極界面でO-イオンやプラズマよるダメージを受け，有機層が分解し不純物となりトラップを形成するために，電子注入効率が低下したためと考えられる。さらに，Cylindrical型モジュールの方がデバイスの低電流密度域でのリーク電流が小さいことからも，有機層に対して低ダメージでの製膜が実現できていることを示唆している。

6 昇華精製装置[9]

有機半導体デバイスに用いられる材料には，長寿命化や高信頼性のため高純度化が要求される。特に，真空中であっても加熱により有機材料の分解を促進する触媒作用を持つ不純物や，チャンバー内や真空度を汚染する残留溶媒などの除去は非常に重要である。一般に，有機材料はカラムクロマトグラフィーや再結晶を繰り返し精製される。しかしながら，残留溶媒の完全な除去は困難であり，難溶性の材料には適用しにくい欠点を有する。そこで，真空蒸着に用いる有機

第 17 章　研究用真空製膜装置

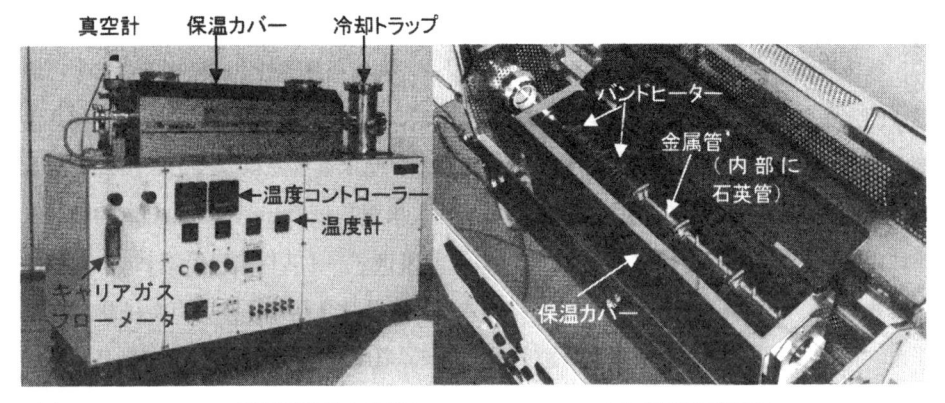

(a) Train Sublimation 型精製装置全体写真
(b) 装置内部写真

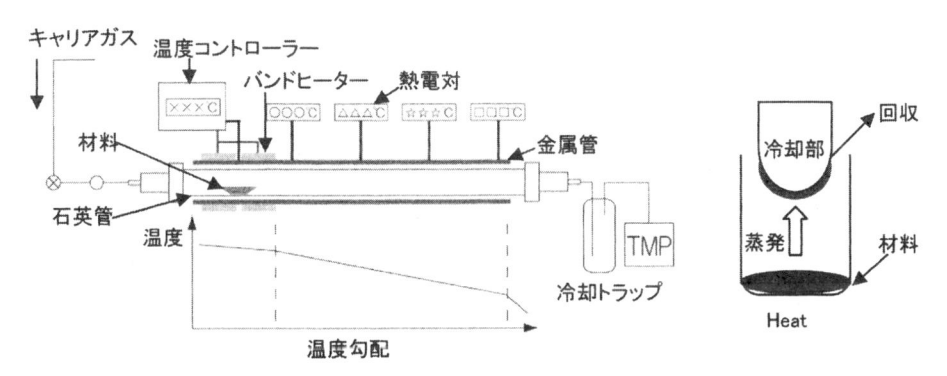

(c) Train Sublimation 型精製装置概念図
(d) 単純な昇華装置概念図
　　十分な精製を行うことは困難

図 9　Train Sublimation 型精製装置の写真と概念図

材料は，必ずといって良いほど昇華精製を行い，十分に不揮発性の不純物や目的材料よりも低沸点な残留溶媒や不純物を取り除くようになった。昇華精製法は，図 9 に示すように，石英管，石英管を取り巻く温度勾配形成用金属管，その金属管に設置されたバンドヒーター，温度調節器，（ターボ分子）ポンプで構成される。粗精製材料をポンプとは反対側にある高温となるヒーター部に数 g 置き，石英管内を 10^{0} Pa 程度の真空状態に保つ。ヒーターで材料を仕込んだ一端を加熱することになるので，管内に温度勾配ができる。このため，温度勾配形成型昇華精製装置は，Train Sublimation 型精製装置とも呼ばれる。有機材料が蒸発するまで加温すると，蒸発した有機材料はポンプに引かれて低温側へ移動する。この時，ヒーター側からキャリアガスを導入することもある。そして，温度勾配により，純物質と不純物の析出温度差を利用し，不純物を分離する方法である。不揮発性の不純物は原料ボートに残り，分子量の大きな分子は高温側に，低分子量の不純物は低温側に分離され，しばしば不純物と精製物が帯状に析出する。カラムクロマトグラフィーが，充填剤と純物質と不純物との吸着力差を利用しているのに対して，昇華精製は析

出温度差を利用しているため，カラムクロマトグラフィーの乾式工程と考えることもできる。このため，残留溶媒なども効果的に取り除くことができ，物質の昇華性を判断することも可能であり，最終的な精製法として優れている。通常は，不純物の析出が見られなくなるまで繰り返し昇華精製を行う。しかし，析出温度が非常に近い物質を分離することは原理的に困難である。図9 (d)の様な方式でも昇華（精製）に変わりないが，解説したTrain Sublimationの精製原理より，単純に昇華させた材料を回収するだけの方法では有機デバイス作製に必要十分な精製はできないと考えられ，材料購入の際などにはどの方式で昇華精製された材料なのか注意が必要である。また，キャリアガス種や真空度を調節すれば，装置構成を変えることなく単結晶育成装置としても転用することができる。

7　おわりに

　本章では，最新であり基本的な研究用製膜装置や昇華精製装置について紹介した。20世紀までは，研究用真空装置はガラス製ベルジャーと油拡散ポンプを組み合わせた装置が主流であり，それで研究用途には十分であった。当時，生産用ではレンズコーティング等が目的の超大型チャンバータイプの蒸着装置が用いられていた。また一部は，オージエ電子分光に代表される超高真空を扱う分野の職人芸的な世界であった。それが1980年代のシリコン半導体産業の立ち上がり，その後のLCDパネル用の製造プロセスに真空装置が生産装置として使用されるようになり，産業用真空装置は，排気・製膜操作の自動化，基板搬送ロボットの導入など，飛躍的な規模の拡大と進化を遂げて現在に至っている。このような生産用真空装置の発展の影で進化を停止していた研究用の真空機器の分野に，同じく1980年代の本格的な「有機光・電子デバイス研究の誕生」によって，大気に触れないで有機から金属まで多層膜を形成し，多元蒸着源と共蒸着が可能であることなど，これまでの単純なシングルチャンバーの装置では対応できない工程が要求されるようになった。しかし，これらの最先端研究に対する要求にも対応できる技術は，やはり古典的な真空固有の技術である。最近では，蒸着マスクのミクロン単位での移動，真空装置やグローブボックス間を真空保持したままの輸送，有機蒸着膜上にダメージ無くITO膜をスパッタ製膜するなどという従来では研究用途の小型装置には導入が困難であった技術も解決してきている。これからの研究用真空製膜装置の進化は，高度な研究の要求に研究者と一緒になって，斬新なアイデアを真空機器の設計に加え，製造コストを抑え，いかに高付加価値装置を提供できるかにかかっており，装置メーカーの一員としてまた有機半導体デバイスの研究者として，研究用真空製膜装置の発展に積極的に寄与したい。

文　献

1) 麻蒔立男，薄膜作成の基礎，日刊工業新聞社，東京（1977）
2) P. E. Burrows, Z. Shen, V. Bulobic, D. M. McCarty, S. R. Forrest, J. A. Cronin, M. E. Thompson, *J. Appl. Phys.*, **79**, 7991 (1996)
3) H. Aziz, Z. D. Popovic, S. Xie, A. M. Hor, N. X. Hu, C. Tripp, G. Xu, *Appl. Phys. Lett.,* **72**, 756 (1998)
4) T. Ikeda, H. Murata, Y. Kinoshita, J. Shike, Y. Ikeda, M. Kitano, *Chem. Phys. Lett.,* **426**, 111 (2006)
5) T. Matsushima, M. Yahiro and C. Adachi, *Appl. Phys. Lett.,* in press
6) http://www.vieetech.co.jp/index.htm
7) http://jp.saesgetters.com/
8) H. Yamamoto, T. Oyamada, W. Hale, S. Aoshima, H. Sasabe and C. Adachi, *Jpn. J. Appl. Phys.,* **45**, L 213 (2006)
9) 時任静士，安達千波矢，村田英幸，有機ELディスプレイ，オーム社，東京（2004）

第18章　Alkali Dispenser Technology

S. Tominetti[*1], A. Bonucci[*2]

Abstract

One of the key issues for organic light emitting diodes (OLEDs) is to achieve high electro-luminescence external quantum efficiency (η_{ext}), high power efficiency (η_E) and long-term stability. These goals imply extremely efficient electron injection and thus low driving voltage, together with high electron mobility in the organic layer and therefore high recombination efficiencies.

Low work function alkali metals and alkaline earths successfully lower the electron injection barrier and increase electron injection into the organic layer in OLED displays, but their implementation is not easy.

The advanced alkali metal dispenser technology developed by SAES Getters (AlkaMax®) can ensure the required metal evaporation rate in a reliable, homogeneous and easily controllable way.

1　Introduction

Practical exploitation of OLEDs still requires the solution of several scientific and technological issues. If we focus on the improvement of the cathode structure and the metal-organic interface, we can imagine achieving high electro-luminescence external quantum efficiency (η_{ext}), high power efficiency (η_E) and long-term stability through an extremely efficient electron injection. Low driving voltage, together with high electron mobility in the organic layer and thus high recombination efficiencies are required to achieve this goal[1]. Typically, OLEDs already use alkali metals, like Li and Cs, or alkaline-earth metals, like Mg and Ba, to improve the cathode performances; in the early stages of OLED development, Tang and Van Slyke[2] adopted a cathode structure based on composite MgAg alloy able to reduce the overall cathode work function and the barrier height for the electron injection.

---

* 1　Stefano Tominetti　Saes Getters S. p. A., Lainate (MI), Italy　Business Area Manager

* 2　Antonio Bonucci　Saes Getters S. p. A., Lainate (MI), Italy

More recently, the optimization of electron injection through the incorporation of an alkali metal inside the cathode structure is becoming more popular. The first appearance of alkali metals to obtain a low driving voltage OLED dates back to 1983, when Partridge used Na, K and Cs as efficient electron injection cathodes in a PVK based OLED[3].

Alkali metals incorporation in the OLED structure can be accomplished in two forms:

- ultra-thin layers (Li, LiAl, Li_2O, LiF, Cs, CsAl, CsF and alkali-metal carboxilates) above the electron transport layer (ETL) and capped by an Al back electrode[4~8].
- co-deposition of Li or Cs with an ETL immediately prior to the cathode deposition[9~17] (also named "alkali metal doping of ETL").

Both configurations have been shown to dramatically reduce the driving voltage and, in the meantime, increase the external quantum efficiency, the overall luminance and the long-term operational stability.

In the case of Top Emission OLED devices and stacked structures (SOLEDs), the most promising transparent cathode layers can be obtained in two ways: ① by co-deposition of a Mg:Ag layer above the ETL[18]; ② by co-deposition of Li or Cs with ETL just before the deposition of ITO as cathode[4,18]. Transparent cathodes built up using CuPc or BCP capped with RF sputtered ITO, are also conformal with the adoption of an alkali metal like Li.

2 Reference Alkali Metal dispenser technology and materials

Three main techniques can be identified to incorporate the alkali metals (e.g. Li) within the OLED architecture:

(1)　LiF dispensing through crucible
(2)　Li or Cs dispensing through crucible
(3)　Li or Cs dispensing through AlkaMax®

Many OLED manufacturers are exploiting the usage of LiF because it is cheap, stable in air and easier to be handled. But even LiF evaporation inside a crucible is sensitive to temperature variation, with a consequent unstable behavior during the deposition if the temperature control is not extremely accurate and highly efficient, even if the is not as critical as for pure Cs and Li evaporation using conventional crucibles.

In fact, the deposition of alkali (and alkaline earth) metal layers can be performed through the metal itself in a conventionally heated crucible. However, these metals are very reactive and should be handled in inert atmosphere throughout the entire process, since free metals easily react with gaseous impurities, leading to several instabilities, like splash evaporation, due to reaction at solid-liquid interface, or increased sensitivity to the temperature equilibrium. In particular, the use of pure Cesium, that is providing the best performances as it will be described in the next paragraphs, is extremely difficult if not impossible with the standard crucible technology.

An innovative metal dispensing technology, AlkaMax®, has been developed by SAES Getters to overcome these problems and ensure OLED metal cathode reliability as well as stable and accurate deposition rates for the cathode structures.

3 SAES' AlkaMax® material and technology concept

The working principle of AlkaMax® is a chemical reaction which involves an environmentally friendly precursor of the metal and/or a metallic alloy: it is extremely stable at room temperature and at standard atmosphere. Before evaporation the metal is present in a stabilized form and can be evaporated "on demand": the evaporation could be stopped and re-started without loosing metal yield because the residual metal, not yet released, remains in its stable form.

SAES' alkali metal dispensers have different configurations related to material content and to the production scale-up. Laboratory scale tests can be performed with small wires (to evaporate a few milligrams of metal), pilot line test can be carried out with an "evaporation boat" (to evaporate hundreds mg of Lithium or a few g of Cs) and mass production test can run with a bigger cylindrical evaporation boat (Fig. 1).

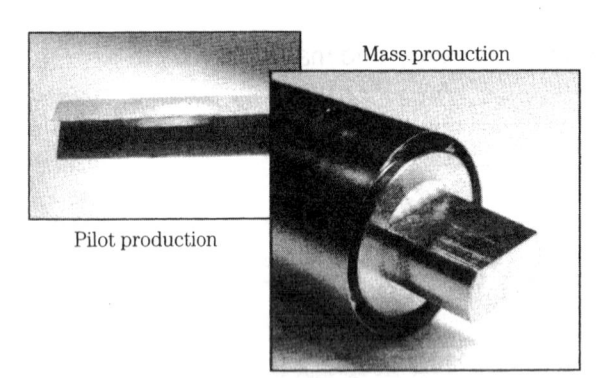

Fig. 1 AlkaMax® configurations

The material and layout of this cylindrical configuration container have been designed so as to provide low outgassing throughput (H_2, CO) during heating, to withstand embrittlement (due to H_2 at high temperature) and feature minimum radiative heating (towards evaporation chamber, target substrate, Quartz Crystal Microbalance).

This AlkaMax® container is treated with a firing procedure that enables it to withstand strong thermal and mechanical stresses. The selected material of the dispenser is SS AISI 304 L (140 mm

第18章　Alkali Dispenser Technology

length × 37 mm diameter).

The final configuration has been optimized with an external shield[19] which allows minimizing the heat exchange with the surrounding elements, a better controlled, stable and reproducible evaporation rate and finally reducing power consumption. AlkaMax® is simply mounted to appropriate electrodes and heated by Joule effect. The heating process comprises two steps: ① preliminary degassing (around 30～40 minutes) at a temperature lower than the starting of evaporation; ② evaporation and deposition step controlled on line by means of QCM (Quartz Crystal Monitor) and/or AAS (Atomic Absorption Spectroscopy)[20].

During the long term evaporation the deposition rate obtained was stable and reproducible for several setting in the range 0.05～10 Å/s, the upper limit depending on the alkali metal being evaporated. Fig. 2(a) shows a constant deposition rate of Lithium at 0.3 Å/s for 80 hours and the corresponding current applied during evaporation. Generally, the operating voltages and currents applied

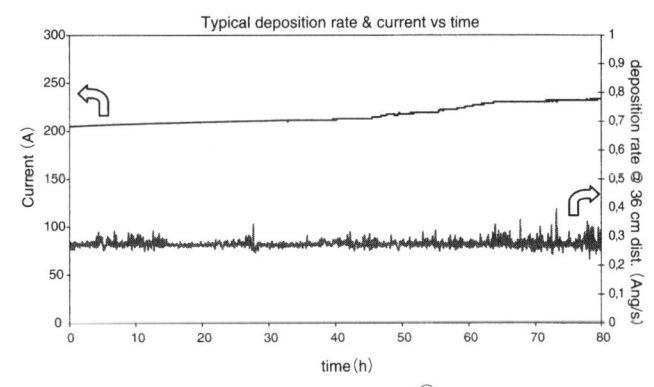

Fig. 2(a)　Li evaporation rate and AlkaMax® heating current vs. time

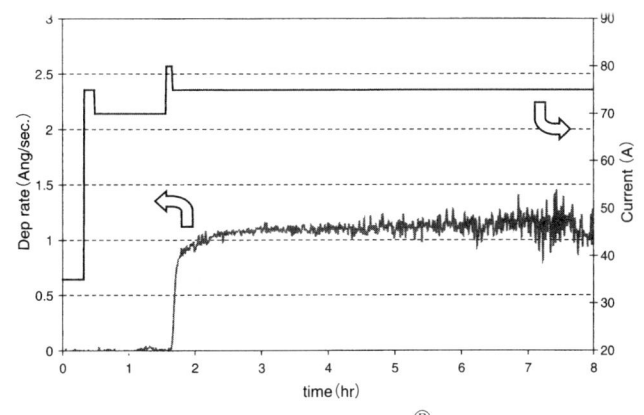

Fig. 2(b)　Cs evaporation rate and AlkaMax® heating current vs. time

to obtain Lithium evaporation from the configuration suitable for mass production use are: 0.8〜2 V and 170〜300 A. In Fig. 2(b) Cs deposition at 1.1 Å/s is presented. For Cesium, typical operating voltages are the same, but with lower currents, in the range 50〜80 A.

4　Critical factors of Alkali Metal Evaporation detection and control

Alkali metals are very reactive materials that easily and quickly form oxides, hydroxides and carbonates even with a little amount of contamination, present in a vacuum chamber during the deposition process. This must be taken into account on the three stages of the deposition process: evaporation, detection and feedback control.

The use of pure metals as evaporation sources is subject to continuous degradation of the free surface of the liquid and also of the bulk in the case of solid. The pure metal reduces itself during subsequent depositions and then the maximum evaporable quantity changes from one batch of alkali source to another. Furthermore, this quantity is not reproducible and it is affected by the change of the contamination level into the chamber, making it difficult to program the evaporation source maintenance and substitution in the industrial application.

It is worth adding that evaporation rate can depend on the free surface that has not reacted and if this is not reproducible, the process parameters must be adjusted for every vacuum chamber condition. Although the use of ideal Knudsen cells can reduce the importance of the available pure free surface on the deposition rate, anyway pure metals must be conserved in UHV or UHP conditions and any maintenance of the production site requires the change of the total material, if the chamber needs to be vented. In fact, if alkali metals carbonate, very high temperatures are needed to reverse the reaction and get back to the pure substance. The use of on-demand materials, like AlkaMax$^®$, avoids also this problem, because is based on precursors that are inherently stable in air.

Although evaporation problems can be solved with AlkaMax$^®$ materials, nevertheless the deposition process must take into account the feedback system on the evaporation rate based on the measurements of quartz crystal monitor. The contamination in the chamber can negatively act on monitoring in two ways:

(a)　first, it oxidizes the alkali metals that are deposited on the substrate and on the quartz, overestimating the real deposited quantity. This could be acceptable. Alkali metal oxide can work as electron injection layer in the final application with very good results, but if the contamination in the chamber changes, the repeatability of the deposited quantity from one batch to the other can be affected because the overestimating factor changes itself;

(b) the second issue is related to the feedback control that changes the current and joule heat produced into the boat following the variation of the deposition rate. When the rate is lower than the expected one, the control increases the temperature of the boat, also generating a little outgassing from the chamber walls around the crucible. This can artificially increase the deposition rate because, as discussed above, the deposited layer reacts with a little higher contamination. The total effect is a sinusoidal answer of the feedback control. Of course, *this feedback effect is stable* and can be solved by a good cleaning of the walls and programming the feedback control in a right way (fitting the correct PID parameters).

Another important issue is related to the quartz crystal monitor itself. In fact temperature variation of the quartz gives a virtual measure of deposition rate. In this case, *the problem is unstable* because the increase of temperature induces a virtual negative deposition rate. If the quartz is not adequately cooled, when the deposition rate shows a negative variation, the feedback control tries to increase the current, heat and temperature of the boat. This can in turn increase the temperature of the quartz, hindering the effective increase of deposition rate or, in the worse situation, simulating a virtual reduction of the deposition rate. The feedback control would try to adjust this virtual phenomenon increasing the source temperature in unstable way. The use of good PID parameters and AlkaMax® materials can avoid this effect.

In fact, pure materials have an exponential law that relates the deposition rate and temperature. The exponential law is very difficult to be controlled by the feedback because of the high derivative. AlkaMax® materials that evaporate from precursors have a quasi-linear law dependence between the deposition rate and temperature. In this way, every instability phenomena, as the quartz crystal monitor effect, can be easily limited just by PID parameter design.

We conclude that the quartz crystal monitor effect is also observed during the set up of the evaporation sources, when the initial evaporation current need to be found. Operators typically increase the current and, since no detection is shown by the QCM, it is erroneously drawn the conclusion that evaporation did not start. For a specific value of the current, which depends on the chamber geometry and characteristics, a strong unstable peak of evaporation is commonly observed. It is not a real phenomenon. As always, the increase of boat temperature acts on the quartz of the QCM and generates a virtual negative deposition rate that masks the real value. The problem can be solved by increasing the temperature by relatively small and long steps to allow the crystal monitor reach temperature equilibrium. For the same reason, if a specific current needs to be explored, setting a higher current for a while and descending afterwards to the desired value accelerates thermal equilibrium of quartz crystal monitor.

Finally, QCM calibration is usually done by measuring a sample with deposited material by another more accurate way. Three techniques are generally adopted, depending on the materials:

· ellipsometer for organic materials (basing on the reflective index of semitransparent materials, it is possible to measure the thickness);

· α-test, i.e. the profilometer system, that is typically used for LiF;

· transmittance method that is effectively used for transparent cathodes (Mg, Mg:Ag). The QCM measurement is directly related to the main important parameter of the cathode, the transparency itself. In order to know thickness, a calibration curve is needed.

A fourth method can be introduced for the calibration of alkali metals: chemical analyses, e.g. through ICP, of the deposited layer.

5 Improving OLED performances using AlkaMax®

Alkali metals improve the I-V-L characteristics of the OLED device.
Depending on I and V conditions, three different regimes can be envisaged[21]:

① *ohmic regime*, at very low voltages, where the conduction is determined by the thermally generated free charge. The current density can be described as:

$$j = e\mu_n n_0 \frac{V}{d} \qquad (1)$$

where e is the elementary charge, μ_n is the electron mobility in the ETL, n_0 is the thermally generated background free charge density, V the applied voltage and d is the ETL thickness;

② *space charge limited* (SCL) current at very high voltages:

$$j = \frac{9}{8}\mu_n \varepsilon\varepsilon_0 \frac{V^2}{d} \qquad (2)$$

where ε is the dielectric constant and ε_0 the permittivity of free space [i)];

③ between the two extreme cases, there is a transition regime – the *trap limited* (TCL) – where too many charges are injected to allow for ohmic conduction, but not enough charges to fill all trap levels [ii)]; the current is governed by the density and energy distribution of the traps:

---

i) This equation is the solid state analogous of Child's-Law for SCL currents in vacuum.

第 18 章　Alkali Dispenser Technology

$$j = N_{\text{LUMO}} \mu_n e \left[\frac{\varepsilon \varepsilon_0 l \sin(\pi/l)}{eH_t (\pi/l)(1+l)} \right]^l \left(\frac{2l+1}{l+1} \right)^{l+1} \frac{V^{l+1}}{L^{2l+1}} \tag{3}$$

where N_{LUMO} is the density of states in the LUMO–levels and H_t is the total trap density if the trap distribution starts at $E_{\text{LUMO}} = 0$. The empirical parameter $l > 1$ describes how the concentration of traps changes with energy.

The parameter l and the transition between the three regimes depend on the specific process applied and cannot be easily reproduced for different contamination and temperature distribution during the process.

These three regimes can be limited by the injected current. Two models represent these limitations: the Fowler–Nordheim model and the Richardson–Schottky model. Both have limits in the representation of the phenomena. We will refer to these two models, because, as we'll show afterwards, we have only to assess whether the current is limited by injection or not. If not, we will show that the optimization can be performed through the relationships (1), (2) and (3).

In the RS–model carriers are injected when they acquire sufficient thermal energy to cross the potential maximum that results from the superposition of the external and the image charge potential. The emitted current is:

$$j = CT^2 \exp\left(-\Phi - (eF/4\pi\varepsilon\varepsilon_0)^{1/2}\right) k_B T \tag{4}$$

where Φ the potential barrier for charge injection at the interface, C is the field independent Richardson–constant[iii] and F is the average electric field in the sample. In practical applications, the part of the characteristic that produces a luminance higher than 1÷3600 cd/m^2 seems to be in the TCL regime, not limited by the injection current because of the low work function.

The average electric field F in the sample, which appears in equation (4) is given by:

$$\bar{F} = \frac{V - V_{\text{bin}}}{L} \tag{5}$$

where L is the total layer thickness. The built–in voltage V_{bin} depends on the work function difference of the ITO and the cathodes. Lowering the work function of the pure Al, by using injection

---

ii) Organic materials exhibit electronic traps due to structural disorder or impurities. These traps reduce the electron mobility. Increasing the forward bias leads to more injected carriers and hence to more and more filled traps, and the SCL characteristic regime starts.

iii) This approach neglects tunneling through the barrier and inelastic backscattering of the hot carriers before traversing the potential maximum. The latter is the reason why fits of the RS–model to experimental data usually give too high values for the Richardson constant C.

layer, reduces the V_{bin}. For instance, a layer of LiF can reduce the work function of 0.7 eV, and the effect is evident the built-in voltage[22], as shown in Fig. 3.

The work function is lowered by an alkaline metal layer[23], as shown in Fig. 4.

LiF has also the same effect, as measured in reference [24], and shown in Fig. 5.

Another good effect alkali metals bring to the device is to diffuse into the ETL increasing the electron mobility, i. e. decreasing the internal resistance.

This is not a phenomenon to be avoided. LiF, in fact, is a good material layer because it dissociates and lets the Li diffuse in the ETL.

Evidence of this beneficial diffusion has been given by SIMS[24] and UPS[6], explained by a different chemical reaction (that involves the temperature of the Al layer and the concentration of moisture during the deposition process). Also from the electrical characteristic point of view has been demonstrated that LiF has an advantage due to the diffusion of Li.

The potential problem associated to Li diffusion is the risk to diffuse in the recombination zone (50 Å $\div$ 100 Å, above the HTL and Alq$_3$ layer)[9]. This causes quenching of excitons. Then, we must take into account Li diffusion length. The Li diffusion length, as extracted through analysis of SIMS data[4] and J-V characteristics, in BCP and CuPc is $\sim$700$\pm$100 Å and in Alq$_3$ is $\sim$300$\pm$100 Å. This is an issue present with both LiF and Li.

Alkali metals can be used in different configurations inside the OLED system to achieve the benefic effect on I-V characteristic:

- as Electron injection layer between ETL and the cathode
- as doping of the ETL

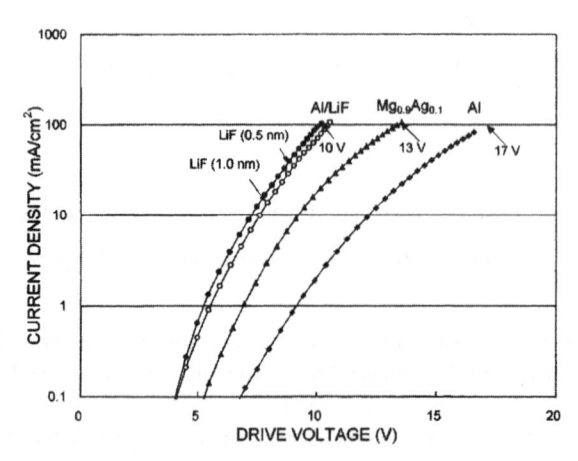

Fig. 3 Current-voltage characteristics of four EL devices using Al, Mg 0.9 Al 0.1, and Al /LiF electrode, respectively. For the OLED structure refer to the bibliografy[22].

第 18 章　Alkali Dispenser Technology

J-V characteristics depending on a work function of cathode

ITO(110nm)/α-NPD(50nm)/Alq$_3$(50nm)/X(0.5nm)/Al(100nm)

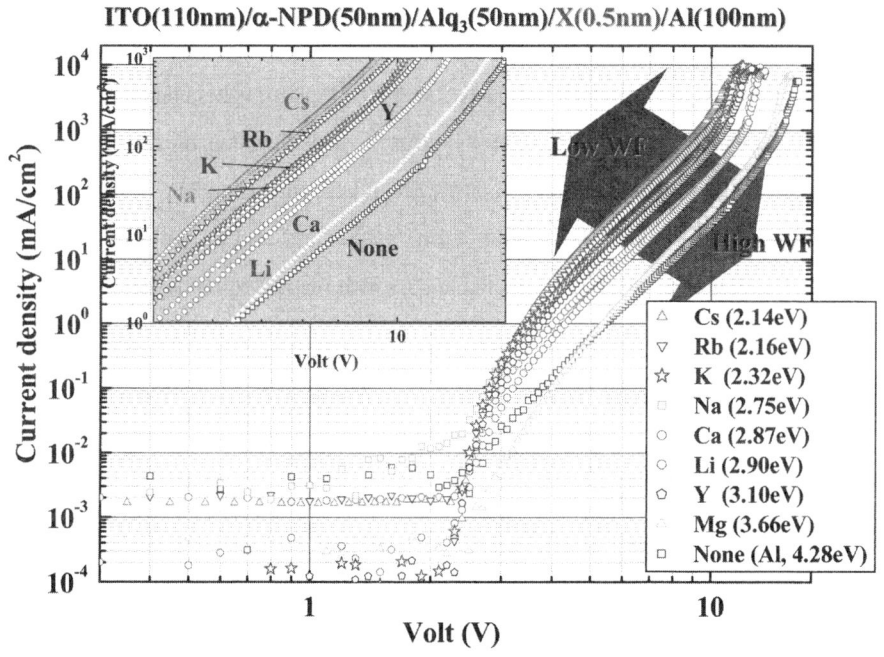

- △ Cs (2.14eV)
- ▽ Rb (2.16eV)
- ☆ K (2.32eV)
- □ Na (2.75eV)
- ○ Ca (2.87eV)
- ○ Li (2.90eV)
- ○ Y (3.10eV)
- Mg (3.66eV)
- □ None (Al, 4.28eV)

Fig. 4　Current density-voltage (J-V) characteristics of ITO(110 nm)/α-NPD(50 nm)/Alq$_3$ (50 nm)/X(0.5 nm)/Al(100 nm) devices with various cathode metals; X(WF: Work-function) = Cs (1.9 eV, △), Rb (2.2 eV, ▽), K (2.3 eV, ☆), Na (2.4 eV, □), Ca (2.9 eV, ○), Li (2.9 eV, ○), and None (3.5 eV, □). (Inset) External quantum efficiency (η_{ext})-current density (J) characteristics depending on work-function of inserted cathode metals. It is clearly visible that using Cs a current density of about 100 mA/cm^2 is reached at a driving voltage of 6.5 V, compared to a structure without alkali metal where 100 mA/cm^2 are achieved at a value higher than 10 V.

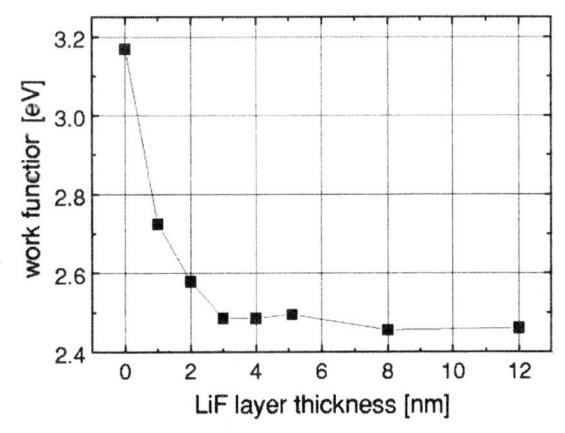

Fig. 5　Kelvin probe measurements of various LiF layer thicknesses on freshly evaporated Al. For calibration a freshly deposited Ag reference layer was used..Li exhibits 2.9 eV at 0.5 nm, very close to the LiF value

− as cathode alloy

5.1 EIL layer

As explained before the electron injection layer lowers the built-in voltage and increases the mobility of the charges into the device because of the diffusion of alkali metals in ETL.

Fig. 6 shows the characteristics L-V for samples without EIL, with 1 nm EIL of LiF, Li and Cs, for devices NPD (70 nm)/Alq$_3$ (50 nm)/Alkali metal (1 nm)/Al (200 nm) and without EIL.

The advantage is clear and the superiority of Li and Cs with respect to LiF is due to the better diffusion of alkali metal inside the device.

The layer thickness must not exceed a critical value[25] that increases the interfacial and total resistance of the device, therefore making it useless the improvement due to the lower built-in voltage, as shown in Fig. 7 for Cs and in Fig. 8 for Li for voltage-luminance characteristic.

5.2 Doping

Doping of the ETL is generally considered a more difficult process because it needs a control of deposition rate from different crucibles. However, with this approach the reduction of the internal resistance of ETL is directly controlled by the process and not left to indirect parameters as in the case of EIL solution. Moreover, with the highly controllable AlkaMax® technology the technological issues can be more easily and efficiently overcome.

In ref.[26] is published an interesting comparison between different doping Alq/Li (molar ratio 2:1 and 6:1), against the use of LiF layer, with a structure indicated in the reference.

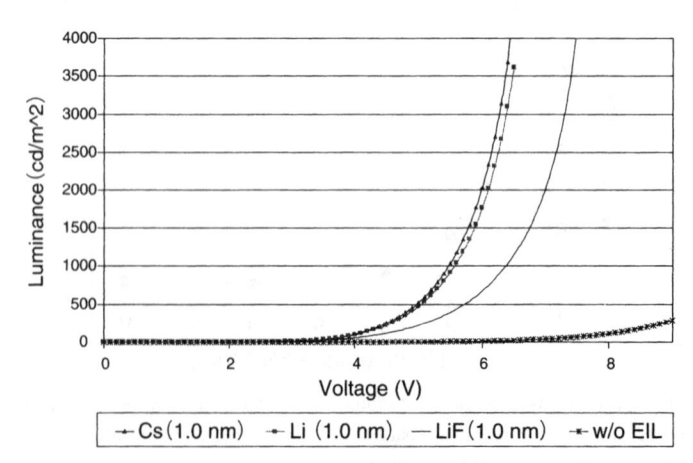

Fig. 6 L-V characteristic of the tested sample without EIL or with a 1 nm EIL of LiF, Li, Cs

第 18 章　Alkali Dispenser Technology

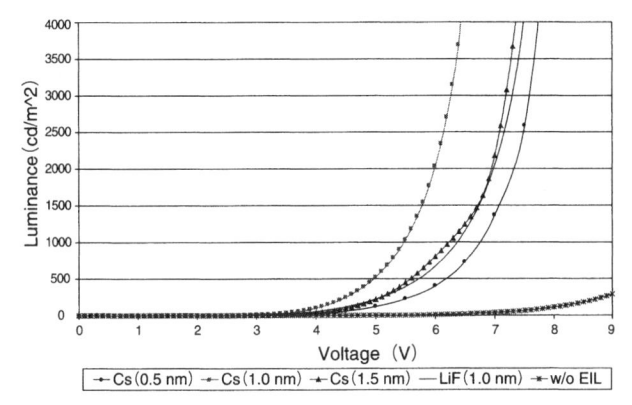

Fig. 7　Characteristic of samples without EIL, with 1 nm thick LiF EIL and with different Cs EIL thickness values.

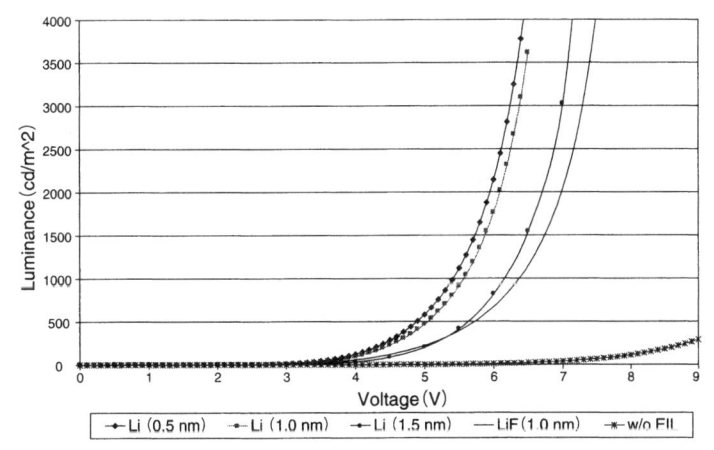

Fig. 8　Characteristic of samples without EIL, with 1 nm thick LiF EIL and with different Li EIL thickness values.

Fig. 9 shows the results. The lower doping has got a better current efficiency, but of course a worse electric characteristic. The lower doping is better than LiF layer configuration.

A similar and very interesting result has been obtained by Prof. C. Adachi at CIST[97] using Cs: also in this case, performances of the doped ETL exceed those of the corresponding Cs layer, as shown in Fig. 10, achieving record-high current densities.

5.3　Cathode alloy

Cathode alloy, i.e. Al combined with an alkali metal, can have better performance than the single layer because is a sink for alkali diffusion for the electron injection itself, avoiding the contact resistance between EIL and cathode. Fig. 11 shows the comparison between devices with a 1 nm Cs

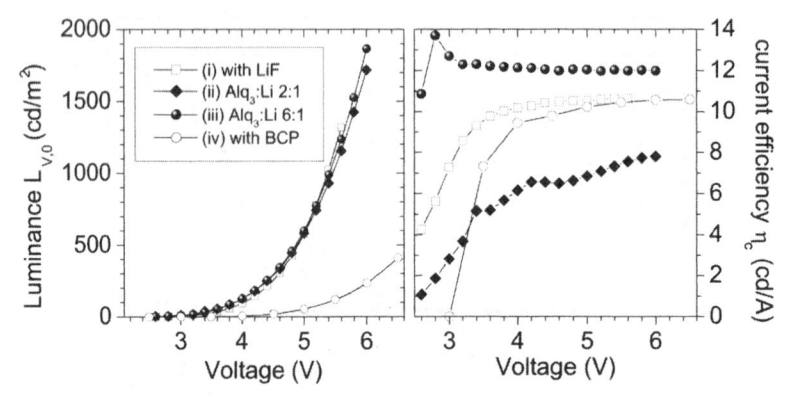

Fig. 9 Current efficiency with different doping compared to the use of LiF layer. The use of BCP seems to improve the case Alq3:Li 2:1.

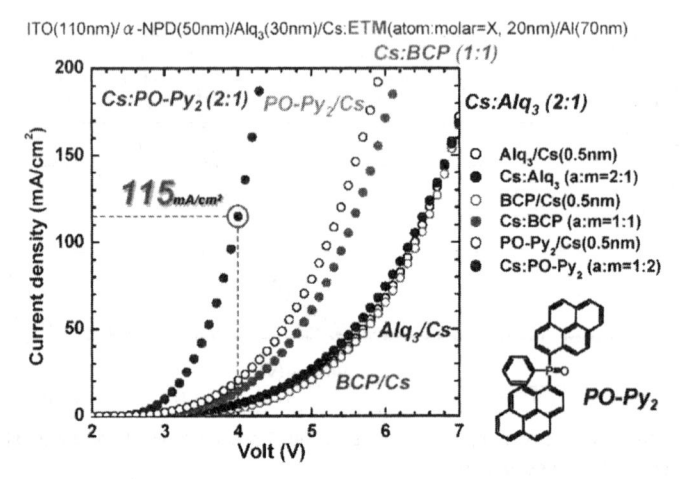

Fig. 10 Current efficiency with different Cs doping compared to the use of Cs layer.

layer or LiF as EIL, cathode alloy Al:Cs with different molar ratio and without any alkali metal.

6 Optimization of device architecture and deposition condition

Although alkali metals, in particular Li and Cs, have the best characteristics both for luminance and for current against voltage, quantum efficiency must be optimized considering also the charge balance. In fact, the big amount of electrons that achieve the EL must be compensated by a large amount of holes from HTL. This means that the optimization of an alkali metal configuration that can be layer, doping or cathode alloy, must also consider the HTL thickness to balance the charge.

第 18 章　Alkali Dispenser Technology

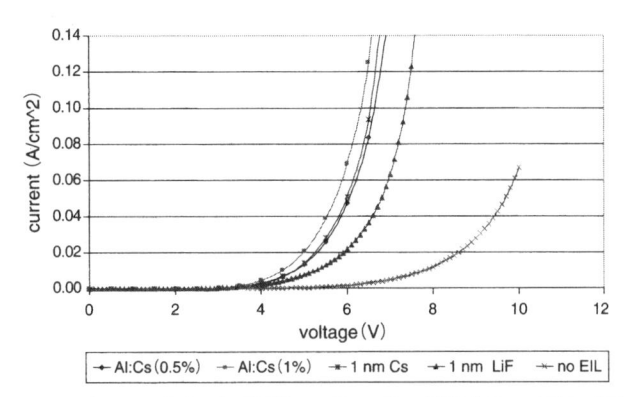

Fig. 11　Current characteristic of OLED configuration NPD (70 nm)/Alq$_3$ (50 nm)/EIL/ Al (200 nm), where EIL is SAES pure Cs of different thickness or LiF or just Al /Alq$_3$ contact and NPD (70 nm)/Alq$_3$ (50 nm)/ Al (200 nm):Cs

Fig. 12 shows the improvement of luminance in the case of Cs layer reducing the HTL (NPD) from 70 nm to 40 nm, in a specific configuration. Of course, the characteristic improves because of the lower resistance.

The important effect is on the quantum efficiency that exceeds the values obtained in the LiF configuration case (Fig. 13).

The configuration itself must be optimized in all the layers to obtain important results. Furthermore, the process parameters are fundamental to obtain good result. In particular, deposition rate can affect the degree of diffusion of alkali metals into the ETL. It must not exceed a critical value to avoid diffusion into the EL, and must be high enough to dope the ETL.

For instance, for a configuration ITO/NPD (70 nm)/Alq$_3$ (50 nm)/EIL (1 nm)/Al (200 nm), it has been measured[28] that:

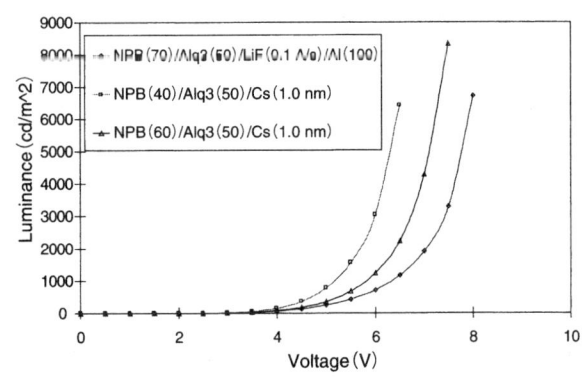

Fig. 12　Luminance characteristic reducing the HTL layer, in order to balance the hole-electron pairs

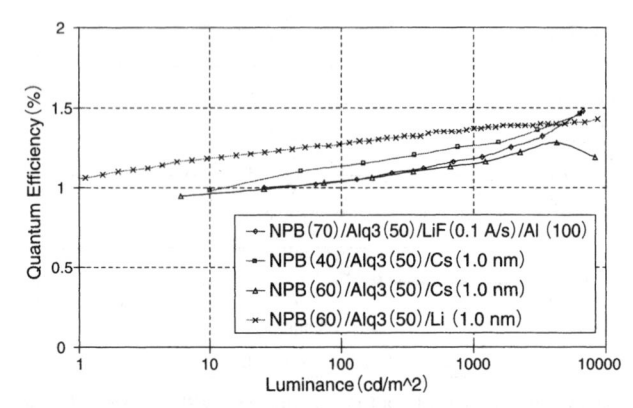

図13 Quantum efficiency vs. luminance for different configurations, where the HTL thickness is modified (reduced) to balance the charges

- by changing 0.4 Å/s vs. 0.2 Å/s of deposition rate in the case of Li EIL, the resistance is half time with the higher deposition rate;
- 0.2 Å/s vs. 0.1 Å/s of deposition rate in the case of Cs EIL results in a resistance change of 11%, that is not relevant. Cs atoms have not enough energy to diffuse.

This is an indication that it is more difficult for Cs to diffuse into Alq_3 than Li.

7 Summary

The use of alkali metals inside the OLED structure can increase the device performance in noticeable way both for the luminance and for the quantum efficiency.

Both electron injection layer and ETL doping configuration can ensure very good results.

In order to achieve the improvement, some technological shrewdness must be followed:

(1) Material precursors that are stable in air must be preferred to the pure metal source for the evaporation to avoid degradation during the process cycles;

(2) Quartz Crystal Monitor must be cooled enough and temperature transient effect on the quartz must be taken into account both in initial phase of set up (in the prototypal step) and during the production, designing the right PID control on the crucible;

(3) Thickness of Electron Injection Layer must be optimized depending on the cathode and ETL material. It must not exceed a critical value;

(4) Deposition rate must be optimized and it must not exceed a critical value that causes the EL layer contamination but it must be high enough to allow diffusion in the ETL. For that, SAES Getters' AlkaMax® material and technology allow an easy control of the desired deposi-

tion rate;

(5) HTL must also be optimized in the end of the design to balance also the positive charge and increase the quantum efficiency. In fact, although the luminance at the same voltage is higher when alkali metals are used with respect to LiF solution, the improvement of quantum efficiency requires that the same quantity of holes and electrons arrive in the EL.

Acknowledgements

The authors would like to thank the co-workers at SAES Getters Corporate HQ Laboratories and Ms. C. Maeda of SAES Getters Japan for the valuable contribution to the development of AlkaMax® technology and Prof. J. Kido and Prof. C. Adachi for their support. A substantial part of the experimental work has been performed through a collaboration contract with Prof. J.Y. Lee of Dankook University, Korea.

Reference

1) S. M. Kelly, "Flat Panel Displays. Advanced Organic Materials", RSC Material Monographs, (2000)
2) C. W. Tang and S. A. Van Slyke, *Appl. Phys. Lett.*, **51**, 613 (1987)
3) R. H. Partridge, *Polymer*, **24**, 748 (1983)
4) G. Parthasarathy, C. Shen, A. Kahn and S. R. Forrest, *J. Appl. Phys.*, **89**, 9, 4986 (2001)
5) T. Oyamada, C. Maeda, H. Sasabe, C. Adachi, *Jpn. J. Appl. Phys.*, **42**, L 1535 (2003)
6) M. G. Mason, C. W Tang, L. S. Hung et al., *J. Appl. Phys.*, **89**, 5, 2756 (2001)
7) L. S. Hung, C. W Tang, M. G. Mason, *Appl. Phys. Lett.*, **70**, 152 (1997)
8) M. Fahlman and W. R. Salanek, *Surface Science*, **500**, 904 (2002)
9) J. Kido and T. Matsumoto, *Appl. Phys. Lett.*, **73**, 20, 2866 (1998)
10) T. Oyamada, H. Sasabe, C. Adachi, S. Murase, T. Tominaga, C. Maeda, *Appl. Phys. Lett.*, **86**, 033503-1 (2005)
11) H. Nakamura et al., SID 99 Digest, 31.5 L, 446 (1999)
12) T. Oyamada, C. Maeda, H. Sasabe, C. Adachi, *Chem. Lett.*, **32**, 4, 388 (2003)
13) L. J. Gerenser, P. R. Fellinger, C. W. Tang, L. S. Liao, SID 04 Digest, 23.4, 904, (2004)
14) T. Hasegawa, H. Mizutani et al., SID 04 Digest, 11.3, 154 (2004)
15) G. E. Jabbour et al., *Appl. Phys. Lett.*, **71**, 1762 (1997)
16) T. Wakimoto et al., *IEEE Trans. Electron Devices*, **44**, 1245 (1997)
17) J. Kido, K. Nagai, Y. Okamoto, *IEEE Trans. Electron Devices*, **40**, 1342 (1993)
18) G. Gu, G. Parthasarathy, P.E. Burrows, P.Tian, I.G. Hill, A. Kahn and S. R. Forrest, *J. Appl. Phys.*, **86**, 8, 4067 (1999)

19) International patent application PCT/IT 2005/000509 (2005)
20) C. Maeda *et al.*, *Vac. Tech. & Coating*, **33** (2002)
21) P. E. Burrows *et al.*, "Relationship between electroluminescence and current transport in organic heterojunction light-emitting devices", *J. Appl. Phys.*, **79** (10) (1996)
22) M. G. Mason, "Interfacial chemistry of Alq$_3$ and LiF with reactive metals", *J. of Appl. Phys.*, **89**, N.5 (2001)
23) T. Oyamada, C. Maeda, H. Sasabe, C. Adachi, Jpn. *J. Appl. Phys.*, **42**, L 1535 (2003)
24) H. Heil, "Mechanisms of injection enhancement in organic light-emitting diodes through an Al/LiF electrode", *J. of Appl. Phys.*, **89**, N.1 (2001)
25) S. Tominetti, L. Cattaneo, G. Longoni, A. Bonucci, and L. Toia, [Invited], Alkali & alkaline-earth metal sources for OLED devices, Proc. IMID 2006
26) J. Blochwitz, "Organic light-emitting diodes with doped charge transport layers", PhD thesis, Dresden (2001), Appendix B
27) C. Adachi and coworkers, private communication (2006)
28) A. Bonucci *et al.*, "High control Alkali & Alkaline-earth Metal Sources for OLED devices", Proc. IMID 2007

第19章 有機ELデバイス分析技術

安野 聡[*1], 藤川和久[*2]

1 はじめに

ディスプレイ分野において,近年急速にその名を広めつつある有機ELは,実用化および性能向上のために,信頼性と寿命の問題をクリアする必要がある。このような課題を早急に解決することが今後の有機ELの発展を大きく左右することは言うまでもない。半導体分野に比べれば,まだ日の浅い有機ELだが,幸いにして半導体分野で培われた分析技術が比較的適用されやすい技術である。有機ELの発展のためにはこのような分析技術を有効に活用することが必須である。

本稿の表題であるデバイス分析技術としては,製造されたデバイス(或いは実デバイスに近い)の構造に着目した分析方法が中心となる。その中でさらに評価目的別に分類すると,有機層の構造評価,不純物評価,結晶性評価,化学結合状態評価となる。本稿では特に表面分析手法を用いて有機層の構造評価を実施する場合を考える。

2 各種表面分析手法

表面分析手法には様々なものがある。分析対象の試料構造や目的に応じて的確な分析手法を選ぶ必要がある。簡単に各種表面分析の特徴をまとめたものを表1に示す。各分析手法についての特徴や注意点を簡単に挙げると,

オージェ電子分光法(AES): プローブに電子線を用いるため,平面分解能が高く微小領域の分析が可能である。このため,局所的なデバイスの不良解析を行うことに適している。一方で,電子線による試料損傷や試料帯電に注意する必要がある。

X線光電子分光法(XPS): プローブにX線を用いるため,試料損傷や試料帯電の影響が少な

[*1] Satoshi Yasuno ㈱コベルコ科研 エレクトロニクス事業部 物理解析部
 表面・構造解析室
[*2] Kazuhisa Fujikawa ㈱コベルコ科研 エレクトロニクス事業部 物理解析部
 表面・構造解析室

表1　各種分析手法の比較

分析手法	深さ分解能	空間分解能	定量精度	分析深さ	深さ分析法	特徴
オージェ電子分光法 (AES), (FE-AES)	1-3 nm	50 nm (AES) 15 nm (FE-AES)	○	~5 μm	イオンエッチング	微小領域
X線光電子分光法 (XPS), (μ-XPS)	0.5-3 nm	200 μm (XPS) 10 μm (μ-XPS)	○	~5 μm	イオンエッチング	化学結合状態
二次イオン質量分析法 (D-SIMS)	0.5-1 nm	1 μm	△	~5 μm	イオンエッチング	微量元素
ラザフォード後方散乱分析方 (RBS)	数十 nm	1 mm	◎	0.5~1.0 μm	非破壊	定量精度が高い
高分解能ラザフォード後方散乱分析法 (HR-RBS)	0.2-1.5 nm	1 mm	◎	~数十 nm	非破壊	定量精度, 深さ分解能が高い

い。そのため適用範囲が広く比較的実施し易い分析手法である。また, 本分析手法は組成分析だけでなく化学結合状態の情報を得ることができるのが大きな特徴である。角度分解測定によれば非破壊で深さ方向分析が可能である。

二次イオン質量分析法 (SIMS)：プローブにイオンを用いる。全元素の微量分析が可能である (表面分析手法の中では最も感度が高い) ため, デバイス中又は最表面の不純物量を調べることに適している。一方で二次イオン収率が母材によって変化する問題があるため, 定量するためには標準試料が必要となる。

ラザフォード後方散乱分析法 (RBS)：プローブにイオンを用いる。定量性に優れ (標準試料を必要としない), また非破壊で深さ方向分析が行える。このため, 定量性を重視した分析やイオンエッチングによる試料損傷が懸念される試料の分析に適している。質量数が大きくなると質量分解能が悪くなるため, 試料を構成する元素の組み合わせによっては分析が難しくなる。後述の高分解能 RBS は, 検出系に偏向マグネットを用いて深さ方向の分解能を向上させている。

3　深さ方向分析

有機 EL 素子は電極の間に有機薄膜が配置された多層構造となっている。このような多層構造を表面分析で深さ方向分析を行うためには, 一般的にはイオンエッチングを用いる。しかし, 有機 EL 素子ではイオンエッチングすると有機層を破壊してしまうため, イオンエッチングを用いない深さ方向分析手法が求められている。このような分析方法としては, ①有機 EL 素子を加工して断面を切り出し, 各種分析手法により線分析を行う方法, ②XPS の角度分解測定や, ③高分解能 RBS (もしくは RBS) のような非破壊で深さ方向分析を行う方法が考えられる。①の断面試料の作製には着目層が損傷しないように斜めに切削して試料を調整する方法が使用され, 線

第19章 有機ELデバイス分析技術

分析には各種表面分析手法やフォトルミネッセンス法（PL），赤外分光法（IR）などが用いられている。②の角度分解XPSについては，検出深さが浅い（10 nm程度）点や解析方法の難しさから，容易に適用できるものではないが，今後解析手法が確立されれば有用な分析手法となり得る。③の高分解能RBSについては，以下に実際に分析した事例を紹介する。

4 高分解能RBSによる有機ELの分析

RBSはRutherford backscattering spectrometryの略であり，試料にヘリウムなどのイオンを入射し，ラザフォード散乱によって試料から散乱されたイオンのエネルギーを分析することにより，薄膜試料の構成元素の深さ方向分布を調べる手法である[1]。今回分析に使用した高分解能RBSの高分解能とは従来型（高エネルギー型）RBSと比較して深さ方向の分解能が良いということを表している。従来型RBSは，散乱イオンの測定に半導体検出を用いる。RBSの深さ分解能は主にこの検出器のエネルギー分解能によって決まる。半導体検出器のエネルギー分解能は10～20 keVで，深さにすると数十 nm程度である。一方，高分解能RBSは偏向磁石と位置検出器を組み合わせた検出器系[2]により，0.2～1.5 nm程度の深さ分解能が得られる。両者の使い分けは，深さ分解能の他に分析対象の膜厚（検出深さ）が指標となる。試料構造や構成元素にも依るが，高分解能RBSでは～数十 nm程度，RBSは0.5～1.0 μm程度の膜厚が目安となる。

分析に用いた有機ELのデバイス構造を図1に示す。ITO/α-NPD/Alq$_3$/X/Al素子において，Xのところに仕事関数の小さなアルカリ金属を0.5 nm挿入することにより，著しく電流―電圧―輝度特性が改善されることが知られている[3]。特にCsを用いた場合，最も駆動電圧が低下することが報告されている[4]。しかし，このアルカリ金属による影響が明確に解明されていないのが現状である。この素子構造の深さ方向分析を行い，アルカリ金属の分布状態を捉えることは非常に重要である。

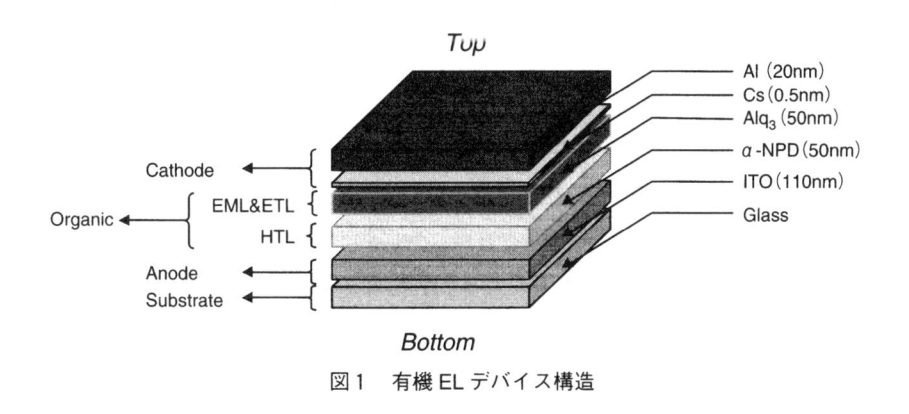

図1　有機ELデバイス構造

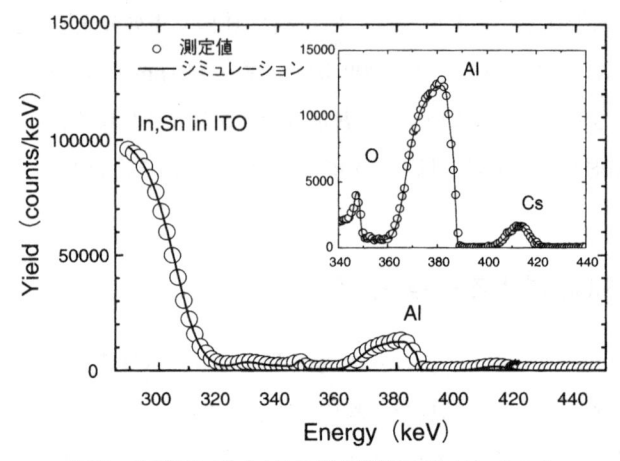

図2 有機ELデバイスの高分解能RBSスペクトル

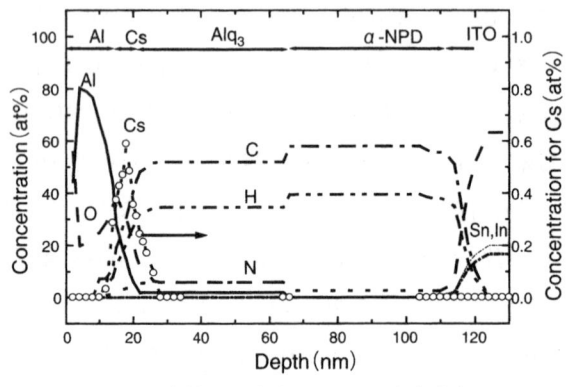

図3 有機ELデバイスの深さ方向分布

　本試料を分析した高分解能RBSスペクトルおよび深さ方向分布を図2，3に示す。深さ方向分布は図2の高分解能RBSスペクトルをシミュレーションフィッティングすることにより導出される。有機層を構成する炭素や窒素については，ITO基板からのSn，Inシグナルに重なってくるため検出が難しい。しかし，目的とするCsの分布状態の評価には大きく影響しないことから，Alq_3，α-NPDの組成を仮定して解析を行う。深さ方向分布では，Al電極/Cs層/有機層/ITO電極は設計通り形成されていることが確認できる。

　上記試料について駆動試験0時間，100時間，500時間後のCsの分布状態を分析した。試料構造は前述のデバイス構造から実際に駆動させるために若干の変更を行っている。図4に高分解能RBSスペクトルを示す。Csのシグナルを見ると駆動試験時間によってシグナルに大きな変化は見られない。この結果より，駆動500時間程度ではCsの分布状態に変化がないことがわかった。

第19章 有機ELデバイス分析技術

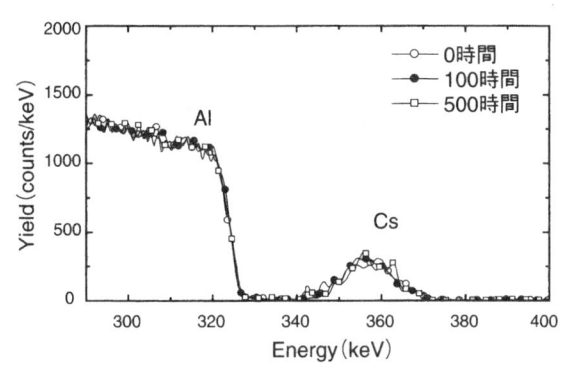

図4 有機ELデバイス（駆動試験後）の高分解能RBSスペクトル

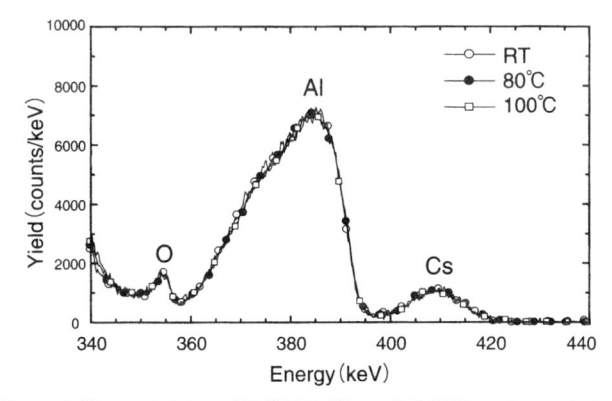

図5 有機ELデバイス（環境試験後）の高分解能RBSスペクトル

次に，環境試験（熱劣化）によるCsの分布状態について調べた結果を示す。条件は成膜後の試料を80℃，100℃の環境に曝したものである。図5に高分解能RBSスペクトルを示す。Csのシグナルを見ると，温度条件によって大きな変化は見られない。

以上の結果からCsが駆動時間や温度によって変化せず，実デバイスにおいて有用なアルカリ金属材料である可能性が示唆された。

5 おわりに

アルカリ金属（Cs）層を挿入した有機EL素子について，高分解能RBSにより非破壊でCsの分布状態を評価した事例を紹介した。本試料ではアルカリ金属にCsを用いており，高分解能RBSで感度よく測定することが可能であったが，Li等の軽い元素を用いた場合は検出が難しくなる。また，評価には5mm×5mm以上の測定エリアを持つ試料を作製し評価したが，実デバイスのピクセルサイズは通常数十～数百μmであり，ビーム径がmmオーダーのRBSでは評価

できない問題もある。このように分析ではなんらかの制約を受けることはよくあり，他の分析手法と組み合わせるか，もしくは今回の様にある程度分析に合わせた構造の試料を作製し分析を行う必要がある（分析する側としては非常に心苦しいが）。現状，有機ELデバイスの分析ニーズに十分対応できていない面もあり，今後さらに分析技術の高度化に努めていかなければならないと感じている。

本稿が少しでも有機EL技術の発展に貢献できれば幸いである。

文　　献

1) W. K. Chu, J. W. Mayer and M.-A. Nicolet, "Backscattering Spectrometry," Academic Press, New York (1978)
2) 木村健二，中嶋薫，表面科学，**22**(7), pp. 431-437(2001)
3) J. kido and T. Matsumoto, *Appl. Phys. Lett.*, 73, 2886 (1998)
4) T. Oyamada, C. Maeda, H. sasabe and C. Adachi, *Jpn. J. Phys.*, 42, L 1535 (2003)

第20章　有機EL材料の精製と分析技術

宮﨑　浩*

1　はじめに

1987年コダック社Tangらによる発表[1]を端緒とした有機エレクトロルミネッセンス（EL）発光現象のフラットパネルディスプレイへの応用は，パッシブマトリックス駆動の車載ディスプレイや携帯電話背面ディスプレイに始まり，現在ではアクティブマトリックス駆動による携帯電話メインディスプレイへと広がりを見せつつある。また，これらのアプリケーション開発を通じた材料やデバイス作成技術の進展に伴い，テレビや照明といったより大きな市場規模を持つアプリケーションへの適用も視野に入りつつある。

こうした状況の中，使用される有機材料に対する性能向上要求も一層苛烈なものとなっており高効率，長寿命な新規材料開発も加速している。さらに，テレビのような大規模な市場をもつアプリケーションに対応するには，高性能なだけでなく，これまで以上に高品位な材料を安定かつ適正な価格で供給することもより一層必要となってくると考えられる。

一方，こうした新規材料開発や材料量産化に際しては，有機材料のより精密で効率的な精製と分析技術へのニーズもますます高まってくるものと考えられることから，本稿では筆者らが経験してきたいくつかの事例を通じてその重要性について述べていくこととしたい。

2　有機EL材料の精製

有機EL素子作成に使用される有機材料は安定な非晶質（アモルファス）薄膜の形成を要求されることから，一般の有機材料に比較して高分子量，高沸点，高融点であるうえに溶解性や結晶性が乏しい場合が多い。また溶媒などの揮発成分の混入は，微量であっても素子作成時の高真空製膜プロセスに支障を与えることから，材料精製最終工程には完全な脱揮処理を行うことが必須であり，こうした背景から有機EL材料の精製には昇華精製が最適であることは広く知られている。

しかし，従来から知られている温度勾配法などの昇華精製法[2]は，精製品の取り出しに試料管

---

*　Hiroshi Miyazaki　新日鐵化学㈱　有機デバイス材料研究所　統括マネジャー

を切断するなど，実験室において少量を一度だけ精製することは可能であっても，数キログラムといった大量の材料を処理するには効率などの点で全く満足のいくものではなかった。

また，昇華現象を利用した有機材料の分離精製法は，蒸留や再結晶といった従来の汎用化学品精製に利用される相変化を伴った精製法に比較して化学工学的な視点からの検討がほとんどなされておらず，大型装置に関する知見はまったくない状態であった。

そこで筆者らは，量産装置設計に必要な昇華精製プロセスの基礎的な解析を熱重量測定 (Thermogravimetry：TG) 装置の利用により行うことを計画した。

TG は温度変化に伴う物質の重量変化を観察するために用いられる測定であり，揮発成分の有無や材料分解温度の確認のため材料開発，特に高分子材料分野においては汎用されている[3]。一般的には測定は常圧（大気圧）下で行われるが，筆者らは材料の減圧下での熱的挙動を観察するために装置に定量性を備えた減圧装置を取り付けるなどの改造を行った。

図1，2に代表的な測定例としてAlq$_3$とα-NPDの常圧，および減圧下での測定チャートを示す。

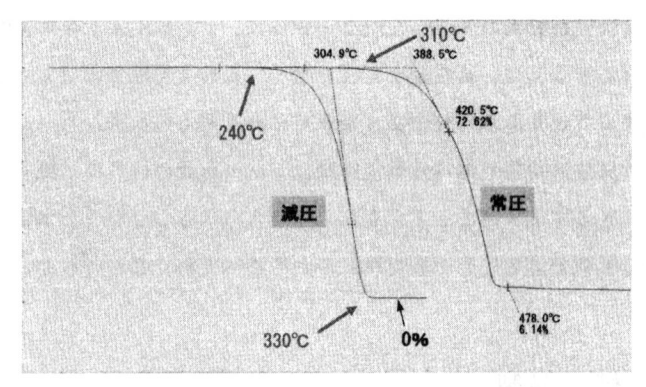

図1　Alq$_3$の常圧，および減圧下におけるTG減衰曲線データ

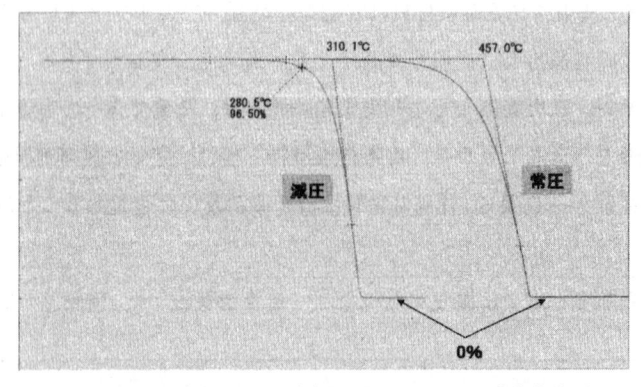

図2　α-NPDの常圧，および減圧下におけるTG減衰曲線データ

第20章 有機EL材料の精製と分析技術

Alq$_3$は周知のように電子輸送材料や発光ホスト材料としてTangらの発見以来広く使用されている有機金属錯体化合物であり，その物性的な特徴として420℃付近に相転移点を有することが挙げられる。図1に示すように，常圧では310℃付近から昇華が始まるが，420℃を越えるとTG減衰曲線に変化を生じる。このことは相転移点（420℃）までは固相からの均一な昇華現象のみの減衰であったものが，この温度を境に分解などが同時に進行していることを示しており，最終的には分解物と思われる残渣成分が数%観測される。一方，減圧状態においては240℃付近から昇華が始まり，分解点前の330℃付近までには試料全てが昇華するため残渣成分がほとんど観測されない。

α-NPDは正孔輸送材料として広く用いられているトリフェニルアミン系材料で前述のAlq$_3$などの有機金属錯体とは異なり，融点を有し熱的な安定性も比較的高いために常圧でも残渣成分はほとんど観測されない。ところが，減圧を行うことにより，240℃付近から融点である280℃の温度域においては固体状態からの直接重量減少，すなわち昇華現象が見られることが判る（図2）。

これらの測定から得られた減圧条件下での材料への加熱上限温度や最適精製温度域の知見を基に考案・設計した昇華精製装置は極めて高い制御安定性を有しており，高品質材料を再現性高く生産することができる。またこれらは同時に材料量産化にとっても重要な知見であり，新規開発材料を数グラム程度の少量スケールから数キログラムの量産スケールまで迅速に立ち上げるノウハウの構築にも役立っている。

表1 昇華精製品管理温度のバッチ間比較

バッチ No.	サンプル測定温度 （℃）	基準試料測定温度 （℃）	温度差 （℃）
1	278.4	278.3	0.1
2	278.4	278.3	0.1
3	278.2	278.3	−0.1
4	278.3	278.3	0
5	278.2	278.3	−0.1
6	278.3	278.2	0.1
7	278.2	278.2	0
8	278.3	278.2	0.1
9	278.1	278.2	−0.1
10	278.1	278.2	−0.1
粗原料	274.5	—	—

注）測定値はすべて3回以上の測定の平均値であり，標準偏差σ値はすべて0.1以下

表1に当社開発装置を用いてある有機EL材料10バッチ連続精製を行ったときの管理温度のTG/DTAによる測定結果を示す。各バッチとも粗原料と比較して管理温度が上昇しており、そのときの基準試料との温度差、およびばらつきは何れもわずか±0.1℃以内であり、装置の運転再現性の高さを示している。

3　不純物制御と純度分析

材料中に含有される不純物が素子の機能発現に影響を及ぼすであろうことは液晶材料や有機電子写真感光体（OPC）材料等の経験から予測はされていた。しかし、有機EL材料分野ではその発光や劣化機構自体に不明な部分も多く、どのような不純物がどの程度の影響を及ぼすかについて未知な部分が多く存在するのも事実である。

特に、材料の量産化においては含有される不純物の挙動を把握し、管理する必要のあるものを特定する作業は重要であり、これを支える微量分析技術は重要な開発要素であるといえる。

有機材料分析では成分や純度の測定にガスクロマトグラフィー（GC）や高速液体クロマトグラフィー（HPLC）が多く使用される。有機EL材料分野においても比較的溶解性、安定性の高いトリフェニルアミン系材料などでHPLCが頻繁に使用されることはよく知られている。しかし、これらの分析において一般的な感度領域では十分に把握しきれない微量成分が素子性能に大きく影響を及ぼすケースが存在する。

筆者らも材料開発初期においては一般の化学品分析で採用されるHPLC分析条件による材料純度を手がかりに材料調製検討を進めていた。しかし、従来サンプルと比較して十分な純度を持つと考えられた検討サンプルを素子評価に供したところ、初期効率が従来サンプルと同等であったにもかかわらず、寿命特性が著しく異なることを見出し、その後は検出限界を大幅に引き上げた条件での分析を実施している。更に、高純度材料に対して精製原料中に含まれる異なった不純物を意図的に添加したサンプルを調製しこれらの寿命特性を確認したところ、混入不純物の種類により影響を受ける発光層に違いがあることも見出すことが出来た。

また、既知の機器分析の感度を最高に高めても把握しきれない微量成分が大きく素子性能に影響すること（例えば、ハロゲン元素を含む不純物が素子特性に大きな影響を及ぼすこと[4]）も次第に知られるようになってきており、有機EL材料の開発や製造に際して、純度を中心とした品質面の管理はより重要な問題として広く認識されるようになってきた。

さらに、前述のAlq$_3$を代表とする有機金属錯体系材料の中には溶媒に難溶である上に、固体状態では安定ながら溶液中では不安定でHPLCなど溶液状態を経由する分析が極めて困難である材料も存在する。こうした材料に対してはそれ以外の方法、例えば前項で述べたような熱重量

測定分析(Thermogravimetry：TG)や示差走査熱量測定分析(Differential Scanning Calorymetry: DSC)などの熱分析を組み合わせて使用することも有効である。

4　X線回折(X-ray diffraction：XRD)分析の応用

　有機EL発光現象は，単分子での現象でなく，複数分子の集合体がアモルファス状態を形成して機能発現しているものと考えられる。こうした点を考えると，材料の分子集合状態を管理，制御することは材料自身の持つ性能を十分に引き出す意味でも重要である。ところが，分子性結晶である有機材料では，ナノオーダーの分子凝集状態を把握できる分析手段がほとんど存在しない。こうした背景から，筆者らは最近結晶状態の観察に汎用されるXRD測定装置の有機EL材料への応用検討を行ってきたが，以下のような興味深い知見を得ることが出来た。図3に原料合成法の異なるある有機EL材料の昇華精製前後のXRD測定チャートを示す。

　原料合成反応時の反応溶媒を変えることにより得られる生成物の結晶状態が変化することは特段驚くべきことではない(図3中の①，および③)。しかし，昇華精製により気相状態を経由して形成された精製品の結晶状態が原料の結晶組成を反映している事実(特に溶媒Bを使用した場合の③，および④)は，同様に気相状態を経由して形成される蒸着膜を使用している有機ELデバイス中でも同様の現象が生じている可能性があることを示唆しており注目に値する。

　一方，XRDは室温付近のみならず温度を変えて測定することも可能であり，XRDと相転移に伴う熱エネルギー変化量を測定可能なDSCを同時測定可能な装置も開発されている。有機EL材料分野において，こうした装置を利用した事例は少なく，筆者が知る限り，Alq_3，およびその誘導体の結晶性変化に関する報告例[5]がある程度である。

　XRDとDSCの同時測定装置については，これまでは油脂などの結晶性を制御する必要のある分野で適用がされてきた事例[6]があるが，筆者らはこれの有機EL材料への適用を検討してき

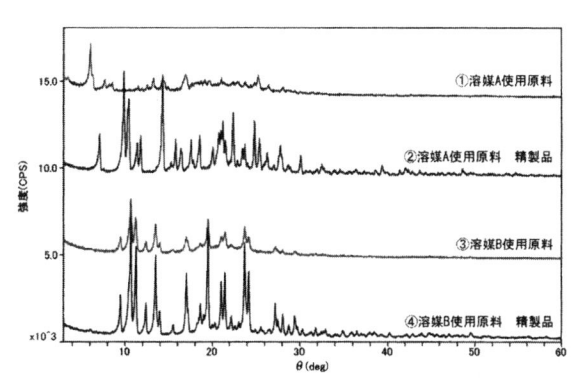

図3　原料合成法の異なる材料のXRD測定チャート

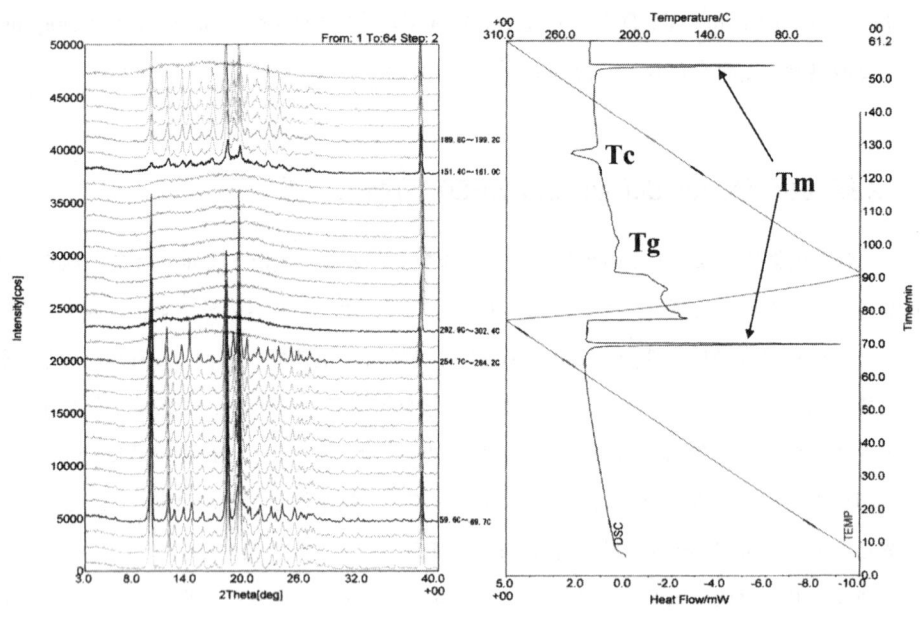

図4 α-NPD の XRD-DSC 測定チャート

た。

図4に汎用の正孔輸送材料であるα-NPDのXRD-DSCの測定チャートを示す。

右側が室温から310℃まで昇温，融解しこれを室温まで急冷してアモルファス状態とした後に，再度昇温したときのDSC測定チャートである。よく知られているように100℃付近にガラス転移温度（T_g）を示す吸熱ピークが，180℃付近に結晶化温度（T_c）を示す発熱ピークが観測される。

一方，左側は同時に測定されたXRDチャートであり，温度変化に伴って多結晶から液相，急冷によりアモルファスを形成した後，再び多結晶へと状態が変化する様子が観察されている。この測定において筆者らが注目したのは100℃から180℃の領域である。

周知のように有機EL素子の耐久性を考える上でT_gは重要な指標であり，この温度を超えると素子の性能は急激に低下することが報告されている[7]。一般的に，こうした素子性能劣化はT_gを超えると素子中のアモルファス薄膜が結晶化などの要因で不安定化し引き起こされるものと解釈されている。ところが，本測定においてT_gを超えてT_cにいたる温度領域においてXRD測定チャートはT_g以下の温度領域と同様のアモルファス状態を維持したまままったく変化を見せていない。

ではT_gを超えた温度領域に至った素子の劣化はどのようにしておこっているのか？ 筆者らは素子中の薄膜はアモルファス性を保っているものの，T_gを超えると分子運動が活発化し，これが界面に影響を及ぼすことにより劣化が生じているものと推定している。

第20章 有機EL材料の精製と分析技術

5 おわりに

　有機ELディスプレイはこれまでのフラットパネルディスプレイや電子機器とは異なり，その心臓部である発光層周辺にも有機材料を用いている画期的な製品である。

　そのため量産段階を迎えた今日においても材料に対して新たな課題が日々見出され続けており，それらはこれまで生物系を中心に技術開発が進められてきた有機化学分野（特に低分子）の研究者にとっては，その技術精度を1桁，2桁と上げていくことを望まれるばかりでなく，これまでほとんど注目されてこなかった分子凝集の制御までを求められる極めて厳しい課題ばかりである。

　さらに今後の進展が大きく期待されている燐光発光系素子は，その発光機構上素子を形成する種々の材料中に含まれる不純物の存在が素子の効率・寿命に対して，従来の蛍光発光系素子に比較してより敏感であることも判明しつつある。

　こうした中，有機材料の精製技術や分析技術，それらを利用した不純物制御技術などはますます重要度が上がるものと考えられ，こうした技術分野での開発は有機ELデバイスの更なる性能向上に対して大きな貢献ができるものと確信している。

謝　辞

　XRD測定にあたっては株式会社リガク 槙譲氏（九州営業所），久保富活博士（応用技術センター），高島敬喜氏（マテリアルサイエンス営業部）にご尽力をいただきました。
　ここに深く感謝いたします。

文　献

1） C. W. Tang and S. A. VanSlyke, *Appl. Phys. Lett.*, **51**, 913（1987）
2） H. J. Wagner, R. O. Loutfy, C. K. Hsiao, *J. Mater. Sci.*, **17**, 2781（1982）
3） "第4版　実験化学講座4　熱・圧力"，日本化学会，丸善，57（1992）
4） 東久洋，酒井俊男，細川地潮，特開2002-175885
5） M. K. Mathai, K. Higginson, E. Shin, F. Papadimitrakopoulos, *Journal of Macromolecular Science*, **41**(12), 1425（2004）
6） http://www.rigaku.co.jp/app
7） 時任静士，藤川久喜，石井昌彦，多賀康訓，"有機EL材料とディスプレイ"，城戸淳二監修，シーエムシー出版，131（2001）

第21章 分光計測装置を用いた発光材料の光物理過程の解明

鈴木健吾[*]

1 はじめに

　有機LEDは高い発光効率，低消費電力，高いコントラストなどの利点から，次世代の表示装置や照明装置として注目されている。有機LEDデバイス開発では，高輝度，高効率化が最も重要な課題の一つとなっている。デバイスの発光効率の指標として外部量子効率（η_{ext}）が使われており，（1）式で与えられる[1]。

$$\eta_{ext} = \gamma \times \eta_r \times \Phi_{PL} \times \eta_p \tag{1}$$

ここで，γは電荷バランス，η_rは励起子生成効率，Φ_{PL}は発光量子収率，η_pは光取出し効率である。外部量子収率向上のために様々な取組みが行われているが，（1）式から発光材料開発には発光量子収率の高い有機分子のデザインが不可欠であることが分かる。現在有機LED用発光材料としてイリジウム錯体などのりん光材料が注目されている。その理由はりん光材料は励起子生成効率が理論的に蛍光材料の3倍と高く，外部量子効率を飛躍的に向上できるからである[1]。

　ここで発光量子収率Φ_{PL}とは，有機LEDデバイスの分子がある波長の光を吸収して蛍光やりん光などの光を放出する場合の，吸収した光のフォトン数（PN_{abs}）に対して分子から放出される発光フォトン数（PN_{em}）の割合のことをいう[2]。

$$\Phi_{PL} = \frac{PN_{em}}{PN_{abs}} \tag{2}$$

（2）式より，発光量子収率は分子の発光効率と言うことが出来る。高い発光量子収率を持つ発光材料の開発を行うためには，まず一連の発光材料の光物理的性質を詳細に調べ，材料の分子構造と発光特性の関係を明らかにすることが重要であると考えられる。

　本稿は一般的な有機分子の励起状態緩和過程と光物理パラメータの測定方法，弊社が開発した絶対PL量子収率測定装置とその応用について紹介を行う。

---

[*] Kengo Suzuki　浜松ホトニクス㈱　システム事業部　第4設計部　第8部門

2 分子の励起状態緩和過程と光物理的パラメータ

図1は分子のエネルギー状態図あるいは Jablonski 図と呼ばれ，分子のエネルギー状態と分子が光励起した後に起こる各緩和過程を表している[3~5]。ここで，S_0，S_1，T_1 はそれぞれ分子の基底状態，最低励起一重項状態，最低励起三重項状態である。一般に光励起された分子は S_1 状態からいくつかの緩和過程を経て S_0 状態に失活する。励起分子の緩和過程は発光過程（蛍光，りん光）と無輻射過程（内部変換，項間交差）があり，これらは競合している。そのために S_1 状態からの発光効率は無輻射過程の速度との相対的な大きさによって決まる。蛍光，内部変換，$S_1 \rightarrow T_1$ 項間交差の各速度定数をそれぞれ k_f，k_{ic}，k_{isc} とすると，蛍光量子収率 Φ_f は（3）式で与えられる[3~5]。

$$\Phi_f = k_f/(k_f + k_{isc} + k_{ic}) = k_f \tau_f \tag{3}$$

ここで τ_f は蛍光寿命である。また，$S_1 \rightarrow T_1$ 項間交差量子収率，りん光，$T_1 \rightarrow S_0$ 項間交差の各速度定数をそれぞれ Φ_{isc}，k_p，k_{isc}' とすると，りん光量子収率 Φ_p は（4）式で与えられる[3~5]。

$$\Phi_p = \Phi_{isc} k_p/(k_p + k_{isc}') = \Phi_{isc} k_p \tau_p \tag{4}$$

ここで τ_p はりん光寿命である。よって，発光量子収率，$S_1 \rightarrow T_1$ 項間交差の量子収率，および発光寿命を決定すれば各緩和過程の速度定数を求めることが出来る。これらの光物理的パラメータを用いれば分子の発光効率についての定量的な議論が可能で，より高い発光効率を持つ材料開発へつながると考えられる。

3 光物理的パラメータの測定法

前節で分子の励起状態緩和過程と光物理的パラメータについて述べた。この節では光物理パラ

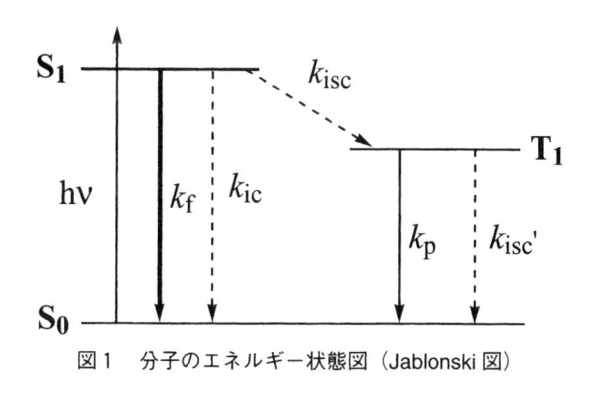

図1 分子のエネルギー状態図（Jablonski 図）

メータの測定法について触れることにする。

3.1 発光量子収率

　発光量子収率の測定法は絶対法，相対法の2種類に大別される[2]。絶対法とは励起光と発光のフォトン数を正確に測定して発光量子収率を算出する方法，相対法とは発光量子収率が既知である標準サンプルを用いて測定サンプルと発光強度を比較することにより発光量子収率を算出する方法であり，主に溶液サンプルに用いられる。これまで絶対法は測定の困難さから余り使用されず，一般的には一部の研究者によって決定された絶対値を標準値として用い，相対法により発光量子収率値を求めることが主流となっている。近年，有機LEDなどの発光デバイスの開発が進むにつれ，薄膜や粉体など固体形状の発光材料の測定需要が高まっているが，相対法では固体サンプルの測定が困難などの問題があるため確立された発光量子収率測定法が求められている。

3.2 発光寿命

　発光寿命とは，発光強度が励起直後より$1/e$に減少するまでの時間と定義されており，パルスレーザによって励起状態を生成させて発光の減衰曲線を測定することによって得られる。測定に使用する検出器によって測定法が異なり，ストリークカメラ法[6,7]，時間相関単一光子計数法[8,9]などがその代表例として挙げられる。

　有機LED素子に使用する発光材料として，素子の高速応答性を実現させるために高い発光効率で且つ短い発光寿命，即ち大きな発光速度定数を持つことが求められている。よって，発光寿命測定は発光量子収率測定と同じく発光材料の開発には不可欠となっている。

3.3 $S_1 \rightarrow T_1$ 項間交差量子収率

　$S_1 \rightarrow T_1$項間交差は発光を伴わない無輻射失活過程であるために発光量子収率や発光寿命測定法などの発光法では測定することが出来ない。測定法として幾つか方法があるが，その中で光音響分光法を取りあげる[10,11]。

　光音響分光法とは，光熱変換法の一種であり無輻射遷移により励起分子から溶媒へと放出された熱放出を音響波として直接検出する方法である。励起光源としてパルスレーザ，検出器として圧電素子などの音響検出器を用いる。実際には熱変換効率（α）が1である標準サンプルを使用し，測定サンプルと音響信号を比較することによって測定サンプルの熱変換効率を求める。励起状態緩和過程に化学反応を含まない系では，励起エネルギー（E_λ）と各緩和過程で失われるエネルギーの間にエネルギー収支式が成り立つため，（5）式より$S_1 \rightarrow T_1$項間交差量子収率を求めることが出来る。

第21章　分光計測装置を用いた発光材料の光物理過程の解明

$$E_\lambda = \alpha E_\lambda + \Phi_f \langle S_1 \rangle + \Phi_{isc} E_T \tag{5}$$

ここで$\langle S_1 \rangle$，E_Tはそれぞれ蛍光によって失われる平均エネルギー，三重項エネルギーである。

3.4　過渡吸収

　過渡吸収測定法とは，パルスレーザによって励起分子やラジカルなどの過渡種を瞬間的に発生させ，その過渡種の吸収スペクトルおよび時間変化をプローブ光を用いて測定する方法である[3〜5]。これにより，発光材料の励起状態の生成機構やラジカルなどの反応中間体の追跡が可能となり，材料の励起状態ダイナミクスや光分解の機構などを明らかにすることが出来る。

4　積分球法を用いた絶対発光量子収率測定装置

　積分球法の利点としては，相対法では測定が困難であった固体サンプル（薄膜，粉体）の測定や，高濃度溶液サンプルの測定が可能であることが挙げられる。また，絶対法であることから，標準サンプルが不要であることにも注目されたい。

　図2に絶対PL量子収率測定装置（C 9920-02）の構成図を示す。装置は，励起光源，積分球，検出器，データ解析装置から構成されている。サンプルは積分球にマウントされたサンプルホルダにセットされる。励起光源であるモノクロ光源は，150 Wキセノンランプと分光器の組み合わせであり，使用出射波長範囲は250〜800 nmである。検出器である高感度マルチチャンネル検出器は，検出部にBT-CCDが採用されているために感度波長領域の短波長化（200 nm〜）および高感度化（従来のFT-CCDの10〜20倍）を達成している。また，マルチチャンネル検出器の採用により，計測時間の短縮化も可能となった。

励起光源（モノクロ光源）　　積分球　　高感度マルチチャンネル検出器　　データ解析装置

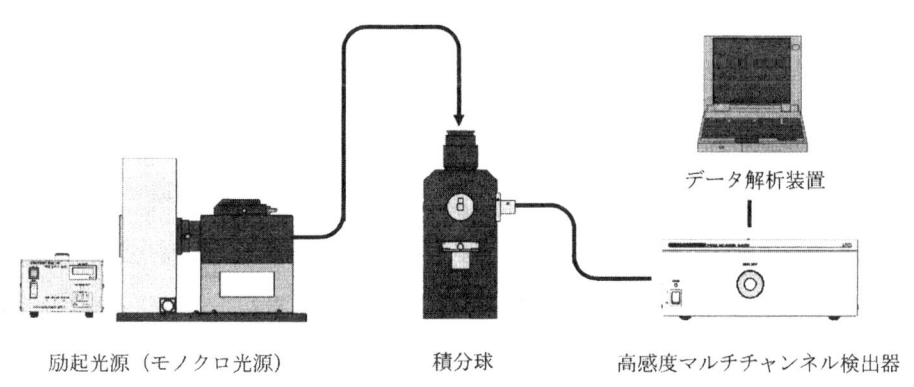

図2　絶対PL量子収率測定装置 C 9920-02 構成図

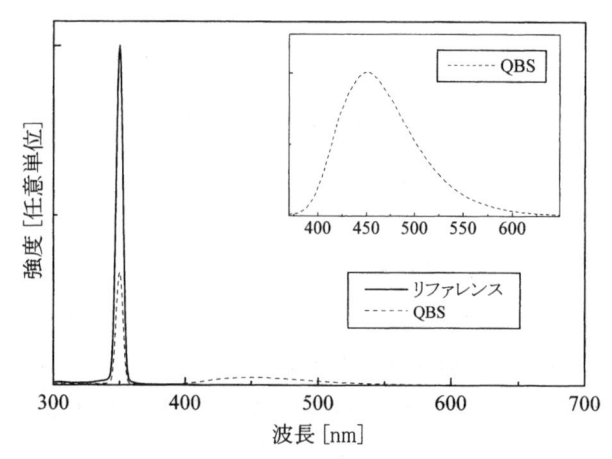

有機ELのデバイス物理・材料化学・デバイス応用

図3 リファレンスおよび硫酸キニーネ1N硫酸溶液中における
（QBS）の励起光および蛍光スペクトル測定結果

　励起光源より出力された励起光は励起光ライトガイドにより積分球に導入され，積分球内の測定サンプルに照射される。励起光およびサンプルの発光は積分球内で均一に散乱され，その一部がPMAファイバプローブを介してマルチチャンネル検出器によって検出されるという仕組みである。

　図3は硫酸キニーネ1N硫酸溶液の測定結果であり，これを用いて測定原理を説明する。まず，リファレンス，サンプルの順番でそれぞれの励起光および発光スペクトルを測定する。ここでリファレンス（実線）は測定サンプルを含まないサンプル容器，サンプル（破線）は測定サンプルを含むサンプル容器のことを指す。また，短波長側，長波長側に位置するバンドはそれぞれ励起光，発光スペクトルである。サンプルのスペクトルにおいて励起光強度がリファレンスに比べて減少し，長波長側に発光が生じているのが分かる。これは，サンプルが励起光を吸収し，発光していることを示している。発光量子収率は，リファレンス－サンプル間の励起光強度差をサンプルが吸収した励起光フォトン数，発光強度を発光フォトン数として，(2)式に従って算出することが出来る。

5　標準蛍光溶液の評価

　積分球を用いた量子収率測定は，一般には固体試料が対象とされてきたが[12]，溶液系の絶対蛍光量子収率測定にも拡張できれば，測定対象が大きく広がるとともに，装置の信頼性を確かめることもできる。そこで，溶液系の絶対蛍光量子収率測定が可能となるよう装置を改良し，代表的な標準蛍光溶液の蛍光量子収率測定を行った[13,14]。

　表1は標準蛍光溶液の測定結果と文献値[15～17]を一覧表にまとめたものである。結果として，

第21章　分光計測装置を用いた発光材料の光物理過程の解明

表1　標準蛍光溶液の蛍光量子収率測定結果と文献値の比較

化合物	溶媒	溶液濃度[M]	励起波長[nm]	蛍光量子収率	文献値
Naphthalene	cyclohexane	7.0×10^{-5}	270	0.23 ± 0.01	0.23 ± 0.02[14]
Anthracene	ethanol	4.5×10^{-5}	340	0.28 ± 0.02	0.27 ± 0.03[14]
9,10-Diphenyl-anthracene	cyclohexane	2.4×10^{-5}	355	0.96 ± 0.03	0.90 ± 0.02[14]
Quinine bisulfate	1N H_2SO_4	5.0×10^{-3}	350	0.52 ± 0.02	0.51[15]
Tryptophan	H_2O(pH 6.1)	1.0×10^{-4}	270	0.15 ± 0.01	0.14 ± 0.02[14]
1-Aminonaphthalene	cyclohexane	5.7×10^{-5}	300	0.48 ± 0.02	0.465[16]
N,N-Dimethyl-1-aminonaphthalene	cyclohexane	1.0×10^{-4}	300	0.01	0.01[16]

殆どの標準溶液で蛍光量子収率測定値と文献値が良く一致していることが分かり，装置の信頼性が高いことが分かった。

6　有機LED用りん光材料の発光効率と励起状態緩和過程

開発した絶対PL量子収率測定装置C9920-02を用いて代表的な有機LED用りん光材料である，イリジウム錯体の発光効率を調べた。また，光熱変換法により項間交差量子収率を決定し，これらの材料の励起状態緩和過程を明らかにした[18,19]。

測定には青，緑，および赤色材料として，それぞれ fac-tris[(4,6-difluorophenyl)-pyridiyl-N, C2] Ir(III)(Ir(Fppy)$_3$), fac-tris[2-phenylpyridinato] Ir(III)(Ir(ppy)$_3$)，および tris[2-(2'-benzothienyl)pyridinato-N, C3'] Ir(III)(acetylacetonate)(Btp$_2$Ir(acac)) を用いた（図4）。各りん光材料のりん光スペクトルを図5に示す。まず薄膜中における各りん光材料のりん光量子収率およびりん光寿命を測定した（表2）。ここで薄膜とは，合成石英板上にりん光材料とホスト材料を約100 nm厚に蒸着したものである。薄膜中のりん光量子収率は青色，緑色りん光材料Ir(Fppy)$_3$, Ir(ppy)$_3$で0.90以上と高い反面，赤色りん光材料Btp$_2$Ir(acac)では0.40と低い値を持つことが分かった。薄膜中においてBtp$_2$Ir(acac)が低い発光効率を与える原因として，①小さ

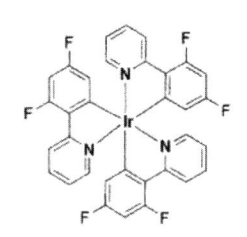

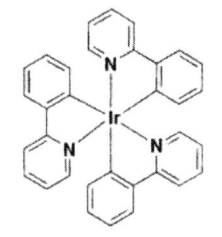

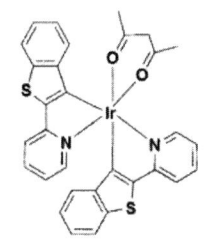

図4　各りん光材料の構造式

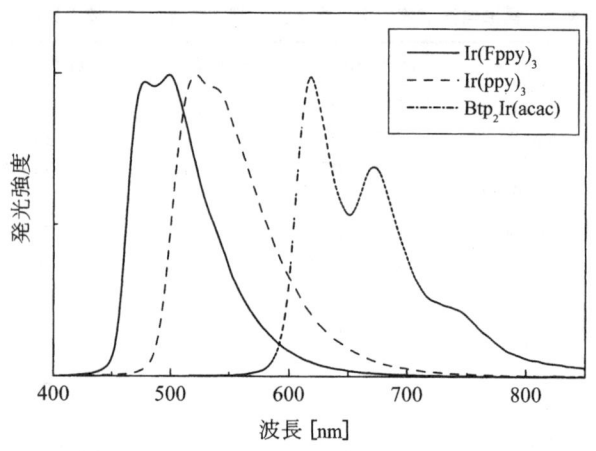

図5　298 K における各りん光材料のりん光スペクトル

表2　薄膜中における各りん光材料のりん光量子収率およびりん光寿命

	ホスト	りん光量子収率（Φ_p）	りん光寿命（τ_p）[μs]
Ir(Fppy)$_3$	m–CP[a]	0.92±0.01	1.1
Ir(ppy)$_3$	CBP[b]	0.90±0.02	1.3
Btp$_2$Ir(acac)	CBP[b]	0.40±0.01	5.4

[a] m-bis(N-carbazolyl)benzene, [b] 4,4′-bis(N-carbazolyl)-2,2′-biphenyl

トーゲスト間の分子間エネルギー移動効率が小さい，②りん光材料自体の励起状態緩和過程において無輻射過程の寄与が大きいことが挙げられる。ここで，りん光材料自体の発光効率について議論するために，溶液中におけるりん光量子収率およびりん光寿命を測定した。

　溶液測定の結果，りん光量子収率とりん光寿命の値が薄膜中と類似しており，Btp$_2$Ir(acac)の低い発光効率が無輻射過程の影響によることが分かった。この影響が内部変換過程によるのか項間交差によるものかを明らかにするために，光音響分光法を用いてS$_1$→T$_1$項間交差量子収率を決定したところ，全てのりん光材料においてS$_1$→T$_1$項間交差量子収率がほぼ1であることが分かった。このことはT$_1$→S$_0$項間交差がBtp$_2$Ir(acac)における支配的な無輻射過程であることを示している。

　図6は各種りん光材料のエネルギー状態図を示したものであり，これを用いて溶液中における各りん光材料の励起状態緩和過程を説明する。これら3つの材料は光励起により，ほぼ100％の効率で最低励起三重項状態T$_1$を生成する。T$_1$状態生成後，Ir(Fppy)$_3$，Ir(ppy)$_3$では約90％の効率でりん光を放出する一方，Btp$_2$Ir(acac)はりん光の競合過程であるT$_1$→S$_0$項間交差量子収率が支配的に起こるためにりん光効率が34％と低くなることが分かった。

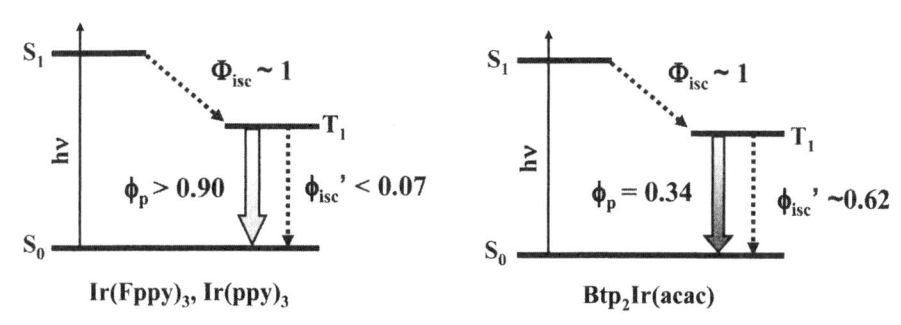

第21章　分光計測装置を用いた発光材料の光物理過程の解明

図6　ジクロロエタン中における各りん光材料の励起状態緩和過程

表3　ジクロロエタン中における各りん光材料の各速度定数

化合物	りん光速度定数 $(k_p)[10^5 s^{-1}]$	S_1-T_1 項間交差速度定数 $(k_p)[10^5 s^{-1}]$	T_1-S_0 項間交差速度定数 $(k_p)[10^5 s^{-1}]$
Ir(Fppy)$_3$	6.5	6.5	0.1
Ir(ppy)$_3$	6.4	6.9	0.5
Btp$_2$Ir(acac)	0.6	1.7	1.1

　表3はジクロロエタン中におけるりん光材料の各緩和過程の速度定数をまとめたものである。この表から，低いりん光量子収率を示すBtp$_2$Ir(acac)はIr(Fppy)$_3$とIr(ppy)$_3$に比べて一桁低いりん光速度定数を与えていることが分かる。また，坪山らはりん光スペクトル測定結果よりIr(ppy)$_3$およびBtp$_2$Ir(acac)のT_1状態が異なり，それぞれMLCT性，π-π^*性を主に有していると報告している[20]。以上のことから，Btp$_2$Ir(acac)のT_1状態の性質はIr(Fppy)$_3$とIr(ppy)$_3$とは異なり，この性質の違いがりん光材料の発光効率を決定していると考えられる。

謝　辞

　標準蛍光溶液の評価および有機LED用りん光材料の発光効率と励起状態緩和過程の解明に関しまして，共同研究者の群馬大学工学部の飛田研究室，九州大学未来化学創造センターの安達研究室に謝意を表します。

文　献

1) 時任静士ほか，有機ELディスプレイ，オーム社 (2004)
2) J. N. Demas and G. A. Crosby, *J. Phys. Chem.*, **75**, 991 (1971)
3) 井上晴夫ほか，光化学 I，丸善 (1999)

4) B. Valueur, Molecular Fluorescence, Wiley-VCH: Weinheim (2002)
5) J. R. Lakowicz, Principles of Fluorescence Spectroscopy, Springer, ed. 3 (2006)
6) 小石結, 社団法人電気学会 光・量子デバイス研究会資料, 11 (1993)
7) M. Ishikawa et al., *Analytical Chemistry,* **67**, 511 (1995)
8) D. V. O'Connor ほか, 平山鋭ほか訳, ナノ・ピコ秒の蛍光測定と解析法, 学会出版センター (1988)
9) D. Vyprachticky et al., *Macromolecules,* **30**, 7821 (1997)
10) S. E. Braslavski and G. E. Heibel, *Chem. Rev.,* **92**, 1381 (1992)
11) J. Oshima et al., *J. Phys. Chem. A,* **110**, 4629 (2006)
12) Y. Kawamura et al., *Jpn. J. Appl. Phys.* **43**, 7729 (2004)
13) 鈴木健吾ほか, 日本化学会第86春季年会 (2006)
14) K. Suzuki et al., XXIst IUPAC Symposium on Photochemistry (2006)
15) D. F. Eaton, *Pure & Appl. Chem.,* **60**, 1107 (1988)
16) W. H. Melhuish, *J. Phys. Chem.,* **65**, 229 (1961)
17) S. R. Meech and D. Phillips, *J. Chem., Soc., Faraday Trans. 2,* **79**, 1563 (1983)
18) 遠藤礼隆ほか, 第53回応用物理学会予稿集 (2006)
19) 遠藤礼隆ほか, 有機EL討論会第2回例会 (2006)
20) A. Tsuboyama et al., *J. Am. Chem. Soc.,* **125**, 12971 (2003)

第22章 インクジェット成膜技術

武井周一[*]

1 まえがき

インクジェット成膜技術[1]は，大画面あるいは高精細の有機 EL ディスプレイの製造を可能にすることができる技術である[2,3]。セイコーエプソンでは，90年代後半よりインクジェット法を用いた2インチ相当のフルカラーディスプレイの開発および試作を行ってきた。

さらに，2004年5月には40インチ大型ディスプレイの試作パネルを発表した。40インチサイズの基板において，RGB の画素毎に有機 EL 材料を塗り分ける事によりフルカラーパネルを実現した。インクジェット法が，大型ディスプレイを製造する上で有効な方法であることを示すことが出来た。

一方，インクを高精度・高解像度に吐出制御し所望の画素にパターニングできるインクジェット法のメリットを生かして，パネルサイズに関係無くより高精細な有機 EL ディスプレイの開発も今後進んでいくと考えられる。本章では，インクジェット法により有機 EL ディプレイを作製する上での要素技術について課題も含めて述べる。

2 インクジェット成膜技術について

2.1 インクジェット成膜技術のメリット

現在まで，インクジェット法による有機 EL ディスプレイの作製が報告されてきた[4~8]。インクジェットのメリットとして，所望の画素に所望のインク量を描画できる DOD（Drop On Demand）方式がある。以下，インクジェット法のメリットを挙げる。

① 基板の大面積化が容易である
② 高解像度が可能である
③ 蒸着マスク等が不要で，CAD データを直接描画できる
④ 原材料の利用効率が高く，廃棄物の回収も容易である
⑤ 真空プロセスに比べ生産設備が簡素化できる

---

* Shuichi Takei　セイコーエプソン㈱　OLED 開発センター　主任

2004年にセイコーエプソンで発表した40インチディスプレイを作製する際に用いたインクジェット装置は，G5サイズ（1100×1250 mm）基板まで対応可能な装置であったが，原理的にはG8サイズ（2200×2400 mm）まで十分対応できる。また，インクジェット法は材料の70～80％まで効率的に使用可能である。これは，前述のようにDOD方式で必要な量だけ必要な場所に吐出・パターニングできるからである。

2.2 インクジェット成膜技術のポイント

有機EL材料をインクジェット法で成膜するポイントとしては，大きく分けて次の3つの要素技術を挙げることができる。

① インクジェットヘッドでの吐出制御
② 有機EL材料のインク化
③ インク着弾後の乾燥および成膜性の制御

以下にこれらの要素技術について述べる。

3 インクジェットの要素技術

3.1 インクジェットヘッド

有機EL ディスプレイを作製するためのインクジェットヘッドは，エプソン製のピエゾ駆動MACH（Multi Layer Actuator Head）を使用している。このヘッドの吐出最高周波数は30 kHzを超える。ヘッドの構造図を図1に示す[9]。インクジェットヘッドの重要な構成要素としては，インクを供給・排出するインク室（インクチャンバー）と，インクを吐出させるピエゾ素子がある。

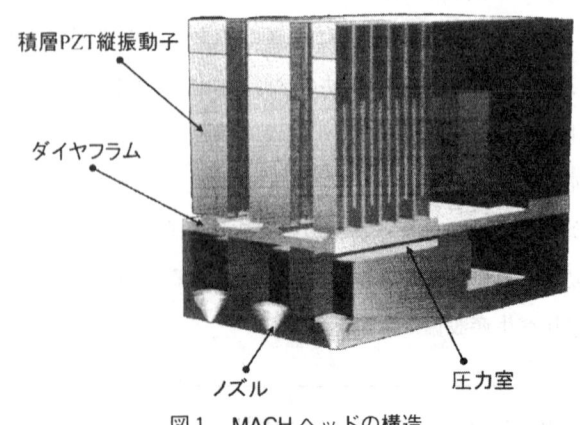

図1 MACHヘッドの構造

ピエゾ素子は，数種類の酸化金属を積層したセラミック材料でできており，電圧を印加することによって変形する特性を有している。この特性を用いてインク滴を吐出させている。インクチャンバーは，シリコンを異方性エッチングすることにより，微細な構造を形成することができる（図2）。個々のインクチャンバー上へ櫛歯状に配列したピエゾ素子（図3）を並べ，ピエゾ素子の収縮・解除の大きさ・スピードを変えることにより，インク滴のサイズ・スピードを正確にコントロールすることができる。

3.2 インクジェットヘッドでの吐出制御

エプソンでは液滴サイズをコントロールする技術を開発し，超微小液滴（1.8 pl）からより大きい液滴（数10 pl）まで制御することを可能にした。具体的には，インクチャンバー中の容積変化を精密にコントロールするために，ピエゾ素子に印加する波形を変えることによって液滴サイズを変えている。

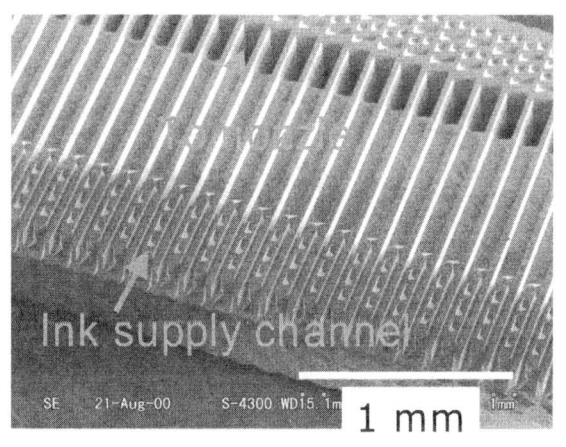

図2 インクチャンバー構造

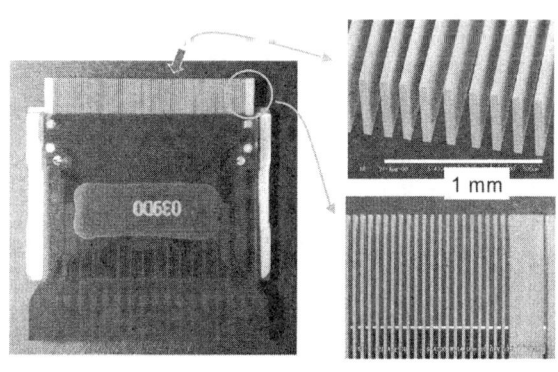

図3 ピエゾ素子構造

印加する波形形状の例を図4に示す。波形の縦軸はピエゾ素子に印加する電圧の強さ，水平方向は時間軸を示す。超微小液滴は，印加電圧を低くしチャンバー内に引き込まれるインクの量を少なくする，あるいはピエゾ収縮解除を途中で止めて吐出される量を少なくすることによって形成することができる。また，より大きな液滴を吐出するためには，非常に短い間隔で2回の吐出を行うことにより，ほぼ同じ位置に着弾させることで達成できる。

ディスプレイにおける輝度ムラは，隣接画素間で1％程度に抑えないと人の目で認識できてしまうと言われている。より高精細なパネルを実現する際には，1画素に対応するノズル数が少なくなるためインク量をより正確に制御する必要がある。

インク滴の体積を微小化し高精細に対応するに技術的なアプローチは以下の通りである[10]。

① ノズル開口の断面積を絞る
② メニスカスを Pull-Push 制御する
③ インク滴の吐出過程を短縮する
④ 駆動電圧やパルス幅を調整する

ヘッドからインクが吐出される実際の写真を図5に示す。またヘッド内のノズルごとのインク

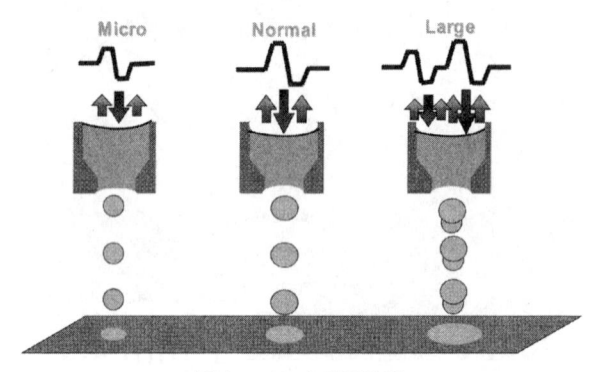

図4 インク吐出波形

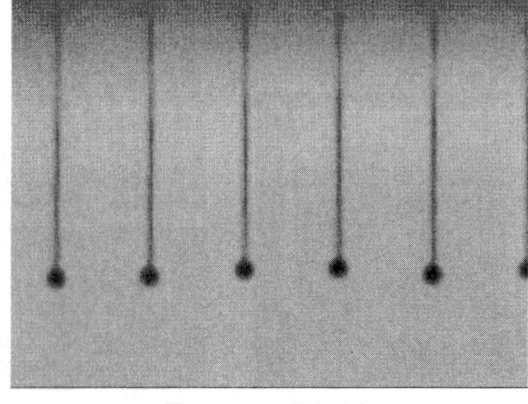

図5 インク飛行写真

第22章 インクジェット成膜技術

吐出スピードばらつきを図6に示す。ノズルごとのインクスピードを、インク重量の代用特性としている。波形調整を行わない場合は、隣接ピエゾ素子間の電気的なクロストークが発生するために中心と端のノズルでインクスピードに±5％程度の差が発生してしまう。しかし、前述の波形調整を行うことにより、±2％程度にまで抑えることができている。図7にノズル開口の平面写真を示す。真円に近い形状であることと、断面が緩やかなホーン型の形状であることにより、インク的の飛行直進性および飛翔形態が良好に保つことができる。

3.3 EL材料のインク化

高分子系材料を用いた有機EL素子は、電極を除く有機層は正孔輸送層および発光層の少なくとも2層からなる。最近では正孔輸送層と発光層との間に中間層（インターレイヤー）を挿入することで発光層への正孔輸送注入が改善され素子特性が向上している。

インクジェット成膜では、主に高分子系材料をインク化して用いる。陽極側からのホールを発光層側に注入する正孔輸送材料は、導電性高分子であるPEDOT/PSS（ポリエチレンジオキシチオフェン／ポリスチレンスルホン酸）を用いている。一方、陰極側から電子を注入し発光に寄与する発光材料としてはフルオレン誘導体に代表される高分子材料(LEP)が挙げられる。PEDOT/

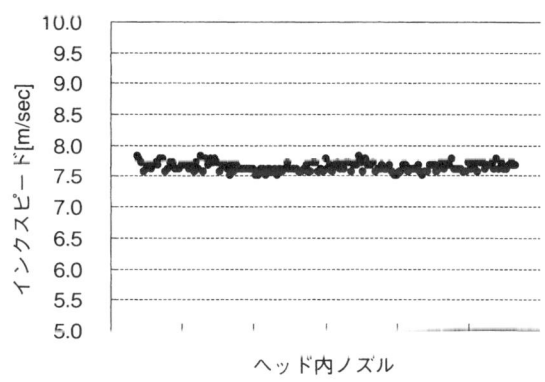

図6 ノズルごとのインクスピード

図7 ノズル開口写真

PSSは水分散系であり，発光層である高分子材料は極性の低い有機溶媒に溶解することによりインク化することができる。インクがヘッドから安定に吐出した後，画素内に充填され均一に乾燥し平坦な膜形状が実現できる事が重要である。インクに関するポイントは以下の通りである。

① 経時安定性がある
② 材料の特性を低下させない
③ 粘度が低い（約20 mPa·s以下）
④ 揮発しにくい

インクの粘度が高かったり，粘弾性を有したりしているとインクチャンバーからインクが出なくなる。ピエゾのパワーを上げればこれを回避することはできるが，1滴のインク量が多くなってしまうため，微小なインク量の制御ができなくなる。

また，揮発性が低いことも重要な要素となる。ノズル表面のインクは非常に速く乾燥する。インク中の溶媒が揮発するとインクの固形分濃度が上昇し，ノズル近傍でのインク粘度が上昇するため，前述のようにノズルからインクが出なくなる。

さらに，画素内に描画したインクを均一に乾燥して，面内で同一の膜形状にするためには，描画開始から最後までの間に画素内のインク量を一定に維持する，すなわち揮発しにくくする必要がある。

このような点からも高沸点溶媒を用いて揮発性の低いインクにしなければならない。どのような溶媒を選定するかがインク設計をする上で非常に重要になる。また，インクを描画した後の乾燥工程で，インク溶媒を十分に除去することが有機EL素子の電気特性および寿命を向上する上で重要である。

4 インクジェット技術のフルカラーパネルへの適用

4.1 基板プロセス

アクティブマトリクス駆動法（AM駆動法）による有機ELディスプレイを実現するために，低温ポリシリコンTFT基板（LTPS）を用いる[11]。インクジェット法でRGB各画素にインクをパターニングする場合，ヘッドから吐出されるインクはヘッド固有のばらつきあるいはインクの特性により，飛行曲がりが生じてしまう。基板とヘッドのギャップが$300\mu m$の場合，インクの着弾精度は約$\pm 10\mu m$であり，このばらつきを吸収できる基板構造が求められる。このような課題を解決するために，薄膜形成と基板表面処理のプロセス技術を確立した。

インクをパターニングさせるためには，画素毎にインクだまりとなる隔壁（バンク）を数μmの厚みで形成させる。バンク材料として，ポリイミド（PI）あるいはアクリル（Acryl）等の感

第22章 インクジェット成膜技術

光性有機樹脂材料を用い,露光・現像のプロセスによって画素を開口する(図8)。

また,着弾したインクを高精度にパターニングさせるために,バンク内は親水表面,バンク上は撥水表面になるような処理を行う。親水状態は酸素プラズマ処理,撥水状態は CF_4 プラズマ処理を行うことによって,表面状態を制御できるようになる[12]。このようにしてからインクジェットで PEDOT/PSS インクをバンク内に打ち込むと,液滴の自己パターニング現象により,全ての液滴は表面エネルギーの力で着弾誤差が補正されバンク内に精度良く収納される。

4.2 インクジェット装置

インクジェット装置はヘッドと基板が載る X-Y テーブルを取り付けた位置決め装置で,通常は高い位置精度を得るためにヘッドを固定して基板を精密に移動させる。実際40インチパネルの作製に用いたインクジェット装置は,対応基板サイズが大きい(G5:1100×1250 mm)ため,ヘッドが X 軸を,テーブルが Y 軸を移動するタイプになっている。

インク滴の着弾精度は,X-Y テーブル機械精度,インク滴の吐出速度ばらつき,インク滴の飛行曲がり等に起因する。MACH ヘッドの場合,飛行曲がりによる誤差は±5 μm である。またヘッドのノズルプレートと基板間の距離は 300 μm である。さらに高精度を狙うには,ヘッドのノズルプレートと基板間の距離(ギャップ)を小さくすることが重要である。

4.3 溶媒の乾燥による固体膜の形成

ディスプレイのように画素が多数並んだ液滴が乾燥する場合,液滴の発する蒸気がお互いに周囲の液滴の乾燥に影響を与える。したがって,パネル全体を均一に乾燥させるためには,その制御方法が非常に重要な要素となる。さらに,有機 EL は膜自体に電流が流れ発光するための膜形状をより均一にしなければならない。膜形状を決定するポイントを以下にまとめる。

① 基板構造
② 乾燥速度
③ インク組成

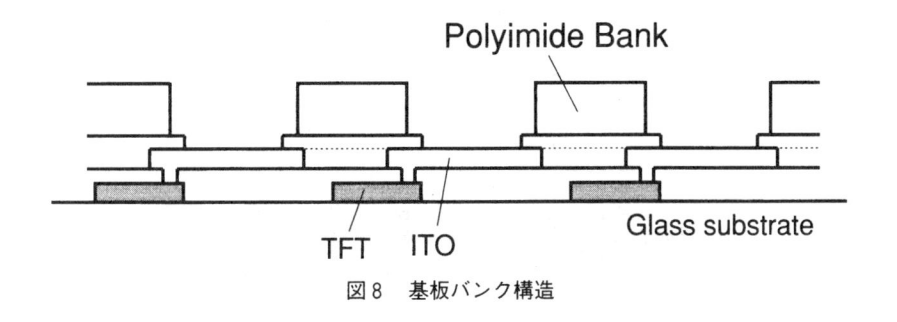

図8 基板バンク構造

有機ELのデバイス物理・材料化学・デバイス応用

　画素内に描画したインクは，パネルの周囲の方から乾燥していく。これは，周囲に位置する画素は溶媒蒸気がお互い影響を与えにくいため，より速く溶媒が抜けていくからである。これを防ぐために，発光画素の周囲に同じ形状のダミー画素を設ける（図9）。ダミー画素に描画を行うことによって，発光する画素のインクが乾燥の影響を受けないようにした。

　また，パネル内の均一性に加えて画素内の平坦性を向上させるために，真空乾燥速度，インク組成を調整する。画素内のインクは，乾燥時に溶液のエッジが基板にピン止めされると，エッジ付近から蒸発する液分を補うために中央部から周辺に向かう流れができる。この流れによって溶質が周囲に運ばれ，最終的にはその部分の膜厚が中央部より厚くなってしまう。

　このような挙動は，対流が起きる程度にゆっくりと乾燥させると起きる。逆に非常に速く溶媒を揮発させることにより，対流を発生させない状態で膜を形成できれば，平坦な膜にすることが可能である。

　パネル全体の均一性，画素内の平坦性を得るために乾燥方法を制御することは最も重要な要素であるが，これらはインクの特性によっても左右される。例えばインクの揮発性が高い場合，インクジェット描画している最中から溶媒が揮発し，画素ごとのインク量バランスが崩れ均一性を得ることができない。従って揮発性の低い溶媒を選定することにより，基板内の均一性を向上させることができる。また，RGBのインクを同じ溶媒組成[13]にすることにより，全色において均一な膜プロファイル形状を得る事ができる。

　以上述べたようなインクジェット成膜技術およびLTPS基板を適用し，40インチ有機ELディ

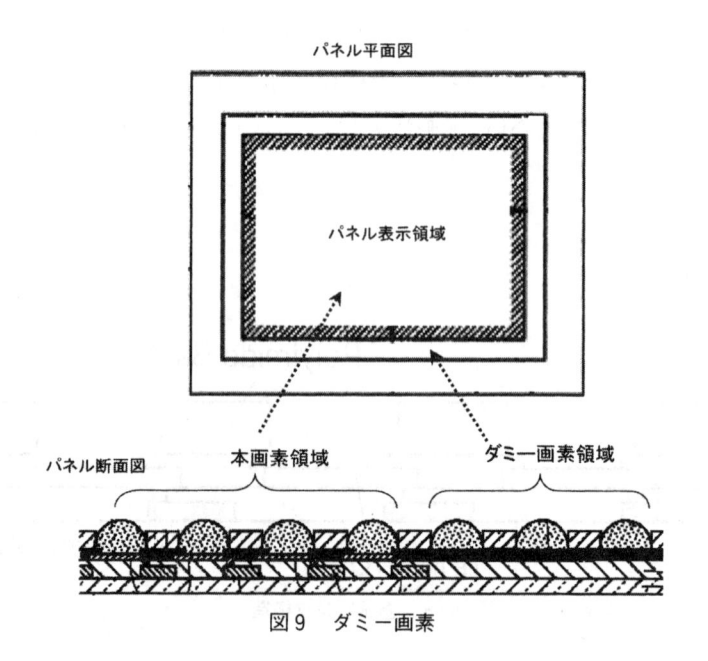

図9　ダミー画素

第 22 章　インクジェット成膜技術

画面サイズ	対角 40 インチ
画素数	1280(RGB)×768 dots(W-XGA)
駆動方法	アクティブマトリックス
精細度	38 ppi
色数	26 万色

図 10　40 インチ有機 EL ディスプレイ

スプレイを試作した（図10）。40インチサイズの基板は，20インチサイズのLTPS基板を大きなガラスに4枚張り合わせること（タイリング）によって実現した。これにより，低分子系では困難とされている大型基板へのEL材料のパターニングが，高分子材料でインクジェット法を用いることにより実現可能であることが実証できた。

5　むすび

以上，インクジェットに関わる各要素技術の開発を進める事で，基板上に精度良くインクをパターニングし，画素内の膜形状が均一である有機ELディスプレイが実現できる。

また，輝度ムラのない有機ELディスプレイを作るためには，今後もヘッド間の吐出バラツキおよび溶媒の乾燥ムラを制御する事が重要である。

インクジェット技術のように微小液滴（インク）を塗布するプロセスは，有機ELディスプレイ等の薄膜デバイス作製には大変有力な製造方法である。大型ディスプレイのみならず，より高精細なパネルの製造においてもインクジェット成膜技術の開発が進んでいく。

今後，有機ELの材料特性および寿命がさらに向上することでインクジェットのメリットが最

大限に生かされ，インクジェット成膜による有機 EL ディスプレイの量産化が実現される日も近い。

文　献

1) 碓井稔，インクジェットプリンター技術と材料，第 8 章，シーエムシー出版（1998）
2) 下田達也，インクジェット法，有機 EL ハンドブック，リアライズ理工センター，pp 305-316（2004）
3) 関俊一，宮下悟，有機 EL 薄膜作成技術－ウエットプロセス－，応用物理 70 [1]，pp 70-72（2001）
4) S. K. Heeks et al., SID Digest 2001, p 518（2001）
5) C. MacPherson et al., SID Digest 2003, p 1191（2003）
6) M. McDonald, SID Digest 2003, p 1186（2003）
7) M. Fleuster et al., SID Digest 2004, p 1276（2004）
8) D. Albertalli, SID Digest 2005, p 1200（2005）
9) S. Sakai, Dynamics of Piezoelectric Inkjet Printing Systems, Proc. IS&T NIP, pp 15-20（2000）
10) 北原強，Japan Hardcopy 2003 論文集，p 217（2003）
11) T. Shimoda et al., SID Digest 1999, p 376（1999）
12) セイコーエプソン，特許第 3328297 号
13) S. Kanbe et al., Euro Display 99 Late-news papers, p 85（1999）

第23章 パッシブマトリックス駆動有機EL ディスプレイにおける低消費電力 化技術

服部励治*

1 はじめに

現在，パッシブマトリックス（PM）駆動有機ELディスプレイは既に安定した市場を持ち，その生産額を年々伸ばしているのにもかかわらず，有機ELディスプレイの研究はアクティブマトリックス（AM）駆動にスポットがあたり，PM駆動の研究にはあまり興味が向けられないのが現状である。しかしながら，小型パネルではPM駆動方法が将来永く用いられるのは明らかであり，その長寿命化・低消費電力化は有機EL事業を永く存続させるためにも極めて重要な課題である。また，PM駆動パネルの大型化・高精細化を実現できるならば更なる市場拡大も望める。著者もこれを目標にその駆動法の研究を行ってきたが[1]，最近，新しい駆動方法の一つとしてマルチライン選択駆動法が発表された[2]。本稿ではPM駆動有機ELディスプレイの消費電力に的をしぼり，従来のPM駆動法から最新のマルチライン駆動法までを解説する。

2 パッシブマトリックス駆動

PM駆動パネルは直交するロウ電極とカラム電極が有機EL素子を挟み，アレイを作っている。図1は標準的なPM駆動の等価回路の一部と，そのカラム電極とロウ電極における駆動電圧波形を示している。PM駆動パネルを等価回路で見るとカラム電極とロウ電極が互いに縦横に交差し，その交点は有機EL素子で接続しているのが分かる。ロウ電極は接地電位にすることで逐次選択され，その他のロウ電極は非選択電位，すなわち$V_{Row,High}$に保たれている。一方，カラム電極の電位V_Cを有機ELの電流が流れ始める順電圧（V_f）以上の電位に設定することにより，選択電極線上の有機ELを光らせることができる。また，非選択電極は必ず$V_C - V_{Row,High} < V_f$となるように$V_{Row,High}$は選定されなければならない。ここで，（選択時間）／（フレーム時間），または，1／（選択線数）をデューティー比と呼ぶが，PM駆動ではパネル輝度は有機EL素子の発

---

* Reiji Hattori 九州大学 大学院システム情報科学研究院 電子デバイス工学部門 准教授

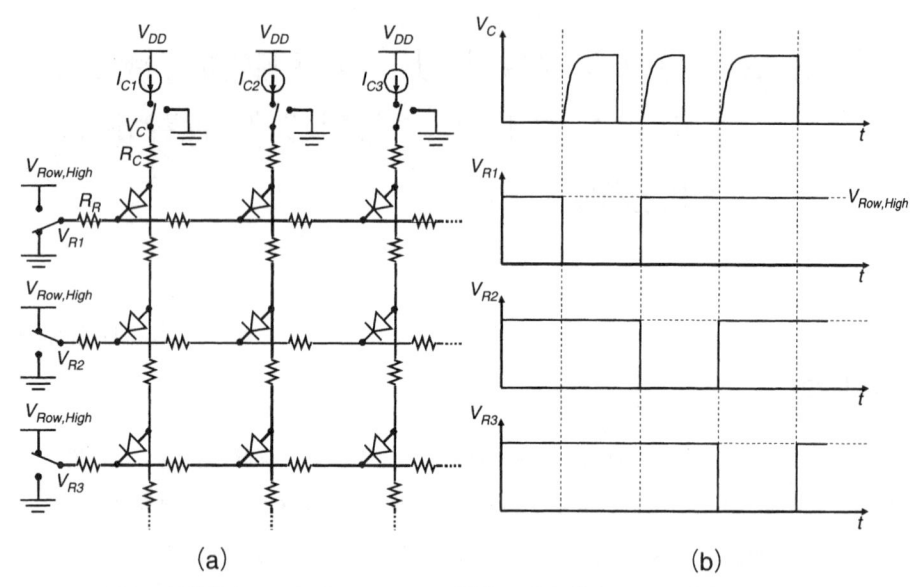

図1 標準的なパッシブマトリックス駆動の (a) 等価回路と (b) 駆動電圧

光輝度のデューティー比分になってしまい，効率の劣化と寿命の短縮の主な原因となっている。

　PM駆動有機ELディスプレイにおいて最も重要なことは，カラム電極には定電圧源ではなく，定電流源が接続されていることである。これは，電極線での電圧降下による輝度不均一性を防ぐためである。有機ELを光らせるためには電流が必要であり，電極線において電圧降下が発生する。もし，定電圧で駆動された場合，電源に近い有機ELは電圧降下が小さいために明るく光り，遠い有機ELは反対に暗くなってしまう。これに加え，劣化に伴う有機ELの高抵抗化のために定電圧で駆動すると定電流で駆動するより輝度劣化が早く起こり，結果，焼きつきが顕著になってしまう。これら問題を防ぐために通常カラム電極には定電流源が接続されるのである。これにより各有機EL素子にはパネルの場所に寄らず等しい電流が流れ，輝度一様性が保たれる。

　しかしながら，この定電流駆動では一定電流になるまでの時間が問題となる。定電圧駆動では応答時間はCR時定数程度であるが，定電流駆動ではCV/I程度となってしまう。PM駆動パネルにおいて1電極が持つ容量は，その電極に接続されている全ての有機EL素子の容量分を考えなければならないので，Cの値は数百pFにもなる。また，電極が持つ抵抗はITO電極の場合，数kΩである。定電圧駆動では応答時間は数百nsecでほとんど問題とならないが，定電流駆動の場合は，特に低輝度で駆動電流が小さい時，応答時間が選択時間以上になってしまう。例えば駆動電流が数百μAであったならば駆動電圧を10Vとして数百nsecにもなり，100走査線，60Hzのパネルの選択時間167μsecと比べ，同等もしくはそれ以上となる。この応答時間の長さが

第 23 章　パッシブマトリックス駆動有機 EL ディスプレイにおける低消費電力化技術

PM 駆動パネルの中間調表示を難しくし，走査線数を制限している。この問題を解決すべく陰極リセット法[3]，プリチャージ法[4]，セット・リセット法[1]などが考案されてきた．

3　消費電力

PM 駆動においての問題点の一つに，消費電力が挙げられる。走査線数の制限から小型に限られる PM 駆動パネルではモバイル用途向け応用が考えられ，そのためには低消費電力化への要求が一段と強まる。PM 駆動ではデューティーが小さいことから発光効率の低い高輝度領域での駆動が強いられるため，AM 駆動に比べ高消費電力となると考えられるが，これは PM 駆動パネルにおける消費電力の問題の本質ではない。問題は有機 EL 素子が持つ巨大な容量での充放電による AC 成分による消費電力である。この消費電力はパネル全体の約半分を占め，黒表示でも消費されてしまうと言う厄介なものである。次に PM 駆動パネルでの消費電力の概算方法を示す。

3.1　DC 消費電力

図 2（a）は DC 電流が流れる経路を示している。有機 EL 素子に必要な電流はカラムドライバーの電源 V_{DD} から供給されロウドライバーのアースに流れ込む。結局，パネル全体の DC 成分消費電力 P_{DC} は次式で表される。

$$P_{DC} = I_{Total} \times V_{DD} \tag{1}$$

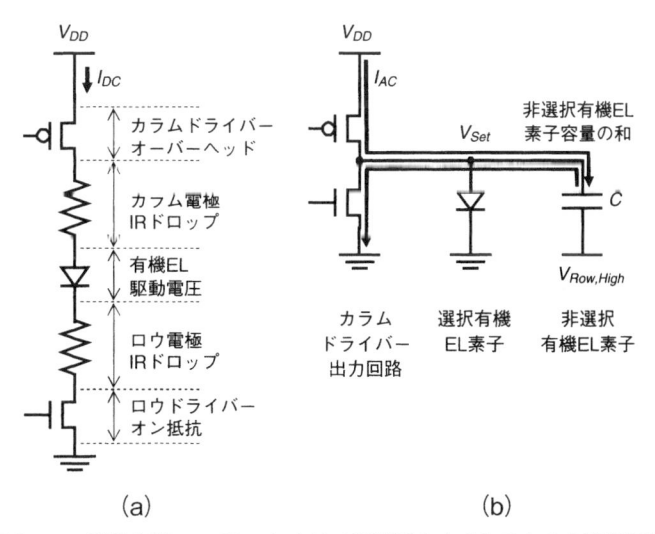

図 2　PM 駆動有機 EL パネルにおける消費電力を考えるための等価回路
（a）DC 成分，（b）AC 成分

ここで I_{Total} は有機 EL を発光させるのに必要な DC 電流のパネル全体での和である。この電流値は，要求されるパネルの発光輝度が決まると有機 EL 素子の発光効率から計算され，例えば，パネル輝度が 150 cd/m^2，有機 EL 素子の電流発光効率が 5 cd/A の時，対角 2.6 inch パネルで必要な電流は 62.8 mA である。一方，V_{DD} は電流が流れる経路で必要な電圧の総和で決まる。カラムドライバーでは定電流を供給する必要があるため，どうしてもオーバーヘッドとなる電圧，約 2.5 V が必要である。カラム電極においては ITO を用いるため抵抗が高く 1.5 V 程度，ロウ電極では金属で ITO 電極に比べ低抵抗であるが，他の有機 EL 素子からの電流も同時に流れるため同程度の 1.5 V 程度の電圧降下がそれぞれ見込まれる。有機 EL 素子の駆動電圧は約 7 V である。また，ロウドライバーは電流シンク能力を極力上げられているが，オン抵抗のため 0.5 V 程度の電圧が必要であると見込まれる。よって，これら数値の総和は 13 V となり，式（1）より上記のパネルサイズ，輝度の場合，P_{DC} は約 820 mW と計算される。

3.2 AC 消費電力

一方，AC 消費電力の考え方は次の様になる。図 2（b）はカラムドライバーの出力回路とパネルの有機 EL 素子を含んだ等価回路であるが，カラム電極の電位は 1 選択時間あたり 1 回，V_{Set} とゼロ電位の間を変化する。つまり，DC 電流が流れない非選択の有機 EL 素子の寄生容量 C は 1 選択時間に 1 回，充放電されることになる。今，ゼロ電位から V_{Set} に充電される時に C に蓄えられるエネルギーは $\frac{1}{2}CV_{Set}^2$ であり，これと同じエネルギーが，充電電流 I_{AC} が流れる経路で消費される。さらに放電時には C に蓄えられたエネルギーは全て放電電流経路で消費される。つまり，一回の充放電に消費されるエネルギーは CV_{Set}^2 となる。ここで経路における抵抗成分はこれらエネルギー消費には関係ないということに注意してもらいたい。結局，AC 成分による 1 秒間あたりの消費エネルギー，つまり消費電力 P_{AC} は次式で表されることになる。

$$P_{AC} = C_{Total} \times V_{Set}^2 \times N_{Select} \times f \tag{2}$$

ここで，C_{Total} はパネル全体の容量，N_{Select} は選択線数，f はフレーム周波数である。今，先に述べたパネルサイズで有機 EL 素子の容量 25 nF/cm^2，V_{Set} を 10 V，120 走査線，60 Hz 駆動を考えると P_{AC} は 380 mW となる。

3.3 全消費電力

上記計算より $P_{DC}=820$ [mW]，$P_{AC}=380$ [mW] を得ることができたが，これら数字より，全消費電力における P_{AC} の占める割合は，全白色画面において約 30 ％となるが，一般的な消費電力の計算は 30 ％点灯と考えて計算されるため，この割合は約 60 ％を占めることになる。つま

第23章　パッシブマトリックス駆動有機ELディスプレイにおける低消費電力化技術

り，PM 駆動パネルにおいて半分以上の電力は発光に直接関係の無い有機 EL 素子の容量で消費されるのである。さらに，黒画面表示でも P_{AC} は同じ値だけ必要であり，AC 消費電力の重要性がわかるであろう。

4　低消費電力化技術

前節で述べたように PM 駆動パネルにおいての低消費電力化は DC 成分だけでなく AC 成分の低減が重要である。DC 成分の低減は有機 EL 素子の高効率化，配線抵抗の低減，各ドライバーの高性能化と言う地道な努力によって着実に実行される。しかし，AC 成分の低減は，有機 EL 素子の容量を小さくすることはできないため，材料・素子構造の改良では達成できない。次に挙げる2つは駆動法による AC 成分消費電力の効果的な低減方法である。

4.1　リセット電圧

図3はリセット電位による AC 成分による消費電力低減方法を示した回路図である。図2 (b) との違いは有機 EL 素子を消灯する時の電位が接地電位ではなく V_{Reset} とした点のみである。これにより式(2)は次式となる。

$$P_{AC} = C_{\text{Total}} \times (V_{\text{Set}} - V_{\text{Reset}})^2 \times N_{\text{Select}} \times f \tag{3}$$

つまり，有機 EL 容量の充放電電圧が V_{Reset} 分だけ低減できることを示している。ここで V_{Reset} は V_f より小さくなければならないが，今，$V_{\text{Reset}} = 3$ [V] としても P_{AC} は 50 ％程度低減できて，その効果は非常に大きいと言える。また，この様な中間電位を設けることによって周辺回路のコ

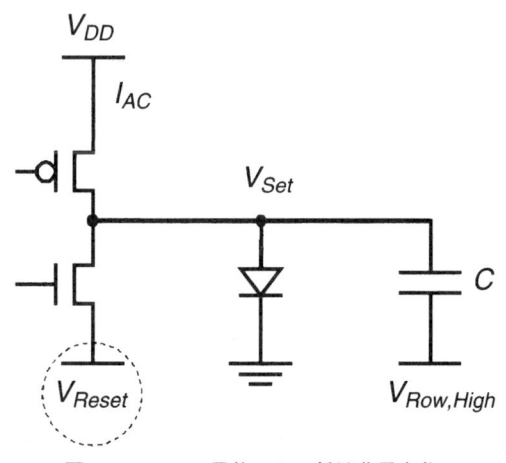

図3　リセット電位による低消費電力化

ストアップと消費電力増大が懸念されるが，この電位には電流が流れ込むだけで，電流供給のための電源は必要ない。したがって，この電位を作る回路はドライバー内で比較的容易に組むことができ，コストアップや消費電力の増大にはならない。この原理は基本的に先で述べた陰極リセット法，セット・リセット法，プリチャージ法全てに適応できる。セット・リセット法による詳しい電力解析は論文[1]で行われている。

4.2 ハイブリッド駆動

図4はパイオニアが提案したハイブリッド駆動による低消費電力化手法[5]を回路図で説明したものである。まず初めの定電流期間と強制消灯期間は今まで説明してきたものと同じであるが，それらの間に入るハイ・インピーダンス（Hi-Z）期間がこの駆動方法において特徴的なものとなる。この期間において，コラムドライバーの出力はHi-Zとなり，どこにも接続されない状態となる。この状態において非選択有機EL素子の容量に蓄えられた電荷は，コラムドライバーを通じてではなく，有機EL素子を通じて放電される。この時，有機EL素子はこれによって生じた電流によって発光する。つまり，非選択有機EL素子に溜めたエネルギーを今まではそのまま捨てていたのを，この方法では発光に使っているのである。これによりP_{AC}の値は変わらないものの，それが発光に使われため，無効電力を低減して低消費電力化が行われる。また，この手法は先に述べたリセット電位による低消費電力化とも併用可能である。

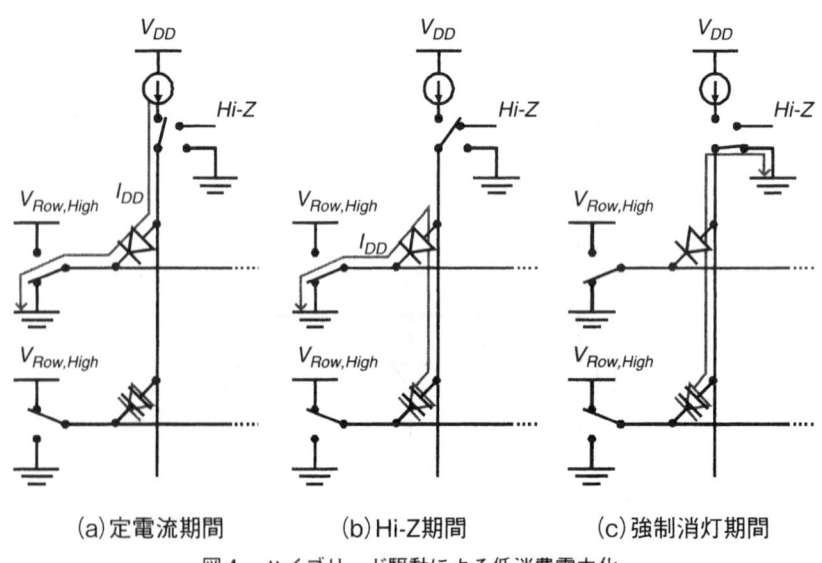

(a)定電流期間　　(b)Hi-Z期間　　(c)強制消灯期間

図4　ハイブリッド駆動による低消費電力化

第23章　パッシブマトリックス駆動有機ELディスプレイにおける低消費電力化技術

5 マルチライン選択駆動

　以上，これまでにPM駆動パネルにおける消費電力の概算と有効な低消費電力手法を述べてきたが，これらは一般的な線順次駆動法においての手法であった。これらは地道であるが現実的で確実な方法である。しかし，PM駆動ではデューティー比が選択線数に従うため，高輝度領域で駆動することによる有機EL素子の低効率と短寿命は避けられない。この節で述べるマルチライン選択駆動は，この限界を回避することができる新しい駆動方法である。この方法は英国CDT社から2007年，TMA® (Total Matrix Addressing) として提案された[2]。しかし，その具体的な手法は明らかにされておらず，その寿命／効率における優位性やその限界は現時点で不明である。ここではPM駆動有機ELディスプレイにおいてマルチライン選択駆動を行うときの具体的な手法と問題点を著者の独自な考えに基づいて述べることにする。

5.1 マルチライン選択駆動の原理

　マルチライン選択駆動方法は文字通り，ロウ電極を複数本，同時に選択する駆動方法である。図5は線順次選択とマルチライン選択の違いを示したものである。図5 (a)，(b) はそれぞれ線順次選択とマルチライン選択における入力データを映像化したものである。線順次選択の場合

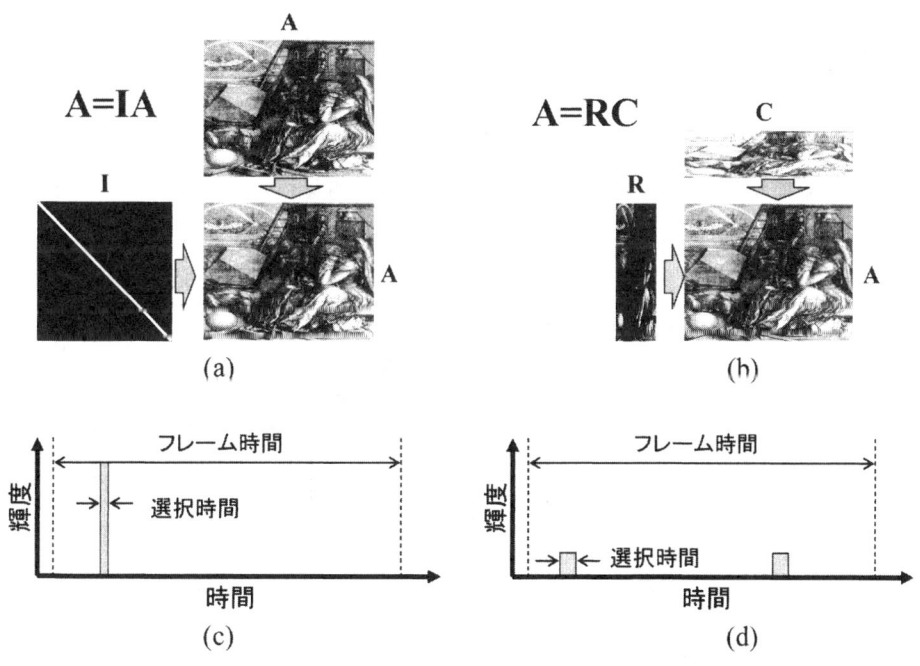

図5　カラム，ロウへの入力データ行列（a：線順次，b：マルチライン）と
1ピクセルにおける発光形態（c：線順次，d：マルチライン）

のロウ電極への入力データは単位行列Iになり，カラム電極への入力データは復元する映像行列Aと等しい。パネルに復元される行列はIとAの積でありAとなる。すなわち，線順次選択ではカラム電極への入力データがそのままパネルに復元される。一方，マルチライン選択の場合，ロウとカラム電極への入力行列R，Cは，それらの積がAとなるように分解されたものであれば良い。この分解の仕方は一意に決まらず，R，Cは多様に決めることができる。

図5（c），（d）はそれぞれ線順次とマルチライン選択における1ピクセルの発光の様子を示したものである。線順次の場合は1フレーム期間に1回のみ選択され，選択時間も（フレーム時間）／（選択線数）と短い。従って，その短い時間に画面輝度を得るだけの発光を行わなければならないため，最高輝度は時間平均輝度の選択線数倍となる。一方，マルチライン選択の場合，複数回選択されることが可能で，かつ，入力行列を縮小して選択回数を少なく選択時間を長くすることができるので，最高輝度は低く抑えることができる。よって効率が良く，負担のかからない輝度領域で有機EL素子を使うことができるので，低消費電力化と長寿命化が実現できるのである。また，選択回数が減るため先に述べたAC消費電力も低減することができる。

5.2 行列分解の手法

図6はマルチライン選択での入力データの縮小方法を模式図的に説明したものである。今，表示したい映像データが簡単な3×4の行列で与えられているとする。これを表示するために通常のPM駆動ではロウ電極を一本ずつ選択してパネルに書き込むので，ロウ電極から与えられる信号は3×3の単位行列で表される。一方，カラム電極から入力される信号はこの単位行列と掛け算して映像データと同じものになるので，結局，3×4の映像行列と同じものなる。ここで有機EL素子が電圧駆動可能で複数選択できると考えると，ロウ電極への入力信号行列は単位行列で

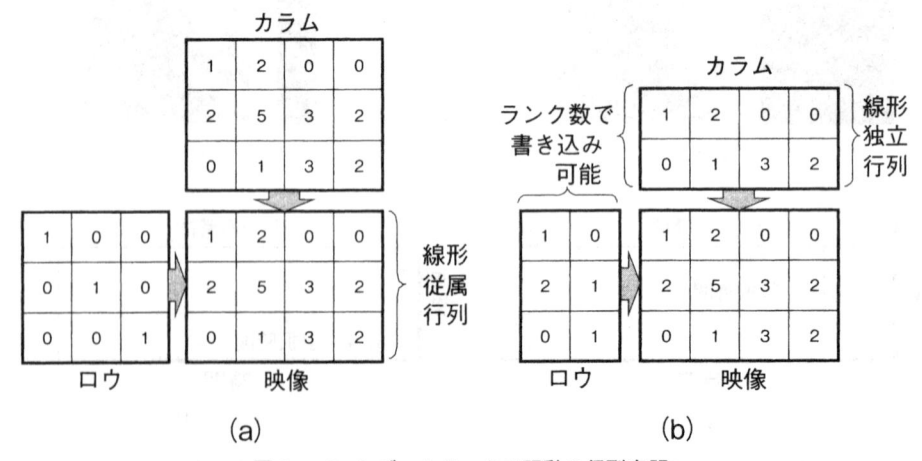

図6 パッシブマトリックス駆動の行列表記
(a) 通常の逐次選択法と (b) マルチライン選択法

ある必要はなくなる。今，この図に示す映像行列における2番目の行ベクトルは1番目と3番目の行ベクトルの線形和で表すことができるので，このとき線形独立ベクトルをカラムから入力し，その線形和の係数ベクトルをロウから入力していくとそれぞれの行列の掛け算で映像ベクトルが再現できる。このように通常法では3回選択時間が必要にあるのに比べ，マルチライン選択法では2回ですみ，それぞれのフレーム時間が同じであるとするとマルチライン選択法は最高輝度を3分の2に抑えることができることになる。

一般的に言えば，映像行列が線形従属である場合，そのランク数で書き込みが行えることになる。極端な場合を考えると，映像行列の因子が全て等しい（映像では全白画面など）場合，ランク数が1であるので，書き込み回数は1回ですむ。これはロウ電極全てを選択し，カラム電極に等しい値を入力した場合に相当する。丁度，PM駆動パネルを照明の様に使用するのに相当する。一方，映像データが斜め線一本であるような簡単なものであっても，この行列は線形独立となりランク数は行数に等しい。すなわち書き込み数は線順次のときと変わらずマルチライン選択の効果はないことになる。

5.3 特異値分解

以上のことを，線形代数学の特異値分解を使って一般的に考察する。今，映像行列を m 行 n 列 ($n>m$) の行列 A とする。特異値分解は次のように行う。

$$A = \begin{pmatrix} a_{11} & a_{12} & \cdots & \cdots & \cdots & a_{1n} \\ a_{21} & a_{22} & \cdots & \cdots & \cdots & a_{2n} \\ \vdots & \vdots & & & & \\ a_{m1} & a_{m2} & & & & a_{mn} \end{pmatrix}$$

$$= U \cdot S \cdot V^T$$

$$= \begin{pmatrix} u_{11} & u_{12} & \cdots & u_{1m} \\ u_{21} & u_{22} & & u_{2m} \\ \vdots & \vdots & & \\ u_{m1} & u_{m2} & & u_{mm} \end{pmatrix} \begin{pmatrix} \lambda_1 & 0 & \cdots & 0 & \cdots & 0 \\ 0 & \ddots & & 0 & \cdots & 0 \\ \vdots & & \lambda_r & \vdots & \cdots & 0 \\ 0 & 0 & \cdots & 0 & \cdots & 0 \end{pmatrix} \begin{pmatrix} v_{11} & v_{12} & \cdots & \cdots & \cdots & v_{1n} \\ v_{21} & v_{22} & & & & v_{2m} \\ \vdots & \vdots & \ddots & & & \vdots \\ \vdots & \vdots & & \ddots & & \\ v_{n1} & v_{n2} & \cdots & \cdots & \cdots & v_{nn} \end{pmatrix}$$

$$= \begin{pmatrix} u_{11} & u_{12} & \cdots & u_{1r} \\ u_{21} & u_{22} & \cdots & u_{2r} \\ \vdots & \vdots & & \\ u_{m1} & u_{m2} & & u_{mr} \end{pmatrix} \begin{pmatrix} c_{11} & c_{12} & \cdots & \cdots & \cdots & c_{1n} \\ c_{21} & c_{22} & \cdots & \cdots & \cdots & c_{2n} \\ \vdots & \vdots & & & & \\ c_{r1} & c_{r2} & & & & c_{rn} \end{pmatrix}$$

$$= U \cdot C \tag{4}$$

ここでUとVはそれぞれ$m \times m$, $n \times n$の直交行列, Sは$m \times n$の対角行列, V^TはVの転置行列を表す。またここで　は$A \cdot A^T$の固有値を大きいものから順に並べたものである。Aと$A \cdot A^T$のランク数は等しくなるため, 固有値の個数rはAのランク数でもある。今, $r<m$である時, Sの対角要素に0が表れる。$C = S \cdot V^T$として0となる要素部分を省くとUは$m \times r$, Cは$r \times n$の行列となる。すなわちこの手法によってそれぞれロウ, カラムから入力する信号行列U, Cを求めることができ, 映像行列のランク数に縮小されたものとなる。

今までの考察において, マルチライン選択法の有用性は映像行列のランク数によって決まると思われるが, 実際の映像データにおいてランク数はどの様になるであろうか？ 一例として図7(a)にある338×430ドット, 8ビットハーフトーン白黒イメージのランク数を調べてみると, 338と映像行列の行数と同じになり, 全く線形独立行列であることが分かった。すなわち, この映像をマルチライン選択法で表しても全く有効ではないということになる。他の風景, 人物などの映像でもほとんど線形従属性は見つからない。

しかしながら, 先に示した式(4)でλは大きいものから並べているが, この大きさは映像データへの増幅度を表しており, λの大きさが十分小さければ再現される映像にはほとんど影響を与

(a) Original (338×420, 8bit halftone)　　(b) Rank50

(c) Rank100　　(d) Rank200

図7　マルチライン選択法による表示シミュレーション
特異値分解による有効ランク数をパラメーターとする

第23章　パッシブマトリックス駆動有機ELディスプレイにおける低消費電力化技術

えない。図7は実際，大きいλから映像を再現していったものを順次表したものである。Rank 50はλ_1からλ_{50}までを，Rank 200はλ_1からλ_{200}までを計算したものである。これらの図からわかるようにRank 50でもほとんどオリジナルに近いレベルまで復活していることが分かる。すなわち，このような絵画の映像ではランク数まで完全に計算しなくとも，ある程度の映像が表せることができ，マルチライン選択法の有用性を表している。また，これらの手順はデータ圧縮と深い関係があり，デコーダーを必要としないデータ圧縮法として非常に興味深い。

　図8は図7(a)の映像データを特異値分解した時の特異値λをプロットしたものである。先に述べたように特異値は増幅率を示しており，今，映像データのビット数は8 bitであるので，一番大きな特異値の1/256以下の特異値はビット雑音の中に埋もれてしまいほとんど意味が無い。従ってRank 200の映像はこの図によると8 bit近くまで再現されていると言え，オリジナルなデータにほとんど近いと言える。また，Rank 50の映像でも6 bit程度まで再現されていることになる。

5.4　非負行列分解

　先に述べた特異値分解はランク数を決定するのに有効であったが，分解した行列の因子はマイナスの値を含んでおり，実際にパネル上で再現するには，それぞれの行列に基本変形を行い，マイナスの因子を含まないようにしなりればならない。これらの作業を分解した行列に行うのは新たなアルゴリズムを必要とし，実用的でない。この様な問題を含まない分解方法に非負行列分解法がある[6]。この方法のアルゴリズムを次に示す。

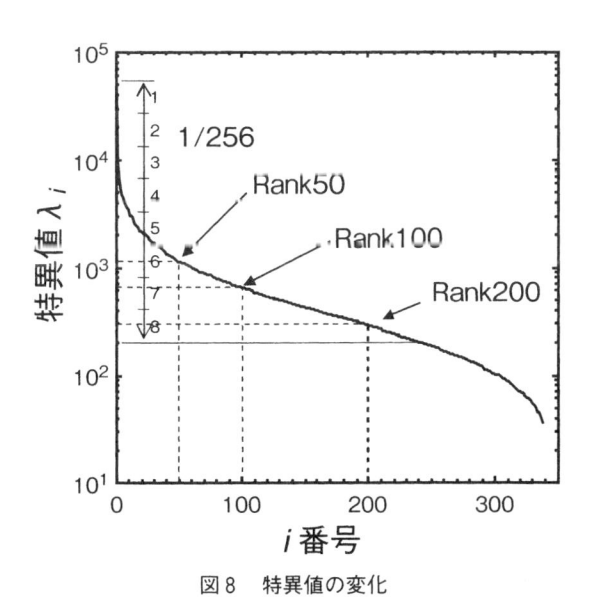

図8　特異値の変化

ステップ1：適当な非負行列 R，C を用意する。

ステップ2：$RC_{i\mu} \leftarrow \sum_{a=1}^{r} R_{ia} C_{a\mu}$

ステップ3：$R_{ia} \leftarrow R_{ia} \dfrac{\sum_{\mu} C_{a\mu} A_{i\mu}/(RC)_{i\mu}}{\sum_{v} C_{av}}$, （A＝RC）

ステップ4：$C_{a\mu} \leftarrow C_{a\mu} \dfrac{\sum_{i} R_{ia} A_{i\mu}/(RC)_{i\mu}}{\sum_{k} R_{ka}}$

ステップ5：2から4のステップを収束するまで繰り返す。

このアルゴリズムにおいて，初期値としていかいかなる R，C でも非負という条件の下，必ず収束すると言うことが証明されている[7]。しかしながら，この分解法は初期値によって収束する時間が違い，さらに収束値も異なる。この方法において計算時間を短くし，低消費電力のために効率的な解を得るためには如何に最適な初期値を入れるかが問題となる。そこで前節の特異値分解で得られた行列を使うのが効果的であると言う報告もある[8]。この報告では特異値分解で得られた行列の因子の絶対値を初期行列として使っている。この初期値を使うとノルムが大きいベクトルが行列の初めの方に現れるようになって，映像としては初めに大まかな画像が現れ次第に細かいところが現されることになる。この非負行列分解のアルゴリズムは計算が高速に行え，必要とする演算回路やメモリーの規模を小さく抑えることができる非常に実用的な方法である。

5.5 マルチライン選択法の問題点

このように非常に有用に見えるマルチライン選択であるが，実際有機 EL パネルに映像を再現するとなると数多くの問題が生じてくる。

第一に，特異値分解や非負行列分解というかなり計算量の多い処理を映像フレームごとに行わなければならないことである。前もって処理されたデータを作成しておければこの処理にかかる時間は問題にならないのであるが，一般データをリアルタイムで処理し動画を再現するにはかなり高速の計算アルゴリズムの構築と専用 LSI が必要になるであろう。また，この処理にかかる消費電力も問題である。

第二はロウドライバーである。今まではロウ電極には単位行列を入力，すなわち逐次選択していくだけであったが，このマルチライン選択では複数同時に選択するだけでなく，選択された電極それぞれにアナログ量を与えなければならない。アナログ量を扱う方法には時間変化による PWM（Pulse Width Modulation）と電圧または電流値変化による PAM（Pulse Amplitude Modulation）がある。しかし，電流シンク能力が厳しい条件になっているロウドライバーにおいて，そ

れをPAM制御するのはかなりドライバーに負担がかかる。従ってロウドライバーに望ましい制御方法はPWM制御であるが，現時点でロウドライバーの個別の出力をPWM制御できるものは現存しておらず，専用のドライバー開発が必要になってくる。

　第三はパネル輝度一様性である。線順次選択ではコラムから定電流を供給することによって，電極抵抗による電圧降下および有機EL素子の高抵抗化の影響を排除できた。しかし，マルチライン選択の場合はコラムから定電流を供給しても，図9(a)に示すように複数選択された有機EL素子に等しい電流を供給できない。各有機EL素子に等しい電流を流すためには図9(b)のようにロウ側にも定電流電源を接続しなければならない。しかし，この接続には次のような多くの問題点が存在する。

① 有機EL素子の高抵抗化の影響：もし，(b)において一つの有機EL素子が高抵抗なると，電流バランスは崩れ，その素子の電流が小さくばかりでなく他の素子へも影響を及ぼす。

② 電流ドライバーの出力レベル数の増加：線順次では8bitの画像においてカラムドライバーに8bitの出力レベルがあればよかった。しかし，マルチライン制御の場合は，選択されるロウ電極線数によって電流量を変化させなければならない。例えば選択線数が64本の場合，カラムドライバーにおいて6bitの出力レベル数の増加は避けられない。

③ 応答時間：先に述べたことであるが，PM駆動においての問題点は定電流駆動に伴い応答時間が長くなることであった。この問題はマルチライン選択でも同じで，さらに図9(b)のような接続では今までの陰極リセット法，セット・リセット法，プリセット法などの応答時間短縮技術は使えない。さらに，どちらかのドライバーがPWM制御する場合，他方のドライバーはPWMのOFFになるタイミングと同期させて変化させなければならない。これは選択時間を相手側の線数に分けた時間内で制御しなければならないことになる。

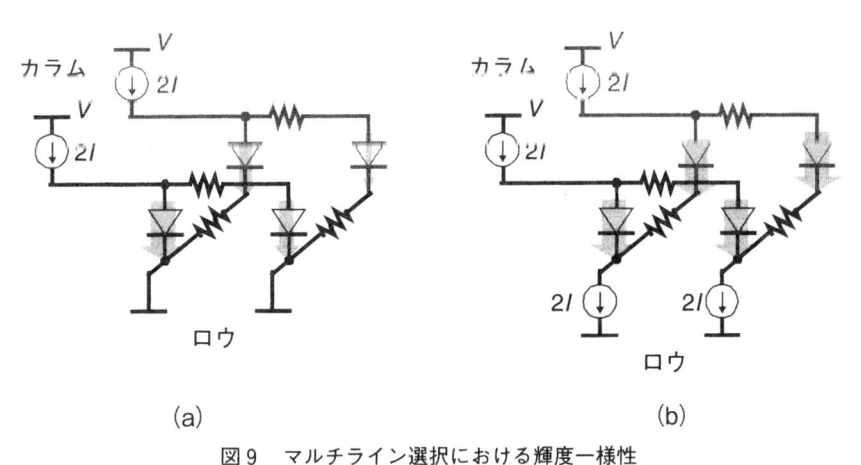

図9　マルチライン選択における輝度一様性
(a)はカラムのみ，(b)はカラム・ロウ両方を定電流駆動した場合

以上のことを考えるとマルチライン選択においてカラム・ロウ双方を定電流駆動する方法は，かなり困難であることが想像される。現実的な方法はカラム・ロウに定電圧源を接続し，PAMとPWMの組み合わせで行うことであろう。その際には有機EL素子が定電圧駆動でき（素子の高抵抗化がない），配線抵抗の電圧降下の影響が無いことが前提になる。この条件が揃って初めて，各ドライバーの機能が現実的な範囲内に納めることができるように思われる。

6 まとめ

本稿ではPM駆動有機ELパネルにおける駆動原理，消費電力，低消費電力化駆動技術，マルチライン選択駆動法について解説を加えた。最新のマルチライン選択駆動は，画期的な駆動方法であるが，技術的問題が多く，現在の状況での応用は難しい。しかしながら，このような技術開発が活発に行われPM駆動の技術がさらに進むことが望まれる。

文　献

1) R. Hattori et.al., "Effective Power Reduction in a Non-Emissive State of Passive-Matrix OLED", Proceeding of IDW'04, pp. 1411-1414 (2004)
2) Euan C. Smith, "Total Matrix Addressing (TMA^{TM})", Symposium Proceedings of SID 2007, p. 93 (2007)
3) 特開平 11-311978
4) 特開 2006-39517
5) H. Ochi et.al., "The Use of Hybrid Drives in Reducing Power Consumption of Organic EL Passive Matrix Panels", Proceeding of IDW'03, pp. 1371-1374 (2003)
6) D. D. Lee and H. S. Seung, "Learning the parts of objects by non-negative matrix factorization", *Nature*, **401**, p. 791 (1999)
7) D. D. Lee and H. S. Seung, "Algorism for non-negative matrix factorization", *Adv. Neural Info. Proc. Syst.*, **13**, pp. 556-562 (2001)
8) 山口桂吾, 他2名 "非負行列分解の初期値設定法とその応用" 電子情報通信学会論文誌 D-II Vol. J 87-D-II, No.3 pp. 923-928 (2004)
9) C. Prat et.al., "Stable and Temperature Resistant OLED Structures", Digest of AM-FPD 2006, p. 255 (2006)
10) K. Inukai et.al., "4.0-in. TFT-OLED Displays and a Novel Digital Driving Method", Symposium Proceedings of SID 2000, p. 924 (2000)
11) H. Kageyama et.al., "A 2.5-inch Low-power LTPS AMOLED Display -using Clamped-Inverter Driving- for Mobile Applications", Symposium Proceedings of SID 2006, p. 1455 (2006)

第24章 有機ELマイクロディスプレイ

下地規之[*]

1 はじめに

近年，携帯電話やデジタルオーディオプレーヤー等のモバイル機器には，小型・薄型であり低消費電力である有機ELディスプレイが数多く搭載されるようになってきた。また液晶やプラズマディスプレイが主流になっている大型フラットパネル市場においても，いよいよ有機ELディスプレイが投入されようとしている[1,2]。

この様に有機ELは，新しいディスプレイとしての市場拡大が期待され，また自発光で低消費電力の特徴を生かした新しい分野での応用が検討されている。

一方，いつでもどこでものユビキタスの世界では，携帯音楽プレーヤー等により，コンテンツのパーソナル化が進んできた。特に音楽を聞くことに関しては，ヘッドフォン等により個人で楽しむスタイルが一般化してきた。しかし，映像においては，携帯のムービープレーヤーが登場してきたものの，臨場感を味わえる様な迫力のある映像を個人で楽しむにはまだ時間がかかると言えるだろう。

眼鏡やゴーグル等に取り付けたマイクロディスプレイは，この様な映像のパーソナル化を実現するディスプレイとして期待される。街を行き交う人が，ヘッドマウントディスプレイ（HMD）の様なものを付けている光景が来るとは俄には信じがたいが，携帯用ゲームの世界においては意外と早く訪れるかもしれない。

また，デジタルカメラやビデオカムコーダーのビューファインダーにおいては，CCDやCMOSセンサーで撮った画像や映像を，直接ファインダーで覗きたいとの要求は強く，まずはこの分野においてもマイクロディスプレイの活躍する場が開けてくるだろう。

2 エレクトロリックビューファインダーにおける有機マイクロディスプレイ

有機ELを搭載したマイクロディスプレイにおいて，第一に応用が期待される分野はEVF（electric view finder）市場である。主にデジタルカメラの高級機やビデオカムコーダーに搭載

---

[*] Noriyuki Shimoji　ローム㈱　研究開発本部　ディスプレイ研究開発センター　センター長

されており,現在ではLCDを使ったものが主流である。図1にEVFの比較を示す。LCDを用いたシステムは基本的に外部光源が必要であり,光の利用効率は10％以下である。また,反射型LCDでは複雑なプリズムが必要になる他,大きな実装空間を必要とするため,小型のデジタルカメラやビデオカムコーダーには向かないといえる。一方,有機ELを用いたマイクロディスプレイは自発光であり,Si LSI上に直接形成する事で,複雑な光学系や外部光源が不要であるから,機器の小型化に貢献出来ると期待される。

3 有機ELマイクロディスプレイ構造

EVF (electric view finder) に搭載可能なマイクロディスプレイを試作した。約0.25インチRGBフルカラー表示,サブピクセルサイズは5×15μmと,携帯電話に搭載されている有機ELディスプレイと比較して約1/100のサイズである(図2)。このため制御しなければならない電流もおよそ1/100となり,より精密な制御回路が必要となる。本デバイスはSi LSI上にピクセル制御回路とカラム・ロウドライバーを集積化し,その上に直接有機ELディスプレイを形成した。有機ELマイクロディスプレイは,基板に不透明なSiを用いているため,光を上部に取り出すトップエミッション構造をとっている。また,ピクセルは超微細であるため,メタルシャドーマスクによるRGBの塗りわけは困難である。そのため白色有機EL素子＋カラーフィルター方式によるフルカラー方式を採用した。封止は乾燥剤を用いたガラス封止ではなく,無機膜による固体膜封止を施し有機EL素子の劣化を防いでいる。

有機EL素子のanode電極は,LSIプロセスとの整合性が良く,比較的高い反射率を有するアルミニウムを用いている。上部電極は薄い金属の半透過膜をcathodeとし表示エリア外でcath-

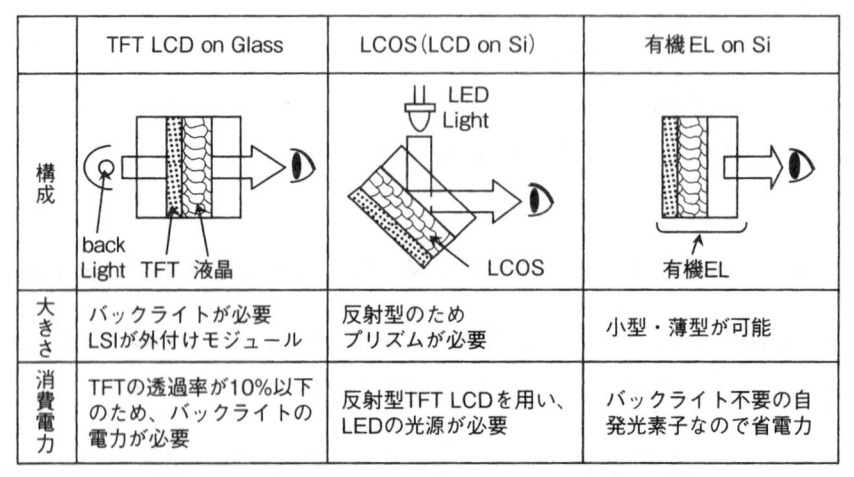

	TFT LCD on Glass	LCOS (LCD on Si)	有機EL on Si
構成	back Light / TFT / 液晶	LED Light / LCOS	有機EL
大きさ	バックライトが必要 LSIが外付けモジュール	反射型のため プリズムが必要	小型・薄型が可能
消費電力	TFTの透過率が10％以下のため、バックライトの電力が必要	反射型TFT LCDを用い、LEDの光源が必要	バックライト不要の自発光素子なので省電力

図1 EVF(エレクトリックビューファインダー)の種類

第24章 有機ELマイクロディスプレイ

図2 有機ELマイクロディスプレイ

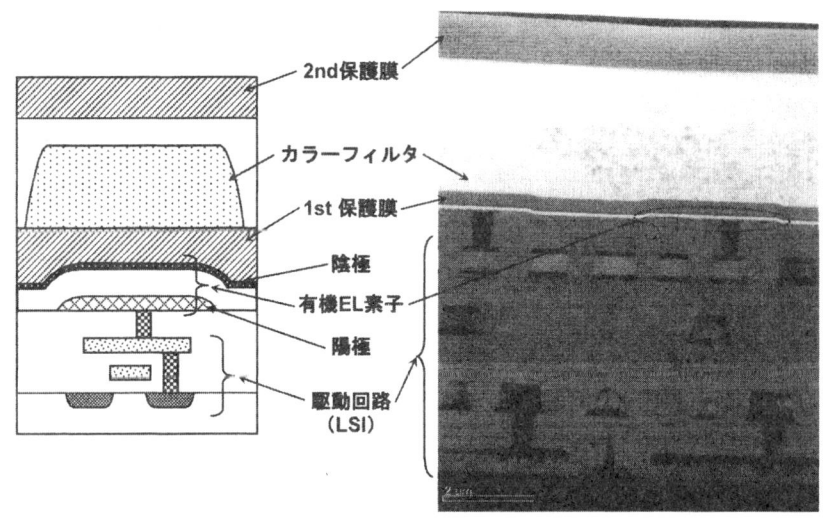

図3 有機ELマイクロディスプレイの構造

odeのパッドと接続される。有機EL層は蛍光の白色材料を用いた。

カラーフィルター上には平坦化膜が形成され、最終的に形成される保護膜の被覆性を確保している（図3）。

4 有機ELマイクロディスプレイの製造工程

図4にマイクロディスプレイの製造工程を示す。

有機ELマイクロディスプレイは高精度な電流制御を必要とするため、Si LSIのプロセスを用

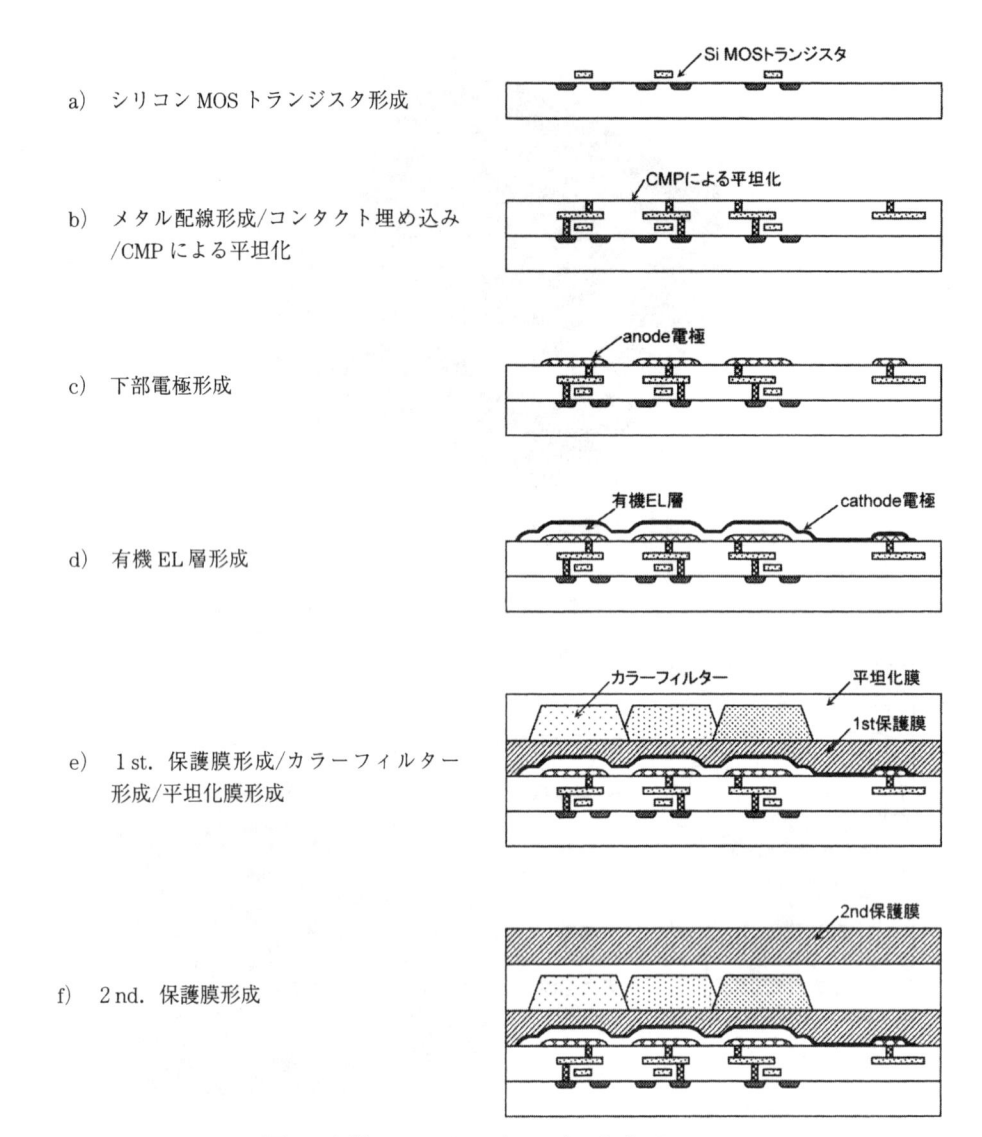

有機 EL のデバイス物理・材料化学・デバイス応用

a) シリコン MOS トランジスタ形成

b) メタル配線形成/コンタクト埋め込み/CMP による平坦化

c) 下部電極形成

d) 有機 EL 層形成

e) 1st. 保護膜形成/カラーフィルター形成/平坦化膜形成

f) 2nd. 保護膜形成

図4　有機 EL マイクロディスプレイプロセスフロー

いて製造される。ピクセル部及び周辺回路部にトランジスタ，キャパシター，配線を形成し，必要な回路を形成する。続いて有機 EL 素子を形成するため，CMP（Chemical Mechanical Polishing）法を用いて LSI 表面を平坦化する。通常有機 EL 素子は 150〜200 nm もの薄膜有機層にて形成されるため，LSI 表面の段差により局部的な薄膜化や，断線が生じてしまう。CMP を用いる事で下部電極形成直前に，絶縁膜・コンタクトを含めた完全平坦化を実現し，高信頼性のデバイスを形成する事が可能になる（図4 a），b））。

次に anode 電極になるメタルを製膜し，フォトリソグラフィーにより所定の形状にパターニングを行う。続いて白色の有機 EL 層をメタルシャドーマスクに通して蒸着し，その後 cathode

第24章 有機ELマイクロディスプレイ

になる上部電極をメタルシャドーマスクを通して形成する（図4d））。

上部電極が形成された後，有機EL素子を後のプロセスから保護する為の絶縁膜を形成し，カラーレジストを用いて，カラーフィルターを形成する。RGB各色のカラーフィルターを順次形成した後，平坦化膜により表面を平滑化する（図4e）。最後に最終保護膜を形成し，有機EL素子の長期信頼性が保たれる（図4f））。

5 有機EL素子の特性

トップエミッション型の有機EL素子は，上部に光を取り出すため，上部電極に透明電極，下部電極に高反射率の電極が用いられる。本デバイスではanodeである下部電極に，Siプロセスと相性の良いアルミニウムを用いた。アルミニウムはその低い仕事関数のため（3.8 eV）通常cathodeとして用いられるが，正孔注入層を用いる事で，容易に正孔も注入する事ができる。正孔注入層の効果を確かめるため，2 mm角のテストデバイスを用いて電流電圧特性を測定した（図5）。正孔注入効果のあるMoO_xをアルミニウム上に形成し駆動電圧を比較すると，MoO_xが無い場合と比べ約半分の駆動電圧（8 V→4 V ＠1 mA/cm^2）と，ITO電極並みの正孔注入が達成されている。バッファー膜はMoO_xの他に，VO_x，RuO_x等の金属酸化物が知られており[3]いずれも有効な材料であると考えられる。

図6にMoO_xバッファー膜を用いた白色有機EL素子における電流輝度効率の特性を示す。有機ELマイクロディスプレイの平均的な輝度＠1000 cd/m^{2}において9 cd/A程度の電流輝度効率を示した。

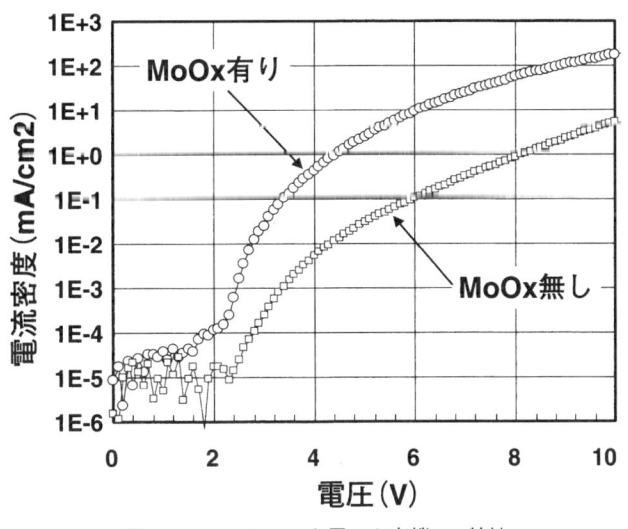

図5 MoO_x Buffer を用いた有機EL特性

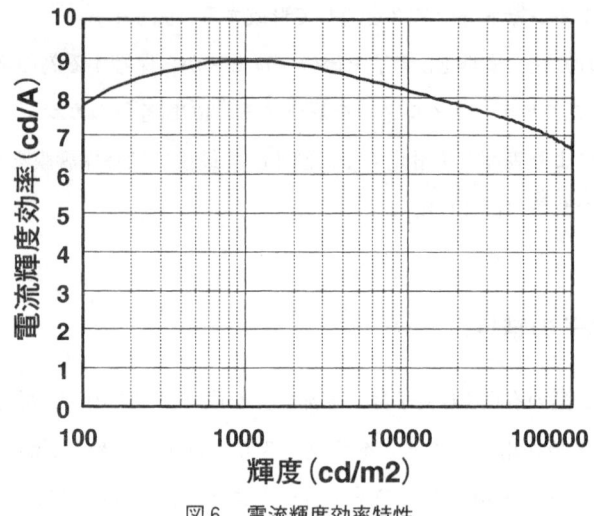

図6 電流輝度効率特性

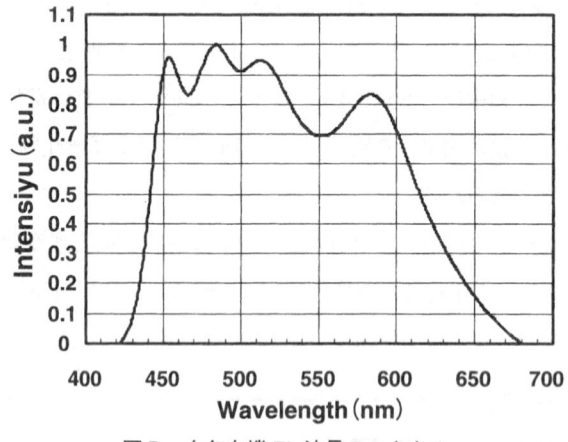

図7 白色有機EL波長スペクトル

図7に白色有機EL素子の発光スペクトルを示す。450 nmから650 nmにわたって全面に発光する白色のスペクトルが得られている。図8に白色有機EL素子上にRGB 3色のカラーフィルターを形成して発光させた時の各色の色度図を示す。NTSC比で80％の色再現性を示した。

6　マイクロディスプレイ回路技術

先にも述べた通り，マイクロディスプレイはピクセルを点灯させるために必要な電流が極めて少ない。具体的には数ナノアンペア程度の微弱電流を使ってピクセルをプログラミングするため，高精度でばらつきの少ないトランジスタによる制御が必要となる。この微弱な電流量を高精

第24章　有機ELマイクロディスプレイ

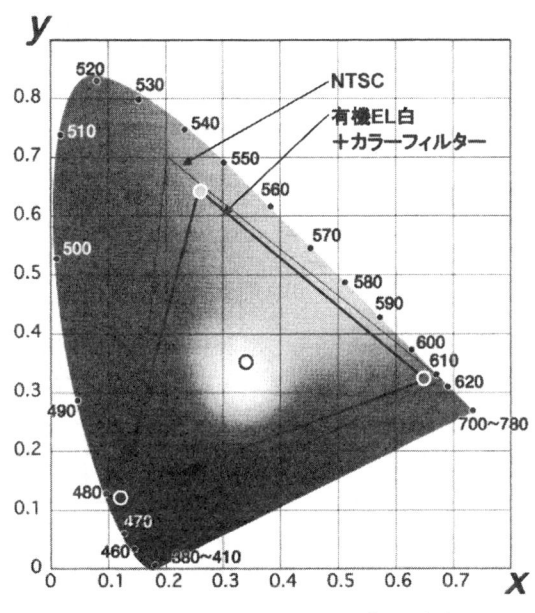

図8　有機ELマイクロディスプレイ色度図

度に取り扱うためには，シリコントランジスタによる制御が必須となっている。

　現在，シリコントランジスタを用いて高精度な電流制御を実現しているが，高画素化の要求と相まって，更に精度の高い電流制御が要求されている。近年のデジタルカメラ・デジタルビデオの高画素化・高精細化に伴い，マイクロディスプレイにも高画素化・高精細化が求められているのである。画素数が増加する事によってピクセルクロックが高速化するだけでなく，ピクセルアレイ領域の増大に伴ってデータラインの寄生容量が増加する。このため，ピクセルを微弱電流でプログラミングする事が難しくなってきているのである。これを解決するため，リファレンスとなるピクセルを用いて電圧によるプログラミングを行なうことで，高精度な画像表示を実現している（図9）。

7　おわりに

　本稿では，ロームが開発を行ってきた有機ELマイクロディスプレイの構造，プロセスを中心に述べてきた。本格的な市場拡大のためには高解像度化（VGA→SVGA化）や低消費電力化など，多くの課題は存在するが，加工技術や有機材料の進歩で徐々に解決されつつある。有機マイクロディスプレイに限らず有機EL関連のデバイスは確実に伸びており，今後もこの流れが続くであろうし，また更なる飛躍のため一刻も早く課題を克服し，ディスプレイの世界で大きく開花させたいと考える。

255

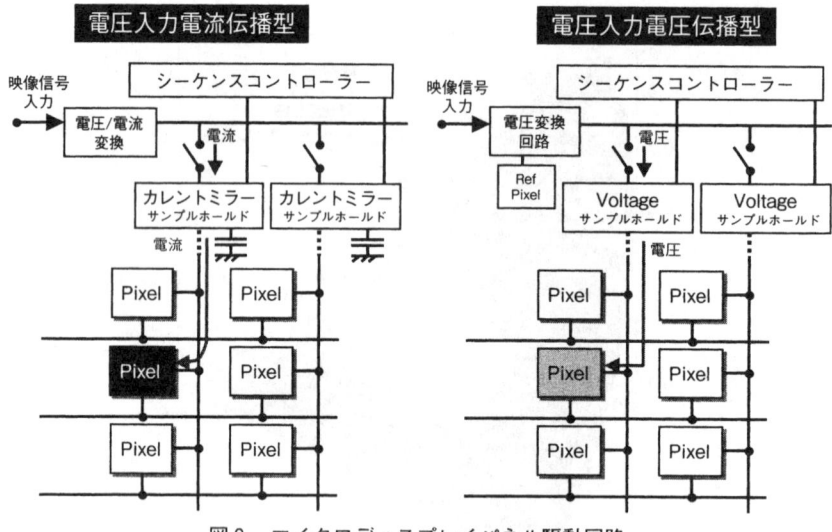

図9　マイクロディスプレイパネル駆動回路

文　　献

1) http://www.sony.co.jp/Sonyinfo/IR/library/fact/FY 06_4 Q. pdf
2) http://www.tmdisplay.com/tm_dsp/press/2007/07_04_09_j.html
3) S. Tokito, K. Noda and Y. Taga, Metal oxide as a hole-injecting layer for an organic electroluminescent devices, *J. Phys. D*, **29**, 2750–2753 (1996)

第25章　照明応用としての有機EL

菰田卓哉[*]

1　はじめに

　近年，有機ELの照明用途への展開が，盛んに語られるようになった。有機ELは，超薄型，フレキシブル等の可能性を併せ持つ次世代面発光光源として，また水銀を含まず，原理的には蛍光灯の効率（約100 lm/W）を凌駕する高効率発光が得られる環境適合型の光源としての可能性を秘めている[1]。

　同じく環境適合型の光源として知られるのはLEDであり，「有機ELとLEDの棲み分けは？」という議論が多くなされる。両者とも電流注入型の発光デバイスであり，そのデバイス構造，動作機構は類似しているが，有機ELは各機能層がアモルファス膜で構成されるために，広い範囲に均一な膜を比較的容易に形成でき，大きなデバイス（数cm角〜数十cm角程度）を作製可能なことが特徴である。有機ELが次世代面光源と期待される所以である。また通常拡散発光を示すため，周囲を満遍なく照らす用途に適していると考えられる。これに対しLEDは，バンドギャップの異なる無機材料の結晶が複数層積層された構造を有する（図1）。結晶によって構成されるがゆえに，欠陥すなわちバンドギャップの乱れが生じやすく，大面積での均一な再結合を実現することが困難であるため，一般に0.35〜1mm角サイズの点光源として用いられている。さらに通常，指向性の強い発光特性を備えているため，局所的にものを照らす用途に適していると考えられる。現状でも，蛍光灯と白熱灯がその発光特性によって使い分けられていること

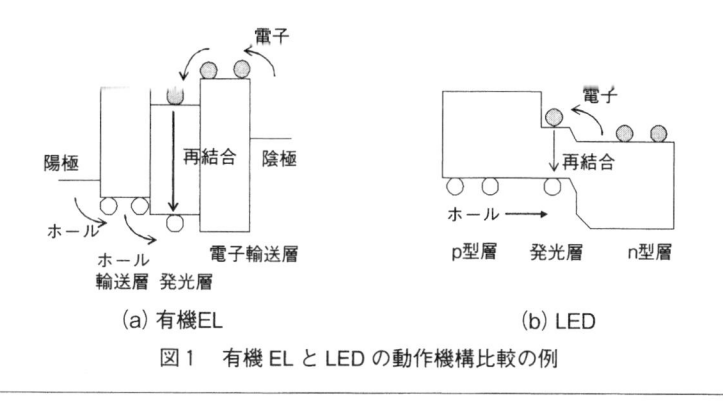

(a) 有機EL　　(b) LED

図1　有機ELとLEDの動作機構比較の例

---

[*] Takuya Komoda　松下電工㈱　先行技術開発研究所　技監

を踏まえると，将来的には有機ELは面光源として蛍光灯を代替する用途に，LEDは点光源として白熱灯を代替する用途に用いられ，両光源がそれぞれ新光源としての地位を確立していくことが想定される。

最近では，複数の企業および研究機関から，白色発光有機ELの光源・照明としての実用化を意図した報告や，有機EL照明の試作品の展示などがなされるようになった。しかし2007年9月現在，一般照明として商品化に至った例はまだない。有機ELを照明光源として実用化するには，高効率，長寿命を両立することだけではなく，照明光源として求められる特性，たとえば，対象物を明るく照らすこと（光束：光源が発する光量であり，輝度と発光面積に概ね比例），対象物の色調を正しく再現すること（高演色性）などの改善が必要なためである。たとえば，家庭用の蛍光灯照明には6,000 lm程度の光束を放射するものが用いられているが，同等量の光束を有機ELで得るには，輝度5,000 cd/m^2・60 cm角など，高輝度かつ大面積発光が可能なものが求められる。また，高演色性の白色発光を得るためには，青一橙等の補色ではなく，RGB 3波長にまたがるブロードな発光が得られる素子構造などを用いる必要がある。よって，高輝度かつ長寿命化技術，大面積素子の均一発光化技術および製造技術，高演色性化技術など，実用化に即した技術開発への注力が，今まで以上に重要になる。

以上に基づき，ここでは有機ELの照明用途への展開のための主たる課題である，白色化，高効率化・高輝度化・長寿命化，大面積化，高演色性化の研究開発動向，および照明用有機ELの開発動向に関して述べる。

2 白色化

白色発光を得るための，いくつかの方法が提案されている。大きくは，

① 単層型：複数の発光材料（補色・RGBの組み合わせなど）を含有する発光層を用いる方法[2]
② 積層型：異なる色の発光層（補色・RGBの組み合わせなど）を複数積層する方法[3,4]
③ 色変換型：短波長の光（たとえば青色）の一部を蛍光体によって色変換し，それらの混色によって白色を得る方法[5]
（青LED＋黄色蛍光体による白色化と同様の手段）

の3つに分類される（図2）。

①の単層型はデバイス構造がシンプルであるが，白色を得るためには複数種の発光材料を濃度を厳密に制御して発光層に混合する必要があり，再現性に課題がある。また白色を得るための濃度と高効率・長寿命を与える濃度とは必ずしも一致しないため，素子特性の点でも問題がある。③の色変換型もデバイス構造がシンプルであり，また駆動に伴う色ずれが小さいという特長があ

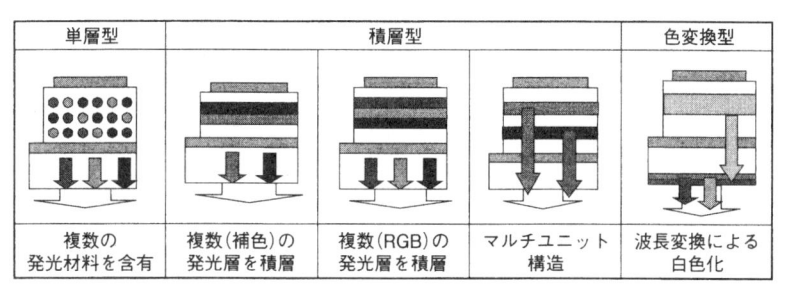

第25章　照明応用としての有機EL

図2　白色有機EL素子の構造の例

るが，長波長の光を蛍光体での波長変換によって間接的に得るため，蛍光体の波長変換効率，エネルギー変換効率を考慮すると，効率の点で問題がある。

一方②の積層型は，発光層の構造が複雑ではあるが，発光効率が高いこと，寿命が長いこと，発光色調整の自由度が高いことなど複数の利点を備えている。近年報告されている白色有機ELはほとんどこの種の構造のものであり，今後も白色有機ELの主流となる構造であると考えられる。

3　高効率化・高輝度化・長寿命化

最近の有機EL材料およびデバイスの進化はめざましく，一部の特性に関しては，既存の光源と比較しうるレベルにまで達しつつある。効率の観点では，62.8 lm/W（高効率有機デバイスプロジェクト：松下電工・山形大学・ケミプロ化成・光産業技術振興協会)[6,7]，64 lm/W（コニカミノルタ)[8,9]，51 lm/W（Universal Display Corporation)[10]，52 lm/W（光取り出しなし；高効率有機デバイスプロジェクト)[11]という高効率白色有機EL素子が報告されている。有機ELの高効率化の可能性を実験的に証明した例であるといえる（図3）。

これらの高効率素子は，リン光材料およびそれに適した周辺材料の開発によって可能となった。単色素子ではいずれも輝度$100\,cd/m^2$ではあるが，赤：49 lm/W，η_{ex}（外部量子効率）25％[12]，緑：133 lm/W，η_{ex} 29％[13]，青：54 lm/W，η_{ex} 30％[11]といった高効率素子が実現されており，白色有機ELのさらなる向上も期待できる。なお，各素子に於ける外部量子効率は25～30％にも達しており，光取り出し効率の上限は以前から言われてきた20％ではないことを示す結果でもある。

また寿命の観点では，初期輝度$1,000\,cd/m^2$において4.5〜7万時間（蛍光白色素子)[14]，2.1万時間（リン光白色素子)[15]といった長寿命素子が実現されるようになった。しかし有機ELの寿命は，輝度（あるいは電流密度）とトレードオフの関係にある[16]。評価を行う輝度の領域，有機ELの面積，素子構造などによる違いが大きいため，実寿命の推定には注意が必要であるが，

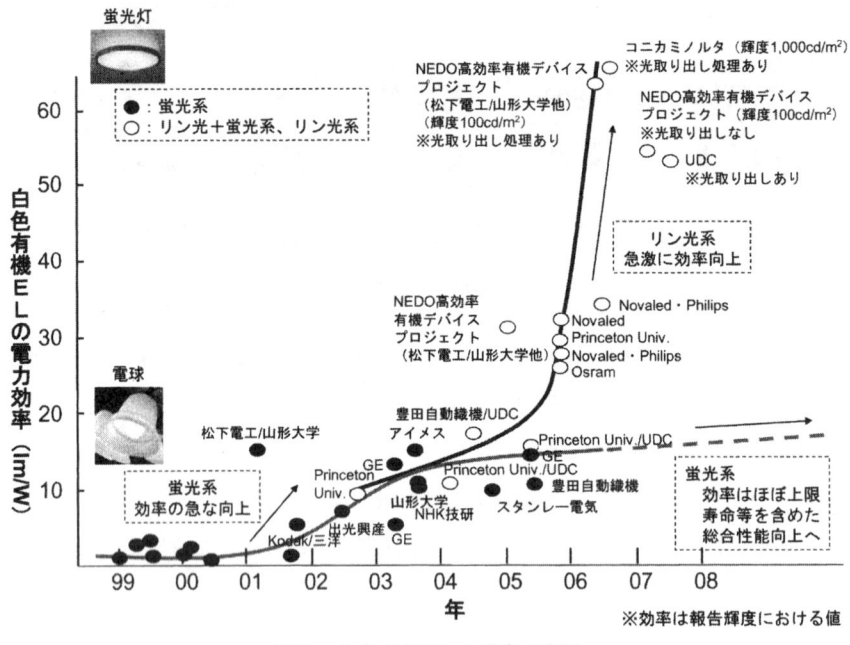

図3　白色有機ELの効率の変遷

一般に寿命は輝度の1.2～2乗に反比例の関係にあると言われている。さらに高輝度領域，大面積有機ELでは，駆動時の温度上昇の影響を受け，寿命が短くなる傾向があることにも留意したい[17]。

これに対し近年は，ホール輸送層，発光層，電子輸送層等からなるいわゆる発光ユニットが，光透過性の中間層を介した積層によって電気的に直列接続されており，各発光ユニットからの発光が合算されて得られるマルチユニット構造の有機EL（図4）[18～22]が多く報告されるようになった。

発光ユニットがn層のマルチユニット素子は，通常の構造の有機ELに対して，
・より高輝度の発光（概ねn倍）が，同一電流の通電で得られること
　　（よって，輝度と寿命のトレードオフがほとんどない）
・より少ない電流量（概ねn分の1）で，同一の輝度が得られること
・異なる発光ユニットを積層することで混色が可能であること
などが特徴である。事実，2つの青発光ユニットと2つの橙発光ユニットからなる白色マルチユニット素子で，輝度5,000 cd/m^{2}での推定寿命3万時間以上，という高輝度・長寿命を両立した例が報告されている[23]。本構造によって前記トレードオフを概ね回避できるため，高輝度・長寿命有機ELの実現が可能となったといえる[21]。駆動時の温度上昇の観点からはまだ問題があるが，発光効率の向上，放熱技術の改善によって，さらなる進化が見込まれる。後に示す演色性の

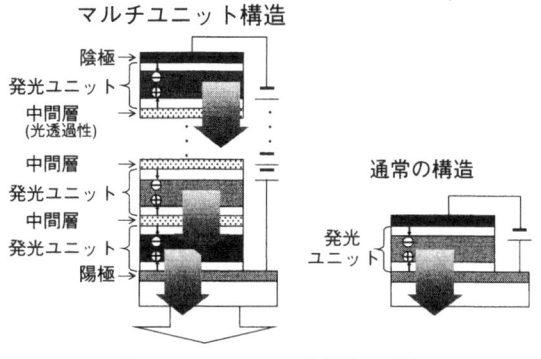

第25章　照明応用としての有機EL

図4　マルチユニット構造の概念

観点からも，照明光源用途には3色以上の発光材料を含むマルチユニット構造の有機ELが今後主流になることが予想される。

　以上のように，有機ELの効率，輝度，寿命は，独立した特性として見る限り，現行の照明光源である蛍光灯（電力効率約100 lm/W，半減寿命1万時間以上，輝度数千〜1万 cd/m^2）の特性に近づいてきたとも言える。なお有機ELの寿命としては，学会や各社の報告などでは半減寿命が用いられており，一般に照明分野で用いられる保持率70%を寿命とする定義とは異なることに注意が必要である。

4　大面積化

　有機ELディスプレイでは，現在40インチまでの試作品が報告され（サムソン：2005年5月SID），サイズは864 mm×540 mmに達している。また2007年1月には，ソニーから27インチディスプレイの実用化が近いという報告がなされた（2007 International CES (Consumer Electronics Show)）。しかし照明用有機ELでは，この種の大きなパネルの報告は少ない。照明用有機ELでは，大光束を確保するために高輝度・大面積での発光が要求されるが，一般に有機EL素子では高輝度発光を得るためには大電流を投入する必要があり，抵抗の大きな透明電極での電圧降下による発光のムラ，発熱による発光ムラや素子の破壊が問題となるためである。

　GE (General Electric) は，1枚の基板内の発光面を複数に区分して直列接続したパネル構造を提案している[24]。直列接続によって，駆動電圧は増大するものの電流量を抑えることができること，直列接続した素子の一部が短絡した場合にも，他の素子は発光し続けることが可能であることが特徴である。一方山形県米沢市の有機エレクトロニクス研究所では，前述のマルチユニット型有機ELを用い，14 cm角，30 cm角の1ピクセルからなる発光パネルを実現している[23,25]。発光層が厚く駆動電圧が高くなるが，それ故に電流量が減少し透明電極での電圧降下も小さくな

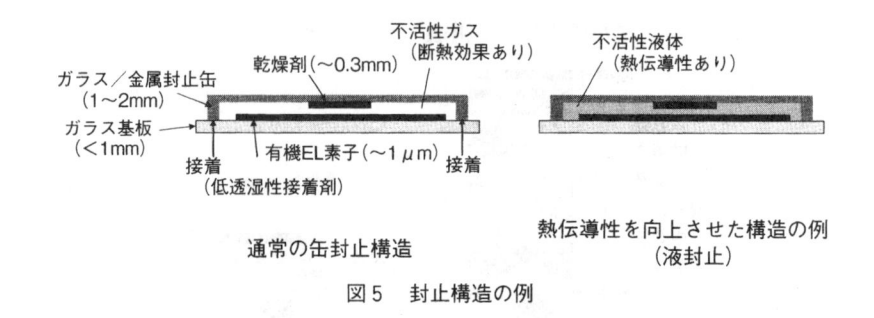

有機 EL のデバイス物理・材料化学・デバイス応用

図5　封止構造の例

るために，大サイズパネルでの面内発光ムラを低減することが可能となった。いずれの系も，発光ユニットを直列に接続することで（マルチユニット型有機 EL：立体方向の直列接続，GE：平面内での直列接続），均一な大面積発光特性および欠陥に対する耐性を得たものである。

　さらに有機エレクトロニクス研究所のパネルは，通電時の発熱を考慮し，背面に放熱構造が形成されている[23]。放熱構造がない場合，発熱に由来して輝度 1,000 cd/m^2 程度でも著しい輝度ムラが見られるのに対し，放熱構造の形成によって 3,000 cd/m^2 を超える高輝度でも安定した均一発光が得られることが報告されており，有機 EL に於ける熱の問題および対策を明確に示した例であるといえる。なお放熱性に優れた封止構造の例としては，封止缶内に不活性液体を充填して熱伝導性を向上させたもの（液封止）などが知られている[26]（図5）。

5　高演色性化

　図に有機 EL および LED の発光スペクトルの例を示す。有機 EL 用発光材料は概してブロードな発光スペクトルを与える。LED が示す波長幅の狭い発光スペクトルとは異なり，比較的広い波長領域をカバーしているため，適切な組み合わせによって高演色白色発光が得られることも有機 EL の特長である（図6）。

　とはいえ，たとえば青と黄色の2波長補色型白色有機 EL の場合，その平均演色評価数 Ra は 70 程度であり，白色 LED（青 LED＋黄色蛍光体：Ra～70）との大きな違いはない。90 以上の Ra を得るためには，3種以上の発光色の混色や，よりブロードな発光スペクトルを示す材料を使用することが必要であるが，一般的な3波長タイプの蛍光灯（Ra＝84）よりも優れた高品位発光を示す有機 EL の実現が期待できる。さらに，有機 EL の発光色は前述の方法で調製できるため，白色として得られる色の範囲は相当に広い。原理的には，一般的な照明光源の範囲（たとえば 2,000 K（ナトリウム灯）～2,800 K（電球）～3,000 K～7,000 K（蛍光灯））を十分に実現可能である。

　また同時に，赤系統色の表現（食品展示（肉・ハム・刺身）など）で重視される R 9，人肌

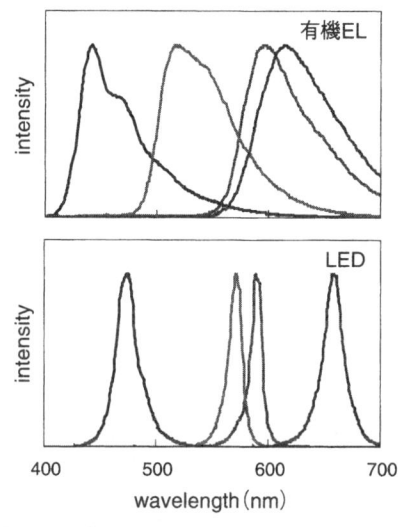

第25章 照明応用としての有機EL

図6 有機ELとLEDのスペクトルの比較例

の表現で重視されるR15についても，優れた特性を実現できる（一般的な3波長タイプの蛍光灯の演色評価数は，Ra：84，R9：30程度，R15：95程度である）。図7に，各色のスペクトルを足しあわせて見積もった白色スペクトルの例を示す。現状の光源では例の少ない，高色温度（たとえば～5,000 K），高演色性（～90），高R9（～70）を兼ねそろえた光源の実現が期待できる。

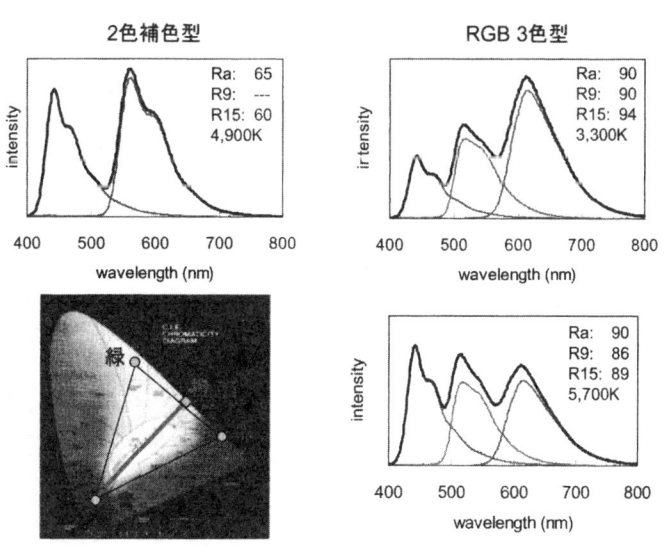

図7 有機ELの発光スペクトルの例と演色性・色温度

6　照明用有機 EL の開発動向

　2007年3月のライティングフェアでは，松下電工，有機エレクトロニクス研究所，アイメス，コイズミ，NECライティングから12 cm 角の有機 EL パネルを用いた照明器具などの展示が行われた。使用された 12 cm 角パネルは山形県米沢市の有機エレクトロニクス研究所で試作されたマルチユニット型有機 EL である。有機 EL の特徴である，薄型，面発光を強調した展示であり，来場者の注目を集めていた（図8～11）。

図8　松下電工の有機 EL 照明

図9　有機エレクトロニクス研究所の有機 EL 照明

図10　アイメスの有機 EL 照明

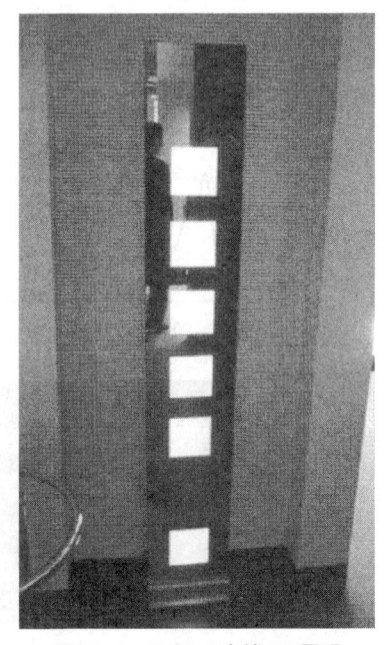

図11　コイズミの有機 EL 照明

なお近年は，各国で白色有機ELの開発に関するプロジェクトが進められている。国内では，2007年3月まで，経済産業省およびNEDOプロジェクト「照明用高効率有機EL技術の研究開発（通称：有機のあかり）」が㈶山形県産業技術振興機構によって実施された[23,27]。輝度5,000 cd/m^2，半減寿命10,000時間，白熱灯より高効率な20 lm/Wの達成が報告されている。米国では，GEやUDC，ロスアラモスナショナルラボラトリーなどが，それぞれエネルギー省のサポートを受けて，照明用有機ELの開発を推進している[28]。ヨーロッパでは，OLLAプロジェクトが，2008年までに輝度1,000 cd/m^{2}における50 lm/W，10,000時間の白色発光有機ELを実現すべく検討を進めている[27,29]。また2006年9月からは，新たにドイツでOPAL 2008プロジェクトが開始された[30]。本プロジェクトは，総合化学メーカーであるBASFを中心とし，照明メーカーであるPhilips，OSRAMなどが参画しているものであり，50 lm/Wの高効率を有する低コストの照明用有機ELを実現することを目的としている[31]。なお総費用は六億ユーロ（約1,000億円）の巨大プロジェクトである。

7　今後の動向

照明光源として期待しうるレベルの有機ELが実現されたのはごく最近である。現状，効率，寿命，光束，演色性などのすべての特性を高いレベルでバランス良く満たしたものはなく，さらなる技術開発が必要であり，市場への投入までにはもうしばらく時間を要すると考えられる。

現在，日本，米国，欧州での研究開発が盛んであり，材料，デバイス，装置，照明など，各分野の企業および研究機関が積極的な取り組みを見せている。また，各国の政府主導プロジェクトでも研究加速が図られており，今後の有機EL技術の進展が見込まれる。有機EL照明の実現によって，平面光源の省エネルギー化，新たな照明手法の誕生による照明市場の拡大はもちろんのこと，有機EL市場そのものの拡大も期待できると考えられる。

文　献

1) 小田敦，有機ELの将来展望 ―理論的観点から―，応用物理学会有機分子・バイオエレクトロニクス分科会第9回講習会（応用物理学会），3-10, (2001)
2) J. Kido, K. Hongawa, K. Okuyama and K. Nagai, White light-emitting organic electroluminescent devices using the poly (N-vinylcarbazole) emitter layer doped with three fluorescent dyes, *Appl. Phys. Lett.*, **64**, 815 (1994)

3) Y. Kishigami, K. Tsubaki, Y. Kondo and J. Kido, High efficiency white organic electroluminescent devices, Asia Display / IDW'01, FMC 7-2, 659 (2001)
4) B. W. D'Andrade, R. J. Holmes, S. R. Forrest, Efficient organic electrophosphorescent white-light-emitting device with a triple doped emissive layer, *Adv. Mater.*, **16**, 624 (2004)
5) A. R. Duggal, J. J. Shiang, C. M. Heller, D. F. Foust, Organic light-emitting devices for illumination quality white light, *Appl. Phys. Lett.*, **80**, 3470 (2002)
6) J. Kido, High-Efficiency White OLEDs Using Wide-Energy Gap Charge Transport Materials and Phosphorescent Emitters, 2006 MRS Spring Meeting, L 3.4 (2006)
7) N. Ide, T. Komoda, J. Kido, Organic light-emitting diode (OLED) and its application to lighting devices, SPIE Optics and Photonics, 6333-22 (2006)
8) 効率64 lm/Wで寿命1万時間, EE Times Japan 2006年8月号, 23
9) T. Nakayama, K. Hiyama, K. Furukawa, H. Ohtani, Development of Phosphorescent White OLED with Extremely High Power Efficiency and Long Lifetime, SID 2007, 19.1 (2007)
10) B. W. D'Andrade, J.-Y. Tsai, C. Lin, M. S. Weaver, P. B. Mackenzie, J. J. Brown, Efficient White Phosphorescent Organic Light-Emitting Devices, SID 2007, 19.3 (2007)
11) J. Kido, Y. Fujita, N. Ide, K. Nakayama, Fabrication of Long-Life Organic Light-Emitting Devices with Graded Composition Using an In-Line Evaporation Method, 2007 MRS Spring Meeting, O 10.8 (2007)
12) J. Kido, E. Gonmori, N. Ide, D. Tanaka, K. Nakayama, Y.-J. Pu, Extremely High Efficiency Orange-Red Organic Electrophosphorescent Devices Using Novel Electron Transport Materials Containing Dipyridylphenyl Groups, 2007 MRS Spring Meeting, O 6.35 (2007)
13) D. Tanaka, H. Sasabe, T. Takeda, J. Kido, Extremely High Efficiency Green Organic Light-emitting Devices using Novel Electron Transport Material Containing Dipyridylphenyl Groups, 2006 MRS Fall Meeting, S 3.26 (2006)
14) 熊均, 高効率・長寿命のカギ握る有機EL材料の最新技術, FPD International 2007 プレセミナー (2007)
15) B. W. D'Andrade, J-Y. Tsai, C. Lin, M. S. Weaver, P. B. Mackenzie, J. J. Brown, Phosphorescent white organic light-emitting diodes for displays and lighting, IDW '06, OLED 3-1 (2006)
16) 佐藤佳晴, 有機ELパネル, 材料からの長寿命化, FPD International 2004 プレセミナー, 3-1 - 3-16 (2004)
17) 小田敦, 有機EL素子の性能評価に於ける留意点, 06-1 有機EL研究会 (高分子学会), 1-4 (2006)
18) 出光興産 特許第3884564号
19) J. Kido *et al.*, High efficiency organic EL devices having charge generation layers, SID 03 DIGEST, 964 (2003)
20) 松本敏男, マルチフォトン素子, 有機ELハンドブック, 263-274 (2004)
21) 松本敏男, マルチフォトン有機EL照明, 05-2 有機EL研究会 (高分子学会), 9-13 (2005)
22) J. P. Spindler, T. K. Hatwar, Development of Tandem White Architecture for Large-Sized AMOLED Displays with Wide Color Gamut, SID 2007, 8.2 (2007)
23) A. Oda, Recent Progress in Organic LEDs, PPS-22, SP 7. K 1 (2006)
24) A. R. Duggal, D. F. Foust, W. F. Nealon and C. M. Heller, Fault-tolerant, scalable organic light-

emitting device architecture, *J. Appl. Phys.*, **82**, 2580 (2003)
25) ライティングフェア 2005（2005 年 3 月）
26) 出光興産　特許 3254335 号
27) NEDO 技術開発機構　パリ事務所：NEDO 海外レポート No. 968
 (http://www.nedo.go.jp/kankobutsu/report/968/968-01.pdf)
28) 米国エネルギー省ホームページ：http://www.netl.doe.gov/ssl/pro_current_organic.htm
29) OLLA プロジェクトホームページ：http://www.hitech-projects.com/euprojects/olla/
 など
30) BASF 社ホームページ：
 http://www.corporate.basf.com/en/presse/mitteilungen/pm.htm?pmid=2417&id=V 00-kJGOPAluPbcp.t.
 Aixtron 社ホームページ：
 http://www.aixtron.de/index.php?id=312&L=1&tx_ttnews%5Btt_news%5D=600&tx_ttnews%5BbackPid%5D=178&cHash=aa 72369569
 Semiconductor Today ニュース：
 http://www.semiconductor-today.com/news_items/SEPT_06/AIXT_150906.htm
 など

第26章 車載製品に向けた高信頼有機EL素子の開発

皆川正寛[*]

1 はじめに

有機EL素子は，1987年のコダック社による二層型素子の発表[1]を契機に国内外の様々なメーカーで製品化に向けた検討が盛んに行われ，今日では家電製品，携帯電話，モバイルオーディオプレーヤーなどのデジタルディスプレイとして数多くの製品に採用されている。ディスプレイの仕様も採用されるアプリケーションに応じ年々多様化し，モノカラー，エリアカラーパネルに続きマルチカラーパネルやフルカラーパネルが発売されるなど着実に進化を続けている。一方で，日本のメーカーを中心に有機EL素子を車載向け製品に適用する検討も進められ，1997年に初めて製品化[2]されて以降カーオーディオやメーターに次々と採用されている。弊社でも1996年から本格的に有機ELの研究開発を始め，2002年に小型アフターメーター（Defi-Link Display）を商品化した。さらに2004年に車載純正として，Daimler-Chrysler社およびGeneral Motors社に有機EL搭載メーターの量産供給を開始した。

車載製品向けの有機ELディスプレイは，2004年にカラーパネルを採用した製品[3]が発売されるなど各社で研究開発が進められているが，車載製品では現在でもモノカラーまたはエリアカラーディスプレイが主流となっている。これは塗り分け方式やカラーフィルタ方式で作製されたカラーディスプレイに対し，モノカラーなどのディスプレイは信頼性，歩留まりの面で優れているためである。パネルの発光色は，比較的高効率，長寿命特性が得られ易いグリーニッシュブルーやグリーンなどを基本としたパネルがこれまでの中心であったが，近年では車載仕様に耐え得るブルーやアンバー素子が開発され，モノカラーパネルの発光色も多岐にわたっている。最近では，これらを組み合わせた白色有機EL素子の車載適用も進められている。

一般に車載向けディスプレイでは耐熱性，駆動耐久性，高輝度などの特性が重要とされる。中でも車内温度は気候，環境条件により大きく変化し，部分的に氷点下から100℃近い高温になる場合もあることから，使用するデバイスの熱に対する安定性を高めることが重要である。弊社で

---

[*] Masahiro Minagawa　日本精機㈱　ディスプレイ事業部　第2技術部
　アシスタントマネジャー

第 26 章 車載製品に向けた高信頼有機 EL 素子の開発

はこれまで車載純正メーターへの有機 EL ディスプレイの適用を目指し，モノカラーパネルを中心に高信頼性素子の開発を進めてきた．本稿では，車載向け有機 EL 素子に求められる要件および基本的な検討技術を紹介する．

2 有機 EL の車載ディスプレイとしての優位性

　今日の自動車には数多くのディスプレイが搭載されている．それらは用途により大きく二つに分けることができる．ひとつは自動車を運転する際に必要な各種車両状況情報を表示するドライバー情報ディスプレイである．これは運転中のドライバーに様々な情報を的確に伝える必要があるため，視認性を考慮し通常はドライバーの正面にレイアウトされる．メーターやヘッドアップディスプレイがこれにあたる．もうひとつは，主に快適性をサポートするセンターコンソールディスプレイである．オーディオ，エアコン，ナビゲーション等の表示ディスプレイがこれに該当し，多くの場合で運転席と助手席の中央にレイアウトされる．これらのディスプレイは適切なコンテンツを表示することによりドライバーに的確に情報を伝えている．

　一方，近年では表示される情報自体も自動車の技術革新に伴って大きく変化している．80 年代までは，車載ディスプレイのコンテンツは主に「走る，曲がる，止まる」といった自動車の基本性能に関する情報のみであった．ところが 90 年台に入ってナビゲーション技術，さらには ITS (Intelligent Transport System) 技術が発展するにつれ表示すべき情報量が一気に増大した．このため，一台で様々な情報を安全かつ的確に提供できる集約型ディスプレイが必要とされるようになった．さらに最近では，ドライバーに多くの情報を素早く提供することができるディスプレイが求められるようになったことから，あらゆる環境下で視認性や瞬間判読性に優れたディスプレイが求められるようになっている．このようなニーズの中で次世代型車載ディスプレイとして有望視されているのが，自発光型ディスプレイとして知られる有機 EL である．

　表 1 は，有機 EL ディスプレイとこれまでに車載製品に使用されている主なディスプレイ（蛍光表示管 (VFD)，液晶 (LCD)）の特性を比較したものである．有機 EL ディスプレイは，その他のディスプレイに比べコントラスト，視野角，高速応答性など多くの点で優れており，車内でも視認性のよいディスプレイであることが分かる．加えて，表 2 に示したとおり低消費電力で駆動可能であり，バックライトが不要なことからパネルの薄型化が可能なため，車載ディスプレイとして非常に使いやすく有用なデバイスと言える．

表1　各種車載用ディスプレイの特性比較（有機EL／液晶（LCD）／蛍光表示管（VFD））

	Passive-matrix OLED	Passive-matrix VFD	Passive-matrix LCD	Active-matrix LCD
	自発光タイプ		受光タイプ	
コントラスト	◎	○	△	○
視野角	◎	○	△	△
応答性	◎	○	△	△
薄さ	◎	△	○	○
ウォッシュアウト	○	△	○	○
輝度	○	◎	○	○
動作温度	○	◎	○	○
寿命	○	○	◎	◎
解像度	○	△	○	◎

表2　有機ELディスプレイの特徴

■高視認性（自発光タイプ）
　　－高コントラスト：>1000：1　　⇒表示の読み易さ
　　－広視野角：>160°　　⇒見る方向を選ばない
　　－直射光下でウォッシュアウトしない⇒ワイドな照明環境に対応

■高速応答性
　　－LCDの1,000倍以上の応答性　　⇒低温環境下でもくっきり表示
　　－低温環境下でもヒーター不要　　⇒コストに影響

■低消費電力
　　－直流，低電圧駆動　　⇒低ノイズ
　　－バックライト不要　　⇒表示均一性の確保

■薄型パネル
　　－3 mm以下　　⇒設計自由度アップ

■Pb&Hg　フリー　　⇒環境にやさしい

3　車載向け有機ELディスプレイに求められる性能

　表3に車載向け有機ELディスプレイに要求される信頼性項目の例を示す。車載用途の場合では，モバイル用途や家電用途の場合より高い信頼性が要求される。また車載純正製品ではオーディオやレーダーのような後付け製品よりさらに高い信頼性が求められる。車載純正として採用されるディスプレイの場合，一般には作動状態で－40℃～85℃，非動作（保存）状態で－55℃～105℃における信頼性が仕様に盛り込まれることが多い。必然的に開発品の信頼性試験もこれらの仕様を反映した条件で行われるため，車載向けディスプレイは設計の段階から耐熱性に優れたモジュール部品，外装部品などを選択することになる。ディスプレイの主要部材であるパネルも同様で，有機ELディスプレイの場合も耐熱性に優れた素子を開発することが大きな技術課題

第 26 章　車載製品に向けた高信頼有機 EL 素子の開発

表 3　車載向け有機 EL ディスプレイに要求される信頼性項目の例

分類	試験項目	試験条件例	試験スペック
環境的条件	高温動作	+85 ℃, 500 hr 以上	客先仕様により異なる
	低温動作	−40 ℃, 500 hr 以上	
	温度サイクル	−40 ℃⇔+85 ℃, 500 サイクル	
	高温高湿	+60 ℃, 90 % RH, 500 hr 以上	
	高温保存	+105 ℃, 24 hr 以上	
	低温保存	−40 ℃(−55 ℃), 500 hr 以上	
	熱衝撃	−40 ℃ Keep⇔+85 ℃ Keep, 500 サイクル	
	耐光性	JIS　サンシャインウェザー試験	
メカニカル条件	振動耐久	モジュールとして試験	
	衝撃		

となる。

　有機 EL 素子の耐熱性を決定するひとつの要因に有機材料のガラス転移温度（T_g）がある。開発当初は TPD（N,N'-diphenyl-N,N'-bis(3-methylphenyl)-1-1' biphenyl-4,4'-diamine）など T_g の低い材料が使用されたため，発光に伴う発熱や雰囲気温度により有機材料が結晶化するといった問題があった。しかし近年ではプロセス改善や新規材料の開発が進み，この問題に関しては車載信頼性試験において現在までにはば解決されたと言える。参考として，車載向け有機 EL ディスプレイで用いられる有機材料の T_g は，想定される使用温度および発光による発熱も考慮するとおよそ 140 ℃以上が目安である。

　また，有機 EL は水分に弱いという特徴を持つため封止技術の信頼性も重要な項目となる。通常は高温多湿環境下での発光の変化，輝度劣化，電極間リークなどについて加速試験が行われる。詳細については本稿では述べないが，弊社において高信頼性封止技術の検討は車載向け有機 EL ディスプレイの開発を進める上で最も注力した技術の一つである。一般に 10 年または 10 万 km が自動車の使用期間と想定されているが，パネルメーカーや材料メーカーの盛んな検討により，今日では車載純正仕様を満足する高信頼性封止技術が確立されている。

4　車載向け有機 EL 素子の長寿命化

　有機 EL 素子の耐熱性は，前述したように高い T_g をもつ有機材料が開発されたため大幅に改善された。したがって近年では膜質変化などといった物理的劣化ではなく，材料劣化のような化学的変化において熱の影響が議論されるようになった。非常に一般的な議論になるが，ある時間駆動した有機 EL 素子における輝度劣化の割合は，

$$\frac{dL_\mathrm{o}}{dt} = -kL_\mathrm{o} \tag{1}$$

と表せ，式(1)中の反応速度定数 k は，

$$k \propto \exp\left(-\frac{H}{k_\mathrm{B}T}\right) \tag{2}$$

と表すことができる。ここでは L_o 初期輝度，k_B はボルツマン定数，H は劣化反応の活性化エネルギーである。実際の輝度劣化特性を表すには式(2)をさらに拡張する必要があるが，有機EL素子の輝度劣化特性は大きな温度依存性を示し，通常は温度が高くなると輝度劣化が大きくなる。したがって85℃などの高温環境下における輝度劣化特性を改善するには，式(2)中の活性化エネルギー H を大きくし，反応速度定数 k を小さくする技術が必要となる。有機EL素子の寿命特性は，有機材料に依存する部分が大きいことは言うまでもないが，素子構造の最適化も長寿命化には欠かせない技術である。耐久性に優れた材料を用いて素子を作製した場合でも，素子構造を見直すことによりさらに耐久性が改善される例が少なくない。したがって，有機材料の性能を引き出す素子構造をいかに開発するかがパネルメーカーにとって腕の見せ所と言える。

有機ELの素子構造を工夫することで寿命特性が改善された有名な例が，Motorola社[4,5]やXerox社[6]が行った材料混合の試みである。弊社でも彼らの手法を参考にし，正孔輸送材料：α-NPD(4,4′-bis[N-(1-naphthyl)-N-phenyl-amino]-biphenyl) および電子輸送性発光材料：Alq$_3$(tris-(8-hydroxyquinoline)aluminum) を用いた積層型二層素子と，界面を混合した混合型三層素子を作製し寿命特性を調べた。室温において初期輝度が1,000 nitとなるような電流値で定電流駆動させた際の寿命特性を図1に示す。積層型二層素子は駆動開始後数時間における輝度劣化が大きい特性を示すのに対し，混合型三層素子は2,500時間を越えても初期輝度比80%を保持するなど飛躍的に寿命特性が改善された。そこで筆者らは混合層と寿命の関連につ

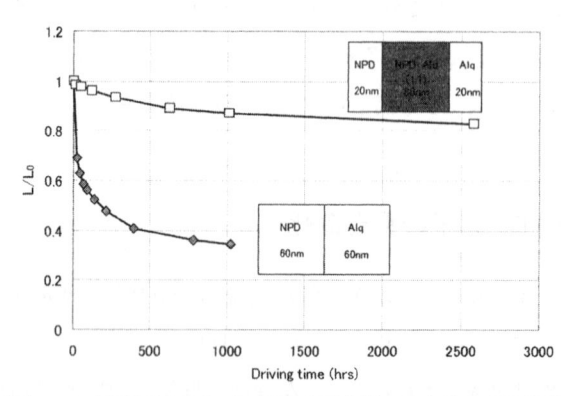

図1 二層積層型および三層混合型有機EL素子の寿命特性
(室温下DC定電流駆動，初期輝度1,000 nit)

第 26 章 車載製品に向けた高信頼有機 EL 素子の開発

いてさらに知るために，混合層の陽極側 10 nm の領域において α-NPD と Alq_3 の混合比率を変えた素子を作製しそれぞれの寿命特性について調べた。なお，ここで言う混合比率（または混合比）とは混合層中の Alq_3 に対する α-NPD の重量パーセント濃度である。図 2 は，各素子を室温において $40 \, mA/cm^2$ の定電流で 145 時間駆動した後の初期輝度比（輝度劣化）をプロットしたものである。寿命特性は混合比が 0～10 ％までは大きな濃度依存性を示し混合比の上昇と共に改善される特性を示したが，10 ％を超えると濃度依存性は小さくなり寿命特性は 100 ％まで緩やかに変化した。これにより，適切な混合比で構成された混合層は素子の寿命特性を大きく改善させる効果があることが確認された。混合層により寿命特性が改善されるメカニズムに関してはいくつかの考察が報告されている。J. D. Anderson らは酸化還元電位の測定から Alq_3 の酸化状態は還元状態より不安定との結果を示している[7]。また，Xerox 社の研究グループは Alq_3 のラジカルカチオンが消光中心を生成し得ることを示している[8]。筆者らも，積層素子と混合素子において通電による Alq_3 膜中のトラップの変化に違いが生じることを確認し，素子の輝度劣化は Alq_3 層にホール電流が流れた際に起こる材料変化に起因することを報告した[9]。これらの議論は Alq_3 に着目し Alq_3 の電気化学的不安定性を指摘したものである。したがってこれに沿って考えれば，混合層は Alq_3 に注入される過剰のホールを抑える役割があり，さらに Alq_3 に α-NPD を混合することで Alq_3 が不安定な状態になりにくくなったため寿命特性が改善されたと推定することができる。

一方で，キャリアの蓄積の点からみた考察もある。通常，異種材料間でのキャリア授受は材料間の電位障壁が大きいほど大きなエネルギーを要する。つまり，キャリアは電位障壁のある界面に蓄積されやすい。電極−有機膜界面を除くと，積層型二層素子では α-NPD と Alq_3 の界面にキャリアが集中することになる。そのため界面付近の材料は常に不安定な状態となり，材料の劣化などあらゆる化学反応が起こりやすい状態にあると考えられる。これに対し，混合型三層素子

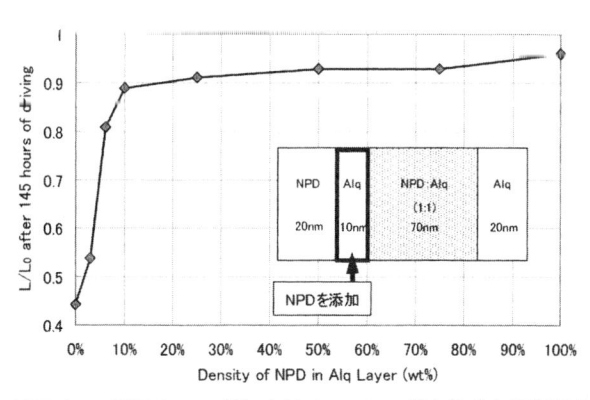

図 2　α-NPD/Alq_3 界面の Alq_3 層における α-NPD 混合比率と初期輝度比の関係
（室温下 DC 定電流（$40 \, mA/cm^2$）駆動，145 hr 経過後）

のように混合層を設けた場合では，混合層はホールと電子の両方を輸送するため界面が明確に形成されずキャリアが蓄積されにくい構造となる。さらに rubrene（5,6,11,12-tetraphenylnapthacene）を部分ドープする方法で積層型二層素子と混合型三層素子の発光領域を調べたところ，積層型二層素子では α–NPD と Alq_3 の界面を中心として発光が行われるのに対し，混合型三層素子では混合層中の広い領域で発光していることが確認された。したがって，混合層はキャリアおよび発光領域の集中を防ぐ役割があり，それによって図1のように寿命特性が改善されたと推定することができる。

以上の議論から，車載製品に向けた長寿命有機 EL 素子では，

① 耐熱性のある（T_g の高い）有機材料の使用
② キャリア輸送層にカウンターキャリアが注入されにくい素子構造
③ キャリアが蓄積しにくい素子構造
④ 発光領域が狭い領域に集中しない素子構造

などのコンセプトが重要と考えられる。これらの知見をもとに，弊社では車載純正向け白色素子を開発した。

5　車載純正向け白色有機 EL 素子の開発

弊社では，車載純正メーター向けとしてグリーニッシュブルーの有機 EL パネルを量産しているが，年々白色素子の要求が高まっている。そこで筆者らは，上記で示したコンセプトをもとに車載純正向け白色有機 EL 素子を開発した。車載純正向け白色有機 EL 素子にとって重要な特性がいくつかあるが，中でも色度は重要な品質項目である。車載製品ではメーター内照明などをはじめ多くの部分に白色の LED が用いられる。したがって白色有機 EL 素子も車載信頼性を保ちつつ LED の発光色度に合わせることが望ましい。基本的には発光層に用いるドーパントにより発光の色度を調節するが，細かい調節は光学干渉条件の最適化により行うのが一般的である。弊社では光学干渉シミュレーションツールを独自に開発し，素子設計から量産現場での条件調整まで統一した運用を実現している。さらに白色ディスプレイとして欠かせないのが色の角度特性である。これはディスプレイ正面では LED と色調が同等でありながら，斜めから見た際に色度が合わなくなる問題を避けるためにも重要な特性である。視角（ユーザがディスプレイを見る角度）により色度が変化するメカニズムは光の干渉による場合がほとんどだが，これを解決する手法はいくつか考えられる。本稿では詳細には触れないが，弊社では構造の最適化などで図3に示すような視角による色度変化が少ない白色有機 EL 素子を開発している。

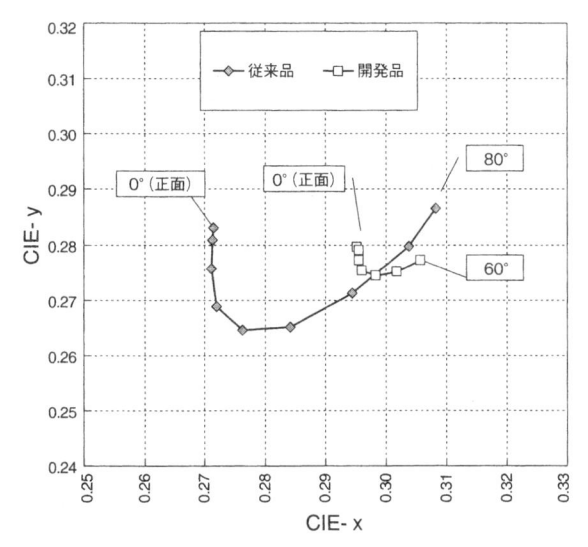

図3　白色有機EL素子における色度の角度特性（当社比）

6　車載製品向け有機ELの課題

　有機ELの製品が初めて世に出されてから10年が経過し，有機ELを採用するアプリケーションも着実に増えている。しかし車載市場では，車載ディスプレイとしての応用が早くから期待されていたにもかかわらず有機ELを採用する車種はいまだに少ないのが現状である。有機ELの良さは誰しもが認めるところだが，価格が高いというのが主だった理由である。素子やパネル部材だけでなく，駆動を含むモジュール全体のコストダウンや歩留まり向上のための生産技術の改善などが急務と言える。素子開発では，発光特性を改善することでモジュール全体のコストダウンに大きく貢献することができる。素子の低電圧化が良い例である。低い電圧で有機ELパネルを駆動することができれば，使用する駆動ICのコストを低く抑えることが可能となる。したがって品質向上のためだけでなくコストダウンにおいても素子開発は重要と言える。

　冒頭でも述べたように，世界の多くのメーカーにより有機ELの研究開発が進められているが，現在でも車載向け有機ELディスプレイの開発は日本のメーカーが中心である。日本発の高信頼性，低消費電力，低コストの有機ELディスプレイが世界中の数多くの自動車に採用されるよう，今後の技術開発に期待したい。

文　　献

1) C. W. Tang and S. A. VanSlyke, *Appl. Phys. Lett.*, **51**, 913 (1987)
2) 例えば，"1997年10月1日電波新聞" ほか
3) 例えば，日本ビクター社『KD-SHX 700』，パイオニア社『DEH-P 099』ほか
4) F. So, C. L. Shieh, H. C. Lee and S. Q. Shi, US Patent 5853905.
5) F. So, S. Q. Shi, C. A. Gorsuch and H. C. Lee, US Patent 5925980.
6) Z. D. Popovic, H. Aziz, C. P. Tripp, N. X. Hu, A. M. Hor and G. Xu, SPIE Proceedings, 3476 (1998)
7) J. D. Anderson, E. M. McDonald, P. A. Lee, M. L. Anderson, E. L. Ritchie, H. K. Hall, T. Hopkins, E. A. Mash, J. Wang, A. Padias, S. Thayumanavan, S. Barlow, S.R. Marder, G. E. Jabbour, S. Shaheen, B. Kippelen, N. Peyghambarian, R. M. Wightman and N. R. Armstrong, *J. Am. Chem. Soc*, **120**, 9646-9655 (1998)
8) H. Aziz, Z. D. Popovic, N.-X. Hu, A.-M. Hor and G. Xu, *Science*, **283**, 1900 (1990)
9) 中原誠，皆川正寛，田所豊康，小山田崇人，雀部博之，安達千波矢，第53回応用物理学関係連合講演会　No.26 a-ZK-6, p.1404 (2006)

第27章　SAMSUNG SDIにおけるAMOLED技術開発の歴史と現況

Soojin Park[*1], 松枝洋二郎[*2], Dongwon Han[*3]

1　はじめに

Samsung SDIのOLED（Organic Light Emitting Diode）の開発は1997年にスタートした。まずPassive Matrix OLED（PMOLED）の研究をSDI中央研究所で初め，やがて商品化の可能性が見えてくるとPMOLED事業部として独立させ，2001年からPMOLEDの量産を始めた。一方，Active Matrix OLED（AMOLED）の開発は2000年3月から中央研究所で本格的に始められたが，2004年中央研究所から独立したAM事業チームが設けられ，2006年チョナン（天安）に世界初のGen 4 LTPS方式AMOLED専用量産ラインを構築し，2007年ついにAMOLEDの量産を開始した。Samsung SDIのAMOLEDにおける初の量産品は2インチ級モバイルパネルであり，チョナン工場で小型携帯機器用を中心に製品開発を行うとともに生産力の増強を図っている。

2　Active Matrix OLEDの利点と課題

AMOLEDはAMLCDに対して多くの長所を持っているが，次世代の新ディスプレー技術であるため，パネルサイズの限界，結晶化技術，パターニング技術，高解像度の達成などの克服しなければいけない多くの問題を抱えている。図1は今までSamsung SDIが発表してきたAMOLEDパネルの開発の歴史であり，このような抜本的な問題を解決するための様々な新技術が盛り込まれている。

AMOLEDには，鮮明な画質と自然な色調，発光の応答速度が速く，パネルの薄型化が可能という長所がある。特に高精細な動画像や携帯性に優れたスリムなデザインを要求する3〜7インチのモバイル用ディスプレーには最適のディスプレーだと考えられる。AMOLEDが今後LCDとの競争に勝っていくためには，モバイル製品においてさらなる高精細化，高画質化，電池駆動時

[*1]　Soojin Park　Samsung SDI中央研究所　責任研究員
[*2]　Yojiro Matsueda　Samsung SDI中央研究所　主席研究員
[*3]　Dongwon Han　Samsung SDI中央研究所　責任研究員

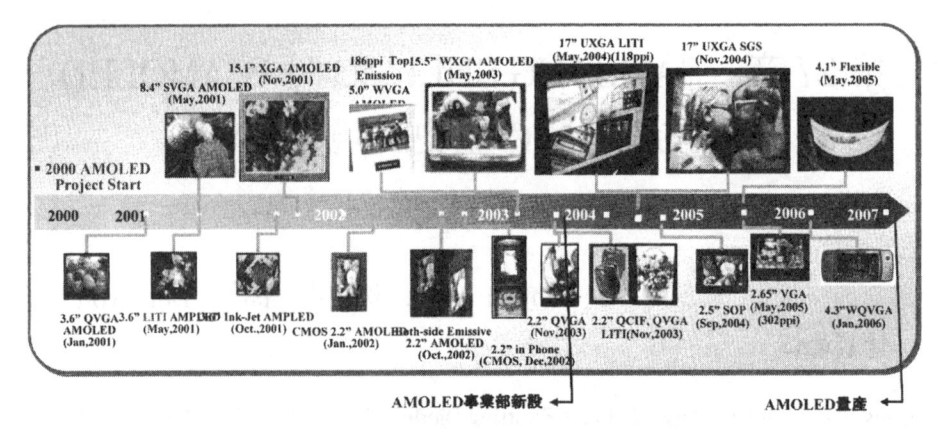

有機ELのデバイス物理・材料化学・デバイス応用

図1 Samsung SDIが発表したAMOLEDのパネル

間を延ばすための低消費電力化，薄型化，そして製造原価の大幅な低減化を実現する技術開発が必要である．昨今，AMOLEDの中小型テレビ市場の参入が現実味を帯びてきており，大型パネルの技術開発に対する関心も高まってきている．

3 Samsung SDI ディスプレー開発現況

続いて，Samsung SDIが市場からの要求特性を満足させるためにこれまでに開発してきたAMOLEDディスプレー技術の現況について述べる．

まず初めに，AMOLED発光材料について紹介する．高品位なAMOLEDを実現するためには，長寿命，高効率，工程特性の優れたOLEDの材料開発が必須である．Samsung SDIでは蛍光材料に関する研究とともに，理論的に高効率化が可能な燐光材料の研究も続けてきた．図2に2000年から近年までのOLED材料効率と寿命特性を示す．燐光材料は最近赤色材料の効率及び寿命

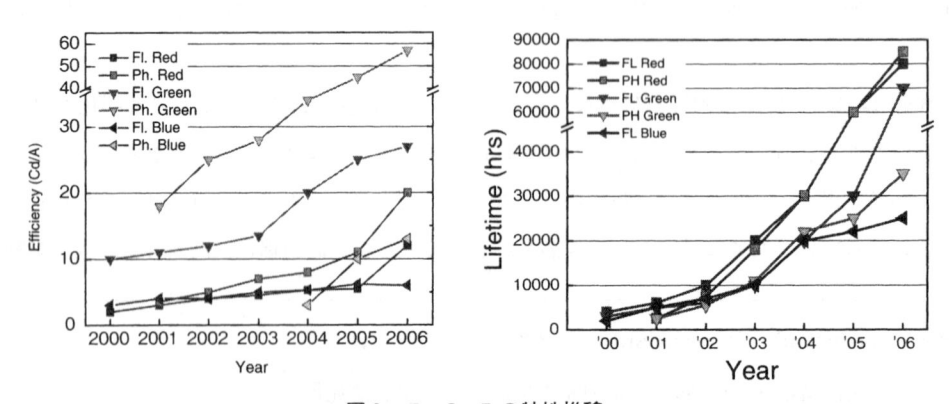

図2 R，G，Bの特性推移
（R：800 nit，G：1000 nit，G：600 nit 基準）

の向上が目立ち，効率は 20 cd/A を超えている。緑色材料の寿命は最近長寿命材料が発表されているが，赤色に比べると短い。青色燐光材料の効率はまだ低く寿命も短い。高いピーク輝度と低消費電力が要求されるテレビに適用するために，高効率で長寿命の RGB の燐光材料の開発が待たれている。なお，高輝度での燐光材料の roll-off の現象は，適切な host 材料の開発によって抑えることができるとみている。

　AMOLED パネルの低価格化のためには，競争相手の TFT-LCD が例えば 2 インチクラスでは全体のパネル価格に占める材料の比率が 85 % にも達するので，OLED 材料費の比率をいかに落とせるかが重要な鍵になると言える。このためには OLED の製造工程数を減らすことが有効だが，その一つの方法として著者らは blue common layer（BCL）を適用した素子構造を開発した。このアイデアは，blue 材料の広いエネルギーバンドギャップを利用して，正孔抑制層（HBL）としても使うことによって HBL 層を工程から無くすというものである。既存の RGB カラーパターニングの場合にはこれまで三回のパターニングステップが必要だったのを，二回のパターニングステップに減らすことができる技術である（図 3）。実際の素子では red，green の燐光デバイスの HBL に blue の発光層が共通層として導入され，red，green の画素部においては正孔抑制層の役割をし，blue の画素部では発光層の役割をする。このようなデバイス構造の最適化は，OLED デバイスシミュレーションによる特性予想と解析によって可能となった。

4　OLED パターニング技術

　次にフルカラーディスプレイを実現するための OLED パターニング技術について紹介する。Samsung SDI では画面の高精細化と大型化の両方を実現できる RGB パターニング次世代技術として，数年前から 3 M と共同で Laser Induced Transfer Image（LITI）と呼ばれる技術を開発している。LITI プロセスでは，まず発光材料を先にドナーフィルムの上に蒸着しておき，OLED のパターンを形成したいガラス基板に密着させた後，ドナーフィルムの上部からレーザーを一定の

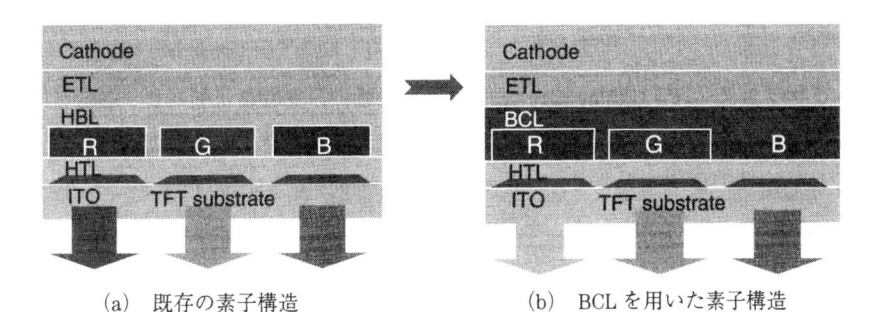

(a)　既存の素子構造　　　　(b)　BCL を用いた素子構造
図 3　既存の素子構造と BCL を用いた素子との比較

図4　LITIプロセスの概念図

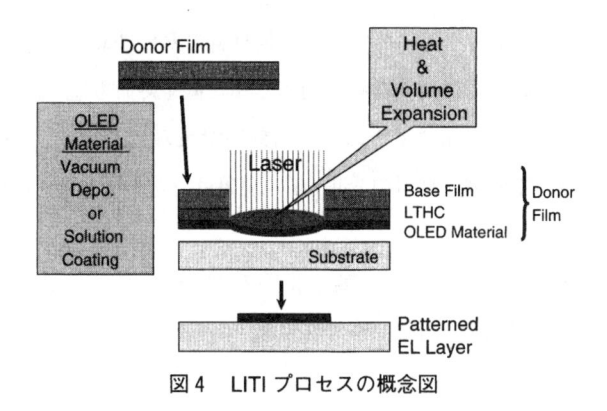

スキャン速度で照写する。レーザー光によってドナーフィルムのベースフィルムと発光材料の間に挟まれたLTHC（light-to-heat conversion layer）層が急速に加熱され膨張し，発光層がベースフィルムから剥がれてガラス基板上に転写される（図4）。

従来のシャドーマスク（fine metal mask）を利用した発光層パターニング技術は，シャドーマスクの取り扱いに問題があり，大型基板での対応は難しく，第4世代への対応の限界だと思われている。一方LITI方式は，材料を直接転写するのでパターニング精度が3 μmと高く，シャドーマスクが不要なため大型基板の対応も可能である。さらに，LITIパターニング方式では，ドナーフィルムの上に発光材料を載せる際，低分子の蒸着材料だけではなく高分子のような可溶性の材料もスピンコーティング法を用いて塗布できるので，多様なOLED材料の選択が可能である。

5　駆動技術

続いて，著者らの開発してきたAMOLED駆動技術について紹介する。有機ELディスプレイは電圧駆動の液晶とは異なり電流駆動であり，発光輝度はほぼ有機EL層への入力電流に比例する。したがって，有機ELディスプレイにおいて高品位のフルカラー画像を実現するためには，すべての画素において各色の発光輝度に対応した電流を正確に供給しなければならない。AMOLED用TFT基板としては，低温ポリシリコン（LTPS；Low Temperature Polycrystalline Silicon）薄膜トランジスタ（TFT；Thin Film Transistor）の他に，安価なアモルファスシリコン（a-Si；Amorphous Silicon）TFTも検討されているが，電流ストレスにより閾値電圧（Vth；Threshold Voltage）が短時間で大きくシフトしてしまうため実用化のめどが立っていない。現在著者らは，AMOLED用として唯一使用可能なLTPS TFT基板を用いて有機ELディスプレイの生産を行っている。一般に，LTPSではa-Si薄膜をエキシマレーザ・アニーリング（ELA；Excimer Laser Annealing）プロセスによって結晶化させるが，レーザーのショット間出力偏差やレーザー光

第27章 SAMSUNG SDIにおけるAMOLED技術開発の歴史と現況

学系の不均一性等により，TFT特性のばらつきが避けられない。特に閾値電圧のばらつきは，OLEDを発光させるために供給する電流のばらつきとなり，画素むらの原因となる。逆に言えば，このLTPS TFTの特性ばらつきの影響をいかに抑えることができるかが，AMOLED駆動技術の最大の課題である。

LTPS TFTの特性ばらつきの影響を避けるためのAMOLED駆動技術としては，二つの方法がある。ひとつは電圧プログラミング方式であり，もうひとつは電流プログラミング方式である。図5は著者らの開発した電圧プログラミング方式の画素回路とその駆動タイミング図の例である。一見複雑そうに見えるが，OLEDに供給する電流を制御しているのはTFT M1であり，それ以外の4つのTFTはすべて単純なスイッチである。まず前段走査期間中にOLED駆動用のTFT M1の閾値電圧を検出する。M2をONさせてM1をダイオード接続し，M5をONにして保持容量Cstに蓄積されていたデータをリセットし，M4をOFFにして閾値電圧検出中のOLED電流の影響を避ける。これで保持容量CvthにTFT M1の閾値電圧が書き込まれることになる。次にM2，M5をOFFにしてM4をONさせるとともに，M3をONにしてデータ電圧をCstに書き込む。最終的にM3がOffになった時，検出された閾値電圧によって補正されたデータ電圧がM1のゲート・ソース間電圧として印加される。データ電圧には，Red，Green，BlueそれぞれのOLED材料の電流／電圧特性に応じて最適なγ特性を再現できるように3色独立にγ補正された映像信号が用いられる。この画素回路では，閾値電圧保持容量Cvthがデータ電圧保持容量Cstと独立しているため高速動作が可能で，高解像度や大型AMOLEDにも適用可能である。

図6は著者らの開発した電流プログラミング方式の画素回路とその駆動タイミング図の例である。電流プログラム方式では，データ信号はアナログの電流値となる。したがって，電流出力の専用ドライバICが必要となる。一般的に，電流プログラムでは特に低い電流値で書き込みに時間がかかるため動作が遅いのが課題である。そこでこの回路では，大きなプログラム電流で高速

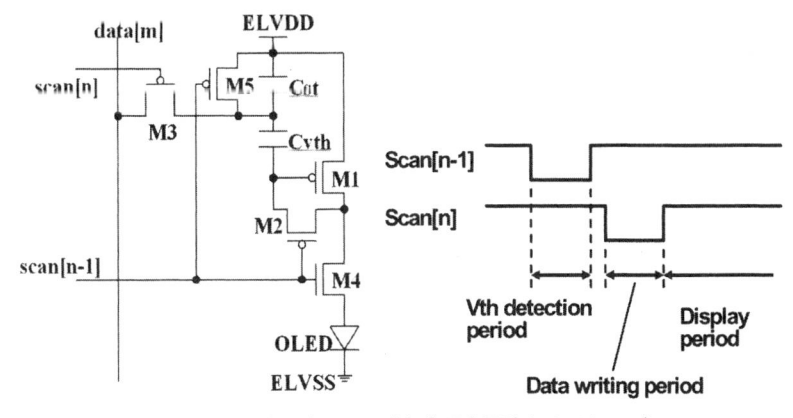

図5 電圧プログラミング方式画素回路とタイミング

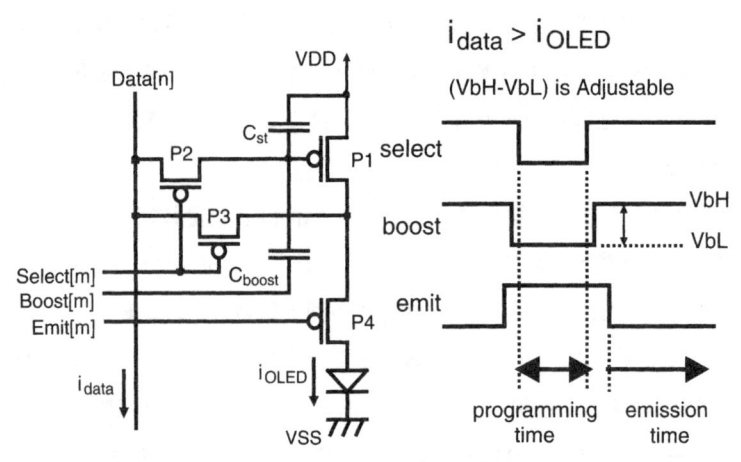

図6 電流プログラミング方式画素回路とタイミング

で書き込み，実際の動作の時には小さな電流を流すように工夫されている。ブースト電圧 (VbH-VbL) と容量 Cboost の値によって，この電流変換比を変えることができる。ただし，あまり電流変換比を大きくすると誤差を生じるので，電流変換比は最適化が必要である。この回路では，実際に TFT P1 を流れる電流を用いてその電流を流すのに必要なゲート・ソース間電圧を保存する。したがって，閾値電圧だけでなく移動度のばらつきも補正することが可能である。これが電流プログラム方式の優れている点であるが，専用ドライバ IC が必要でコストが高くなることや，動作速度が遅いため高解像度や大型の AMOLED に適用しにくいという点が課題である。

6　薄型化技術現況と今後の動向

携帯機器を含む表示素子の薄型化は既に市場の大きなトレンドになっている。最近世界のディスプレー市場を先導した製品の一番の売りは「薄型化」であり，このような市場の動きに沿って，ディスプレーモジュールの厚さだけではなく，最終製品のデザインの要求を満たすため機器に含まれたすべての部品の薄型軽量化に拍車がかかっている。そこで，最後に Samsung SDI における AMOLED の更なる薄型化のための技術開発現況と今後の動向について紹介する。

周知のように，TFT-LCD を表示させるためには BLU (Back Light Unit) が必要である。これに対し，自発光素子である AMOLED は，原理上 TFT-LCD よりさらに薄いディスプレーが実現できるという長所を持っているにも関わらず，TFT-LCD の徹底的な薄型化によりその長所が見えにくくなっている。最新の LCD では，ガラス基板をエッチングしてモジュールの厚みを 1 mm 以下にしたものまで開発されている。

AMOLED に使用される有機材料と電極材料は，酸素や水分と非常に反応しやすいため，物質

第27章 SAMSUNG SDI における AMOLED 技術開発の歴史と現況

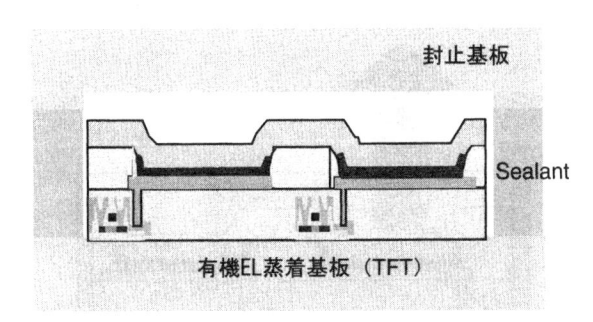

図7　Glass Encapsulation

が変化したり酸化されたりすることによって素子特性が低下する。従って OLED は酸素，水分の遮断工程，つまり封止工程が素子の寿命を維持するために重要な部分になる。初期にはステンレススチールを用いたカン封止が用いられたが，最近ではガラスを用いて素子を密封する封止技術が適用されている（図7）。封止基板を使用すると，OLED は厚さの面で TFT-LCD に比べてメリットを出しにくい。特に，トップエミッション型 AMOLED の場合，ガラスを使った封止工程は TFT 基板と封止基板の接触によるニュートンリングによる視認性低下の問題が発生し，この改善のために内部をエッチングしたガラスを使用するとさらに薄型化が困難になってしまう。

Samsung SDI ではこのような封止方式の限界を打破する超薄型 AMOLED の開発を進めている。まずは TFT 基板と封止基板のニュートンリングを解決するために，二つの基板の間の空間を無くす「内部充填」の方式を導入した（図8）。「内部充填」方式とは，TFT 基板と封止基板の間に接着性のある有機シーラントを充填して二つの基板を完全に密着させるため，ニュートンリングの問題を解決でき，封止ガラス基板のエッチング限界がなくなる。したがって，素子が維持できる最小の厚みまでエッチングすることができ，TFT-LCD の BLU 厚さに等しい程度の超薄型素子の製作ができる。しかし，このような封止方式はパネルの外郭から浸透してくる水分に弱いという短所があり，これを改善しなければ実質的な適用は難しい。

Samsung SDI では内部充填の方式とは別に，薄膜封止技術の開発も平行して進めている。薄膜封止技術とは，発光有機物と電極の蒸着によって形成された AMOLED 素子を封止基板ではなく，蒸着法を用いた多層薄膜のみで密封する方式である（図9）。現在の薄膜封止技術は，有機膜と無機膜を交互に積層して酸素と水分の浸透経路の距離を最大化することによって素子を保護する方式で，水分の浸透を防ぐ緻密な無機膜材料の選定と工程，そして下部構造を平坦化できる安定的な有機膜材料の選定が重要なポイントである。単一基板を使うため薄膜封止技術の適用された AMOLED は当然厚さにおいて TFT-LCD に比較してはるかに薄い厚みで実現でき，TFT 基板をエッチングした場合には TFT-LCD の BLU の厚さよりもさらに薄いわずか数十 μm の厚みを実現できる。TFT-LCD との薄型化競争は，このような薄膜封止技術を適用することで最終的

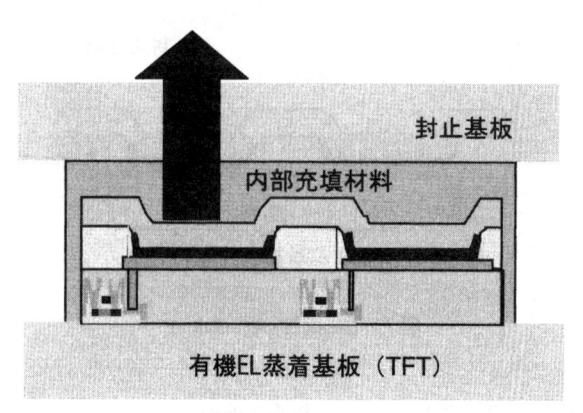

図8 内部充填方式 Encapsulation

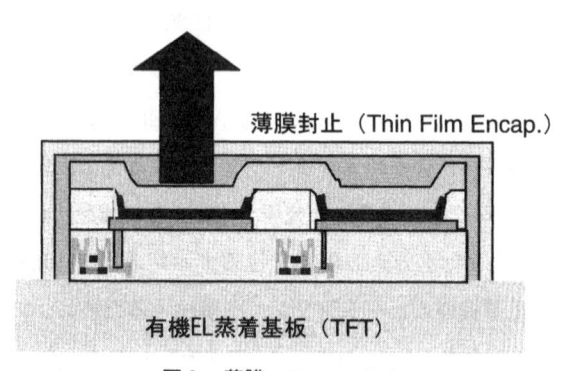

図9 薄膜 Encapsulation

にはAMOLEDが勝つであろう。その上，薄膜封止技術は今後リジッドな封止基板の使用ができないフレキシブルディスプレーの開発においても必須な技術として注目されている。しかし，薄膜封止技術はやはり内部充填方式と同じくパネルの外郭の水分浸透に弱いという点と薄膜だけではこすりのような外部衝撃に弱いという点が今後解決していくべき問題点である。

文　献

1) M. H. Kim *et al.*, "Control of Emission Zone in a Full Color AMOLED with a Blue Common Layer", SID Symposium Digest, **37**, pp. 135-138 (2006)
2) S. T. Lee *et al.*, "LITI Technology for High-Resolution and Large-Sized AMOLED", SID Symposium Digest, **38**, pp. 1558-1591 (2007)
3) N. Komiya, C. Y. Oh, K. M. Eom, Y. W. Kim, S. C. Park and S. W. Kim, "A 2.0-in. AMOLED

panel with voltage programming pixel circuits and point scanning data driver circuits", IDW '04, pp. 283-286（2004）
4） Y. Matsueda, D. Y. Shin, K. N. Kim, D. H. Ryu, B. Y. Chung, H. K. Kim, H. K. Chung and O. K. Kwon, "2.2-in. QVGA AMOLED with current de-multiplexer TFT circuits", IDW' 04, pp. 263-266（2004）

第28章　有機TFT駆動フレキシブル有機ELディスプレイ

野本和正[*]

1　序

　有機半導体や有機絶縁膜は，材料を適当に選ぶことで150℃以下の低温で成膜することが可能である．また，多くの有機材料は有機溶媒に可溶であり，大掛かりな真空装置を用いることなく塗布や印刷により成膜やパタン形成を行うことができる．これは，無機材料では実現困難な特徴であり，この性質ゆえに有機薄膜トランジスタ（有機TFT）は，プラスチック基板上に高スループット，低消費エネルギー，低材料消費で作製可能なトランジスタとして大いに注目されている．また，柔軟性の高い有機材料から構成される有機TFTはプラスチック基板と機械的整合性が高いため，プラスチック基板の柔軟性を生かしたアプリケーションに応用可能である．近年，材料およびプロセス技術の進歩により，有機TFTの特性は大きく向上し，移動度は$1.0\,\mathrm{cm^2/Vs}$以上とアモルファスSiTFTと同等以上の特性も報告されるようになってきた．この性能の向上に伴い最近では応用開発が加速している．

　有機TFTの用途として，フレキシブルなアクティブマトリックスディスプレイ（TN液晶ディスプレイ（LCD）[1,2]，高分子分散型液晶ディスプレイ[3]，電気泳動型ディスプレイ[4]，有機ELディスプレイ（OLED）[5~12]等）のバックプレーンの画素トランジスタや，大面積フレキシブルの圧力や光のセンサーアレイの選択トランジスタ[13]，低コストRF-IDタグ[14]，メモリ[15]等が議論され，実際にプロトタイプもデモンストレーションされている．この中でも，ディスプレイバックプレーンへの応用研究が，近年の表示デバイスの薄型化の進展と相まって特に盛んである．プラスチック基板上の有機TFTを用いることは，従来のガラス基板を用いたディスプレイで問題であった割れ易さを回避して薄型化，軽量化を可能にするだけでなく，従来にないフレキシブルな表示デバイスや曲面を生かした表示デバイス等の実現を可能にする．さらにディスプレイのフレキシブル化は，これまで硬い平面にしか用いることができなかったディスプレイの用途を大きく広げるものとして期待されている．

　有機ELは，数μsの高速応答性，高いコントラスト，広い色域，広い視野角と表示デバイス

---

[*]　Kazumasa Nomoto　ソニー㈱　マテリアル研究所　統括課長

第 28 章　有機 TFT 駆動フレキシブル有機 EL ディスプレイ

として優れた特性を有しているだけでなく，数 100 nm の薄膜素子であるという特徴がある。これは，有機 EL は曲げた状態でも良好な視認性が得られるフレキシブルディスプレイに適した表示素子であることを意味している。これまで，既に有機 TFT により有機 EL を駆動した例は報告されている[5〜10,12]が，何れもボトムエミッション構造を用いた解像度の低い単色のディスプレイであった。著者らは，有機 TFT のスケーラブルな微細化技術および有機 TFT とトップエミッション型有機 EL との集積化技術を開発することにより，プラスチック基板上にフレキシブル・フルカラー有機 EL ディスプレイを実現した[11]。本稿では，この有機 TFT 技術を中心に本ディスプレイの解説を行う。

2　有機 TFT の高性能化技術

図 1 に，今回用いたピクセルの回路図を示す。有機 EL をアクティブマトリックス駆動するための最も簡単な回路であり，有機 EL 素子に注入する電流を制御する駆動 TFT および，駆動 TFT のゲートに印可する信号線の電圧を画素毎に選択するための選択 TFT および，その信号線の電位を画素毎に保持するための保持容量 Cs からなる，2 トランジスタ＋1 キャパシタよりなりたっている。良好な表示特性を得るためには，駆動 TFT には有機 EL 素子が十分かつ一様な輝度で発光するための電流駆動能力，素子間の均一性および経時的な安定性が必要であり，選択 TFT には速やかに Cs を充電するための電流駆動能力に加え，Cs に充電された電荷を保持する

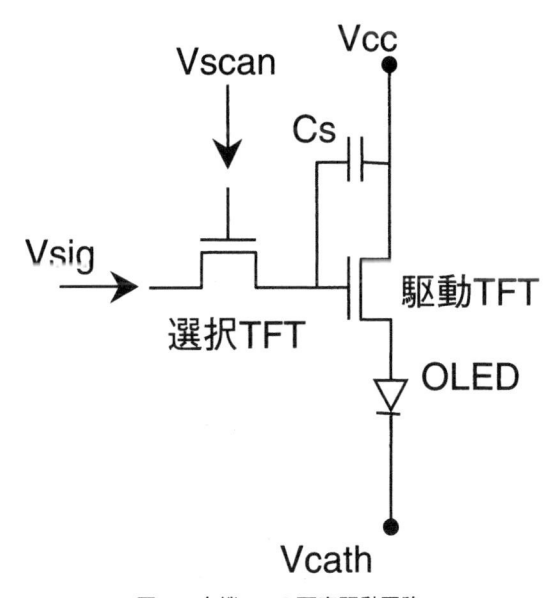

図 1　有機 EL の画素駆動回路

ための低リーク特性も求められる。

　これらの特性の実現を目指して，著者らが開発した有機TFTの断面構造を図2に示す。有機TFTの構造としてボトムゲート・ボトムコンタクト型構造を用いた。ゲート電極にはAu，ソース・ドレイン電極にはPt/Auの積層構造，ゲート絶縁膜にはpoly(4-vinylphenol)(PVP)を主材とした塗布形成有機絶縁膜，有機半導体にはペンタセン，パッシベーション膜にはpoly(p-xylylene)(PPX)を用いている。本構造では，パッシベーション膜を除く図2に示した全ての層の後にペンタセンが形成される。このため，ペンタセンにプロセスで用いる溶媒によるダメージを与えることなく，有機ゲート絶縁膜材料やその塗布成膜プロセスの最適化，フォトリソグラフィーを用いた微細なソース・ドレイン電極の形成等が可能である。これにより，駆動能力の高い有機TFTを実現することが可能になった。以下，プロセス開発の中で有機TFTの特性向上に大きな効果のあったペンタセンと有機ゲート絶縁膜および電極との界面制御技術について述べる。

2.1　有機ゲート絶縁膜を用いたゲート絶縁膜／有機半導体界面制御

　ボトムゲート構造の有機TFTにおいて高移動度を実現するためには，ゲート絶縁膜の表面エネルギーの制御が重要である。メカニズムの詳細は十分に解明されていないが，ゲート絶縁膜の表面エネルギーが小さい場合，すなわち撥水性の表面を有する場合に高い移動度が得られる傾向がある。そのため，これまで撥水性の側鎖を持った高分子材料の合成[16,17]やシランカップリング剤による表面処理[18~22]によるゲート絶縁膜表面の撥水化が行われている。著者らは，これらに変わる方法として，有機絶縁膜溶液中にシランカップリグ剤を添加し，その溶液を塗布することで撥水性の表面をもった有機ゲート絶縁膜を形成する方法を開発した。PVPを用いたゲート絶縁膜としては，従来はpropylene glycol monomethyl ether acetate (PGMEA)を溶媒としたPVP溶液にその架橋剤であるpoly (melamine-co-formaldehyde)を添加したものを塗布し，180℃で

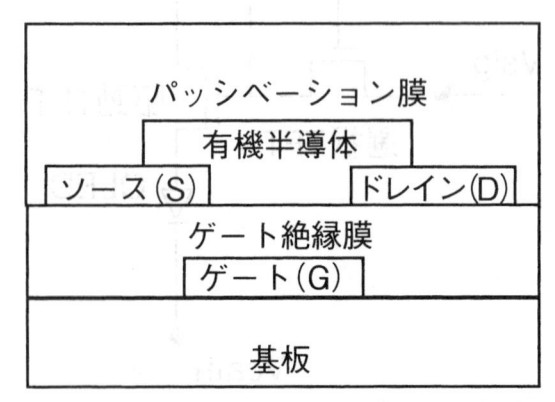

図2　ボトムゲート・ボトムコンタクト有機TFT断面構造

架橋したものが用いられていた。著者らは，そのPVP溶液にさらにoctadecyltrichloro-silane（OTS）を添加したものを塗布することで絶縁膜（PVP-OTS）を形成した。従来のPVP絶縁膜では水の接触角が60°であったが，OTSの添加により80°と疎水化することができた。これは，PVP中のOH基の一部が，OTSのアルキル鎖に置換されたためだと考えられる。また，OTSの添加により架橋温度が従来の180℃から130℃と大幅に低温化できるという副次的な効果も得られた。プラスチック基板を用いる場合，プロセス温度の低温化はパタン寸法安定性のために非常に重要である。この低温化はOTSのCl基とPVPのOH基が反応する際に生じたHClが架橋反応を促進したためであると考えている。

図3に従来のPVP絶縁膜とPVP-OTS絶縁膜を用いた，ペンタセンTFTのトランスファー曲線を示す。PVP-OTSを用いたペンタセンTFTの移動度は0.18 cm^2/VsとOTSを添加しないPVPと比較して約3倍の移動度を示した。サブスレショールドスイングの値は，PVP-OTSを用いた場合は0.96 V/devadeとPVPのみを用いた場合の値1.57 V/decadeよりも小さい。これは，PVP-OTS絶縁膜とペンタセンとの界面準位密度がPVPのみの絶縁膜とペンタセンのそれよりも小さいことを示唆しており，この界面密度の減少が移動度の向上の一因になっていると考えられる[3]。PVP-OTSを用いた有機TFTの特性改善が今回試作したディスプレイに与える影響は大きく，高移動度化によるgm向上は高輝度化，サブスレッショールドスイングの減少は高コントラスト化，架橋温度の低温化は基板サイズ安定性を通じて高精細化を可能にしている。

2.2 電極／半導体界面制御技術

有機TFTの電流駆動能力を向上には，有機半導体の移動度向上のみでなく，ソース・ドレイン

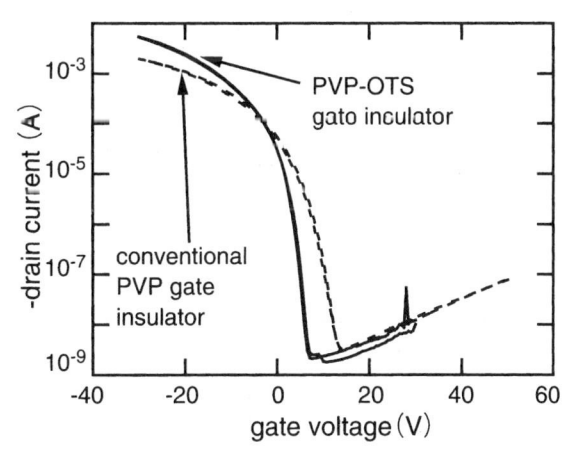

図3　PVPゲート絶縁膜，PVP-OTSゲート絶縁膜を用いた場合のペンタセンTFTのトランスファー曲線
W/L＝47.2 mm/5 um，Vd＝－30 V

電極と有機半導体との接触抵抗の低減が重要である。特に，有機TFTの電流駆動能力を向上させるためにチャネル長を短くすると接触抵抗による電流制限の影響が大きくなる。有機TFTの場合，無機TFTと異なりソース・ドレイン端への局所的なドーピング方法が確立されていないため，有機半導体とソース・ドレインのコンタクトは，有機半導体のキャリア輸送準位（p型ならHOMO準位，n型ならLUMO準位）と金属のフェルミ準位のエネルギー的なマッチングにより行わなければならない。pチャネルトランジスタであるペンタセンTFTの場合，正孔の輸送に関わるHOMO準位は真空準位より5.1 eV程度の深さにあるため，ソース・ドレイン電極として仕事関数の大きいAuやPt等が適している。ボトムコンタクト構造の場合，ゲート絶縁膜と有機半導体の界面に形成されるキャリア蓄積層への良好なオーミックコンタクト形成が重要になる。ペンタセンを半導体とする場合，キャリア蓄積層の厚さは約3 nmと見積もられている[1]。著者らは，電荷注入効率を高めるために有機絶縁膜上の数nmの部分には，仕事関数の大きいPt，その上部にAu電極を形成した積層電極構造を用いた。この構造により，ソース電極／ペンタセンの接触抵抗は数 kΩcmまで低減させることができ，チャネル長が5 μmに短チャネル化されても，実効移動度が（集積化後でも）0.1 cm^2/Vsを超えるペンタセンTFTを実現することができた。

以上の様に，有機ゲート絶縁膜とオーミックコンタクトの最適化を図ることにより，3 inch基板全面に配置された85個のペンタセンTFTのオン電流ばらつきを1 σで5％以内，閾値ばらつきを0.1 V以内に抑制することができた（ペンタセン蒸着直後の値）。このようなばらつきの抑制は，ディスプレイの輝度ムラ抑制や色バランスの一様性に極めて重要である。

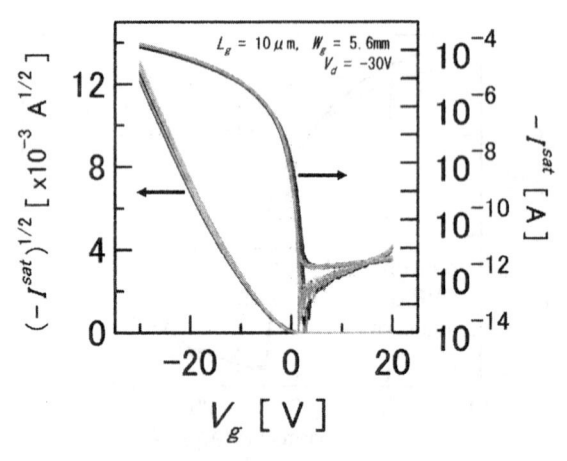

図4　3 inch基板内ペンタセンTFT 85デバイスのトランスファー曲線

3 有機TFTの集積化技術

従来の有機TFT駆動有機ELディスプレイは，どれもボトムエミッション構造であった。このボトムエミッション構造では基板側に光を取り出す必要があるので，有機TFTと有機ELは同一基板上の並置構造をとっていた。そのために，ボトムエミッション構造で高精細化を行うためには，微細なTFTが必要であった。しかし，現状の有機TFTの移動度は$0.1\,\mathrm{cm^2/Vs}$のオーダーであるために，有機ELを駆動するためにはW/L比の大きいトランジスタが必要ありこれが画素サイズの増大を招いていた。その上，有機TFTの半導体層のパタニングにはシャドウマスクを用いている例[5, 6, 8, 9]も多く，さらなる画素サイズの増大を招き，フルカラー化に耐える精細度の実現は出来ていなかった。今回，著者らはシャドウマスクに頼らないスケーラブルな方法で，数μmの精細度で有機TFTの半導体をダメージなしでパタニングする方法，およびこの方法で作製した有機TFTをトップエミッション構造の有機ELと高精細に集積化する方法を開発した。この構造により世界で初めてフルカラーの有機TFT駆動有機ELディスプレイを実現した。以下，この有機半導体の微細パタン形成技術とトップエミッション構造への集積化技術に関して述べる。

3.1 有機半導体の微細パタニング技術

有機TFTを集積化する場合，電流の寄生リークを抑制するために有機半導体層をパタニングすることが必要である。これまで有機溶媒の塗布・浸漬でダメージを受け易いペンタセンのパタニングは，主に①水溶媒であるpoly (vinyl alchol) をレジストした酸素プラズマエッチング，②シャドウマスクの2種類の方法が用いられてきた。①の方法では，数μmオーダーの微細なパタニングは可能であるが少なからずとも水や酸素プラズマによるプロセスダメージで特性が劣化すること，②の方法ではプロセスダメージはないが，一般的なステンレスマスクの最小加工サイズが20～30μm程度でありそれ以上の微細化は困難であるという問題がある。

著者らは，これらの困難を解決するために，予めUV架橋可能な高分子層でフォトリソグラフィーによりTFTの半導体形成領域に窓を開けた構造（OSCセパレータ）を形成し，その後ペンタセンを蒸着することで所望の領域のみにペンタセンを形成する方法を開発した。このOCSセパレータの隔壁形状を逆テーパー形状にしておくことで，OSCセパレータ上部に蒸着されたペンタセンと開口部に蒸着されペンタセンは段切れを起こし電気的に分離される。このプロセスにおいてペンタセンは有機溶媒に曝されることがないため，パタン形成時のペンタセンへのダメージは全くない。また，この方法はフォトリソグラフィーで実現できる精度を持ったスケーラブルな方法である。図5 (a) に実際にOCSセパレータにより分離されたペンタセン層のSEM写

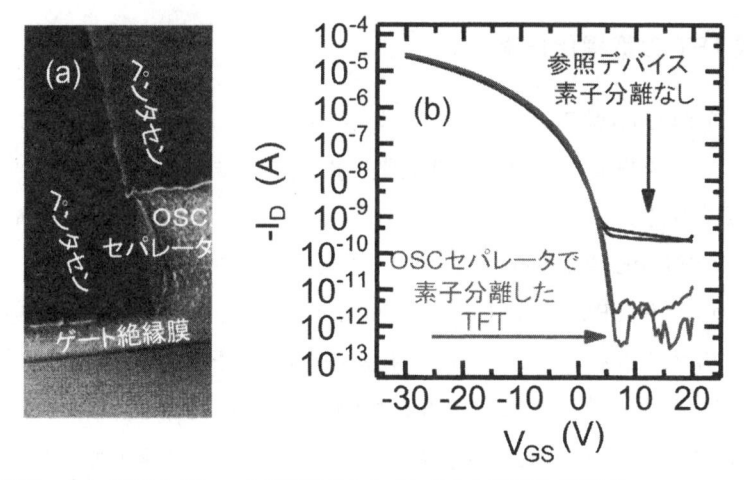

図5 (a) OSC セパレータで分離されたペンタセン薄膜の SEM 像
(b) OSC セパレータ有/無のペンタセン TFT のトランスファー特性比較

真および，図5(b)に本分離法により劣化が全くなくリーク電流の減少が可能になったペンタセン TFT のトランスファー特性を示す。

この有機半導体のパタニング方法は，もともとは有機 EL 発光層のパタニング方法として開発されたものであり[23]，パッシブマトリックス型有機 EL の量産に用いられているが，有機 TFT に適用して集積化した例は今回が初めてである。

3.2 トップエミッション構造

図6に今回開発した有機 TFT 駆動有機 EL ディスプレイの画素の断面構造を示す。デバイスを集積化する基板および有機 EL 部を保護する対向基板にはそれぞれ 0.2 mm 厚および 0.1 mm 厚のポリエーテルスルホン（PES）基板を用いた。集積化は全工程通して 180 ℃以下で行われた。有機 TFT の上部には，パッシベーション膜および層間絶縁膜を介してアノード電極/有機 EL 層/カソード電極が形成されている。このように，積層構造にすることで画素面積の縮小を図った。また，アノード電極と有機 TFT の電極は，層間絶縁膜，パッシベーション膜，そして OSC セパレータを貫通したスルーホールを介して接続されている。この構造の絶縁膜には全て有機膜を用いており，パネルを曲げた場合にも画素内に割れが生じることなく，柔軟性を確保できている。RGB の有機 EL 層の塗分けは，シャドウマスクによる蒸着により行った。

4 有機 TFT 駆動フレキシブル・フルカラー有機 EL ディスプレイ

図7に作製されたパネルの1ピクセルの光学顕微鏡写真を示す。1画素は $318\mu\mathrm{m}$ 角のサイズ

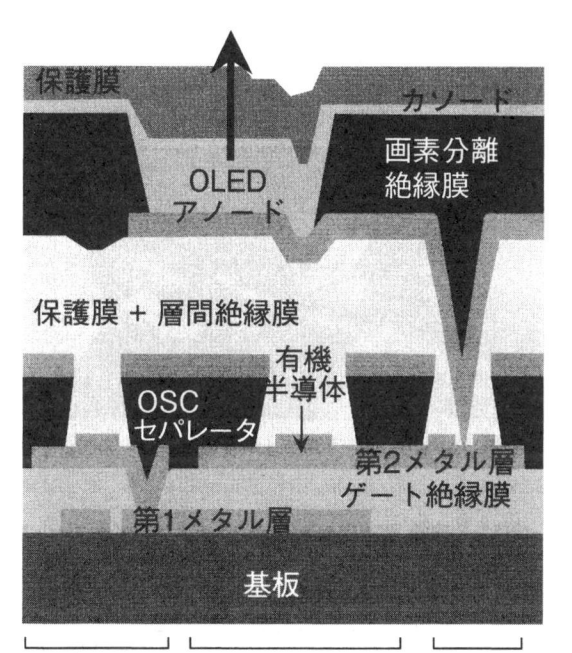

第28章 有機 TFT 駆動フレキシブル有機 EL ディスプレイ

図6 有機 TFT 駆動有機 EL ディスプレイの断面構造

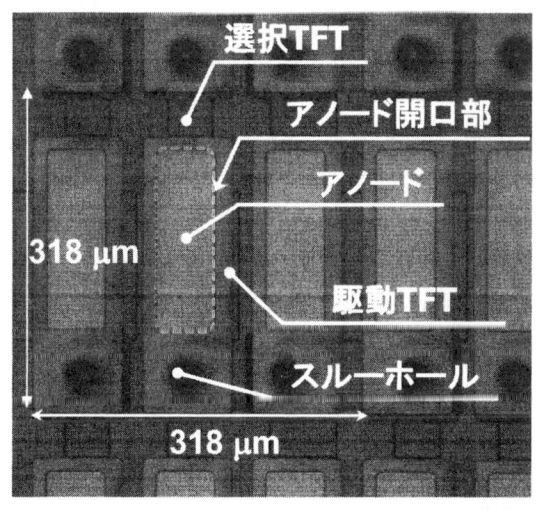

図7 有機 TFT 駆動有機 EL ディスプレイの上面構造の光学顕微鏡写真

であり，その中で RGB のサブピクセルを並置する構造をとっている。精細度は 80 ppi となる。ディスプレイのサイズは対角 2.5 inch であり，画素数は 160×RGB×120 となっている。ドライバ IC を除いたパネルの厚さは 0.3 mm であり，重さは 1.5 g である。現在の最先端の LCD パネルと比較しても，薄型軽量である。図8にパネルを曲げた状態で表示した画像の写真を示す。表

有機ELのデバイス物理・材料化学・デバイス応用

図8　有機TFT駆動フレキシブル・フルカラー有機ELディスプレイの表示状態

表1　試作した有機TFT駆動有機ELディスプレイのスペック

画面サイズ	2.5インチ対角
ピクセル数	160×RGB×120（QQVGA）
ピクセルサイズ	318 μm×318 μm
解像度	80 ppi
表示色数	16,777,216
ピーク輝度	>100 cd/m^2
コントラスト	>1000：1
画素回路	2T-1C
スキャン電圧（Vscan）	30 Vp-p
信号電圧（Vsig）	12 Vp-p
Vcc-Vcath	20 V

1にまとめたように，試作パネルはフルカラー表示，フレームレート60 Hzでの動画表示が可能であり，ピーク輝度は100 cd/m^{2}を超え，1000：1以上の高コントラストを実現できた。同時に，パネルを曲率半径2 cmまで曲げることを繰り返しても画像表示は安定して表示され，広い視野角のために曲げた状態でもよい視認性であった。

5　まとめ・今後の展望

プラスチック基板上の微細有機TFTの高性能化技術を開発し，有機ELと集積化することで有機TFT駆動フルカラー・フレキシブル有機ELディスプレイを実現した。2.5 inchとパネルサイズこそ小さいが次世代の極薄，軽量ディスプレイの具現化の重要な一歩を標したと考えている。しかし，実用化のためには課題は多い。第1に問題となるのが信頼性である。プラスチック

第28章　有機 TFT 駆動フレキシブル有機 EL ディスプレイ

基板を用いる場合は，外界からプラスチック基板を透過してくる水蒸気や酸素のバリア膜を形成する必要がある。近年，フレキシブルディルプレイ用のバリア形成技術は大きな進展を見せており，近い将来にはこの問題は解決されるであろう[24]。

また今後，より高い移動度を有する有機半導体を開発することは，高精細化，低電圧化の両方の観点から重要である。単体 TFT ベースであるが，$2\,\mathrm{cm^2/Vs}$ を超える移動度の有機半導体膜の報告[25]や，$10\,\mathrm{cm^2/Vs}$ 以上の移動度を示す有機半導体単結晶から作製した FET で報告されている[26]。このように，今後，新材料による有機 TFT の高性能化は大いに期待できる。

大面積化に向けては，現行のフォトリソグラフィーによるプロセスに加えて，有機材料ならではのプロセス技術である印刷法を生かした技術開発が可能である。これらの技術融合により，大面積・高スループットという大きな付加価値を持った生産技術が可能になるであろう。

以上のように，有機 TFT 駆動の有機 EL ディスプレイの開発では，材料開発，プロセス開発両側面からのアプローチが重要である。双方の特性をうまく融合させた技術開発が将来のフレキシブルディスプレイ実現の鍵を握っている。

以上は，ソニー㈱マテリアル研究所　八木巌，平井暢一，野田真，今岡礼香，宮本佳洋，米屋伸英，安田亮一，笠原二郎，同ディスプレイデバイス開発本部　湯本昭と共に開発した成果である。

文　　献

1) K. Nomoto et al., ISSCC 2004 Visuals Supplement, 715 (2004); K. Nomoto et al., IEEE Trans. Electron Devices 52, 1519 (2005); N. Yoneya et al., Digest of Tech. Papers of AM-LCD '05, 25 (2005)
2) M. Kawasaki et al., Digest of Tech. Papers of AM-LCD '04, 25 (2004)
3) N. Yoneya et al., SID '06 Digest, 129 (2006)
4) G. H. Gelick et al., Journal of the SID, **14**, 26 (2006)
5) M. Mizukami et al., IEEE Electron Device Lett., 27, 249 (2006)
6) S. Ohta et al., Jpn. J. Appl. Phys., **44**, 3678 (2005)
7) L. Zhou et al., IEEE Electron Device Lett. 26, 640 (2005); L. Zhou et al., Appl. Phys. Lett., **88**, 083502 (2006)
8) Y. Choi et al., SID '06 Digest, 112 (2006)
9) M.C. Shu et al., SID '06 Digest, 116 (2006)
10) S. Aramaki et al., OEC '06 Digest, 020201 (2006)
11) I. Yagi et al., SID '07 Digest, 1753 (2007)

12) S. H. Han *et al.*, SID'07 Digest, 1757 (2007)
13) T. Someya *et al.*, Tech. Digest of IEDM, 455 (2005)
14) S. Steudel *et al.*, *J. Appl. Phys.*, **99**, 114519 (2006)
15) R. C. G. Naber *et al.*, *Nature Materials,* **4**, 243 (2005)
16) J. Park *et al.*, SID '05 Digest, 236 (2005)
17) S.-P. Jang *et al.*, SID '05 Digest, 249 (2005)
18) Y.-Y. Lin *et al.*, IEEE Electron Device Lett., 18, 606 (1997)
19) I. Yagi *et al.*, *Appl. Phys. Lett.*, **86**, 103502 (2005)
20) S. Kobayashi *et al.*, *Nature Materials,* **3**, 317 (2004)
21) K. P. Pernstich *et al.*, *J. Appl. Phys.*, **96**, 6431 (2004)
22) Bo-Tan Wu *et al.*, *Jpn. J. Appl. Phys.*, **44**, 2783 (2005)
23) K. Nagayama *et al.*, *Jpn. J. Appl. Phys.*, **36**, L 1555 (1997)
24) M. Yan *et al.*, Proceedings of the IEEE, 93, Issue 8, 1468 (2005)
25) K. Takimiya *et al.*, *J. Am.Chem. Soc.*, **128**, 12604 (2006); T. Yamamoto *et al.*, *J. Am. Chem. Soc.*, **129**, 2224 (2007)
26) V. C. Sundar *et al.*, *Science,* **303**, 1644 (2004)

有機 EL のデバイス物理・材料化学・デバイス応用《普及版》

(B1015)

2007 年 12 月 14 日　初　版　第 1 刷発行
2012 年 10 月 10 日　普及版　第 1 刷発行

監　修	安達千波矢	Printed in Japan
発行者	辻　賢司	
発行所	株式会社シーエムシー出版	
	東京都千代田区内神田 1-13-1	
	電話 03（3293）2061	
	大阪市中央区内平野町 1-3-12	
	電話 06（4794）8234	
	http://www.cmcbooks.co.jp/	

〔印刷　豊国印刷株式会社〕　　　　　　　　　　　©C. Adachi, 2012

落丁・乱丁本はお取替えいたします。

本書の内容の一部あるいは全部を無断で複写（コピー）することは，法律で認められた場合を除き，著作者および出版社の権利の侵害になります。

ISBN978-4-7813-0573-8　C3054　¥4800E